罗国生 ◎ 编著

做人要有自己的一套

中国華僑出版社

图书在版编目（CIP）数据

做人要有自己的一套/罗国生编著. —北京：中国华侨出版

社，2010.5

ISBN 978 - 7 - 5113 - 0453 - 7

Ⅰ．①做… Ⅱ．①罗… Ⅲ．①人生哲学—通俗读物

Ⅳ．①B821 - 49

中国版本图书馆 CIP 数据核字（2010）第 096530 号

●做人要有自己的一套

编　著/罗国生

责任编辑/文　心

装帧设计/杨旭升

责任校对/胡首一

经　销/新华书店

开　本/710×1000 毫米　1/16　印张/23.5　字数/338 千字

印　刷/中国电影出版社印刷厂

版　次/2010 年 9 月第 1 版　2010 年 9 月第 1 次印刷

印　数/5000 册

书　号/ISBN 978 - 7 - 5113 - 0453 - 7

定　价/36.80 元

中国华侨出版社　北京市安定路 20 号院 3 号楼 305 室　邮编 100029

法律顾问：陈鹰律师事务所

编辑部：(010) 64443979　64443056

发行部：(010) 64443051　传真：(010) 64439708

网　址：www.oveaschin.com

e - mail：oveaschin@ sina.com

前　言

　　身处现代社会，一个人要想获得成功，首要的一步就是先学会做人。从本质上来说，做事也是做人的映射。做人出色，事情必然也会办得很出色。

　　然而，如何成功做人也是一门很高深的智慧和学问。古今中外，但凡做人能够成功者，无不有自己的一套为人处世的哲学，他们深谙做人之道，为人处世圆滑灵活，从而在社会交往中游刃有余，往往更易获得成功。而那些人生失意者或失败者往往不懂得做人的道理，做人方式不够灵活，缺乏心计，往往如无头苍蝇一样，四处碰壁，孤立无援。

　　可见，我们要想在社会生活中成功做人，必须要有自己的一套。而做人的这套学问也是可以通过学习来掌握的。正因为如此，我们编写了《做人要有自己的一套》这本书。目的就是为了帮助读者朋友更好地了解为人处世之道，有目的地去学习它，在社会生活中运用它，从而为自己拓展更美好的生活空间。

　　做人有自己的一套，必须首先找准自己人生的位置，明确方向，有所追求，还要有足够的勇气和信心，勇于挑战，敢于独立承担，养成好心态，好习惯，去除陈规陋习，做生活的主人，如此方可最大限度发挥自己身上的潜能，不断提升自己做人的境界。这也是我们做人成功的第一步。

我们在社会生活中与他人打交道，言谈举止是最重要的方式和手段。做人如何讲话也是一门技巧。俗话说，三寸之舌强于百万之师。做人要有自己的一套，就要学会用自己的"嘴"去说动别人的"心"，说动别人的"腿"。这就需要我们平时多多锻炼讲话的技巧，什么样的话该说，什么样的话不该说，如何把话说好，这都是一门技巧，需要我们认真去揣摩和把握。话要讲得好，还要有"礼"，正所谓"有礼走遍天下，无礼寸步难行"。这既是成功者的经验之谈，也是我们应该学会的为人处世之道。"谦谦君子，赐我百朋"，注重礼仪、礼节，是对自己也是对别人的尊敬，可以为你赢得更多的好感与关注。说好话，办好事，才可以为你赢得人心。

另外，学会做人还要善于观察和了解别人，特别是能识破对方心思，这就需要我们练就一双慧眼，学会察言观色的本领，全面感知。识人既需细心，见微知著，还要经过时间去检验，"路遥知马力，日久见人心"。当然，我们做人在识破他人意图的同时，还要善于隐藏自己的真实意图，不要被别人轻易看透。因此我们在生活中不妨把姿态放低一点，富贵不张扬，得势不外露，要想高成，必先低就。此外，做人糊涂一点也未尝不可，鲁迅先生说过："所谓'难得糊涂'实际上是最清醒不过了。正因为看得太明白、太清楚、太透彻，出于某种原因，不得不装起糊涂来……"生活中，凡是有大成功的人，都是有绝顶聪明而肯作笨功夫的人。小事糊涂，大事不糊涂。这才是精明做人的最高境界。

现代社会，人际关系复杂，人心也难测。做人有自己的一套，必须小心谨慎，害人之心不可有，防人之心不可无。做人谨慎不是小家子气，而是我们安身立命必须适应的生存法则。要做到三思而后言，三思而后行。为了防止自己被别人当枪使，还要学会拒绝，为了更好地达到效果，不妨将拒绝的话说得委婉一点儿，让对方觉得虽然被拒绝了，但还有台阶可下。做人必须有"心计"，有点小手段，才会让你比别人更胜一筹。有"心计"就要头脑灵活，不呆板。兵法三十六计中的很多计谋，完全可以用到我们做人上来，做人需要厚黑，在把握好尺度的范围内"势利"一点儿，例如该拍的马屁还要拍，该送的人情还要送，必要的靠山要找好等等。

　　本书内容丰富，对于以上提到的成功做人所应具备的心态和姿态，说话办事的技巧，低调做人的学问、"糊涂"处世的哲学，拒绝他人的智慧以及如何洞察别人心思，增长"心计"，灵活做人等诸多方面，本书都进行了认真分析和论述。同时为了使主题更加突出，更有说服力，本书精心选取了生活中的诸多真实事例对主题进行佐证，正面反面例子兼具，让你从成功者那里学经验，在失败者那里讨教训，因此更加具有启发意义和现实意义。

　　本书语言生动形象，议论深入浅出，致力于满足读者需要的同时，更贴近生活。阅读本书的读者，必定可以少走一些弯路，打开这本人生之书，相信你定能学到为人处世的技巧和智慧。

目　录

你这一套一定要有自己的奋斗与追求

　　天生我才必有用，每个人都必须找准自己人生的位置，才能最大限度发挥自己身上的潜藏。做人给自己一个合理的定位，明确人生奋斗的方向非常重要。这就需要你有足够的勇气和信心，有成就大事的雄心壮志，勇于挑战，敢于独立承担。做人只有有所追求，才能不断开拓进取，进而用实际行动去克服人生道路上的种种困难和障碍，不断提升自己做人的境界。

你这一套一定要能 "说" 动别人

俗话说，三寸之舌强于百万之师。一句中听的话可以让对方如沐春风，一句不中听的话可能会令其反感至极，从而关系到我们做人是否成功。做人要有自己的一套，就要尽量用自己的 "嘴" 去说动别人的 "心"，说动别人的 "腿"。这就需要我们平时多多锻炼讲话的技巧，注意说话的语气和对象，要懂得把话说的含蓄一点，动听一点，能把话说到点子上，以情感人，以理服人。什么样的话该说，什么样的话不该说，怎么说好场面话，如何通过插话引起别人注意，这都是一门技巧，需要我们去揣摩和把握。

第二章

你这一套一定要有"礼"，
以获取别人的好感与关注

"有礼走遍天下，无礼寸步难行。"这既是成功者的经验之谈，也是我们应该学会的为人处世之道。做人要有礼，必须注重自己的形象，对于平时的衣着打扮、交往时的礼仪、恰当的称呼和问候、待客之道等这些细节都要注意完善。做人要有礼，在注重自身修养的同时，还要尊重他人的习惯和风俗，与人交往才会显得自己有修养有内涵，"谦谦君子，赐我百朋"，注重礼仪、礼节，是对自己也是对别人的尊敬，可以为你赢得更多的好感与关注，通过拉近彼此距离，让你做人更加成功。

第四章

你这一套一定要能得人心，
与人交往才能游刃有余

俗话说，得人心者得天下。做人要想更加成功，就要去争取人心。如何得人心也是做人的一门极深的学问。关心他，了解他，学会宽容，必要时给予帮助，哪怕是一个小微笑，都可以帮你赢得人心。得人心，特别是要学点"和稀泥"的本事，往往可以让你两头"讨好"。使用"眼泪"去打动别人，赢得他人同情，有时也是得人心的一个必要手段。当然，要想得人心，最重要的还是你要有理有据，在生活中为自己积聚更多的人气，遇到困难人们必定支持你。

第五章

你这一套一定要有自己的原则和立场，敢于拒绝，不被利用

　　学会拒绝，这是做人必备的一项技巧。只有那些立场坚定，有尊严的人才敢于拒绝。趋炎附势要不得，一味接受，还往往会被别人当枪使。拒绝别人，要放得下面子，该说"不"时就说"不"，更要具备灵活的方式。特别是当我们遇到很难拒绝的请求，比如领导不合理的要求，朋友变质的友情以及自己不中意的异性向自己表白等时，拒绝对方更要注意方式方法，我们不妨将拒绝的话说得委婉一点，让对方觉得虽然被拒绝了，但还有台阶可下。

你这一套要能识破对方心思，见机行事

想要成功做人，首先就要了解别人。识别他人不是一件容易的事，苏东坡就曾感慨："人之难知也，江海不足以喻其深，山谷不足以配其险，浮云不足以比其变！"因此，我们要想识别对方心思，就要练就一双慧眼，学会察言观色的本领，全面感知，深入了解他的人品和学识，既要了解其气质、性格、能力，还要了解其兴趣、品行修养等。识人既需细心，见微知著，还要经过时间去检验，日久见真心。唯有如此才能深入地了解一个人，看到他的本来面目。当然，我们识别一个人，最终的目的还是见招拆招，灵活做人。

你这一套应该低调隐忍，善于隐藏以图谋

做人要想高成，先要低就。低调做人是一种进可攻，退可守的处世谋略。看似平淡，实则高深。参透其中的学问与智慧，就可做一个高明的人。低调一点，隐藏起自己意图，才能让你保存实力。切不可恃才傲物，因为忍耐方能大成。低调做人，就要不动声色，含而不露，不张扬，不炫耀，明哲保身，智而不显。只有身.藏绝技，才可永为人师。低调做人，必要时还要学会伪装，变换行事风格，往往可以迷惑对方，为自己争得良机。

你这一套一定要能"难得糊涂"，
不妨"傻"一点"笨"一点

　　鲁迅先生说过："所谓'难得糊涂'实际上是最清醒不过了。正因为看得太明白、太清楚、太透彻，出于某种原因，不得不装起糊涂来……"生活中，凡是有大成功的人，都是有绝顶聪明而肯作笨功夫的人。而那些总是处处耍小聪明算计别人的人，却往往搬起石头砸了自己的脚。我们做人不妨"傻"一点，"笨"一点，愚钝和笨拙往往为你赢得更好的发展良机。当然，我们还要做到小事糊涂，大事不糊涂。糊涂不是真傻，而是精明做人的一种谋略与智慧。

第九章

你这一套一定要能谨慎从事，不麻痹大意

谨慎能捕千秋蝉，小心驶得万年船。做人必须具备风险意识，做任何事都要留心，不能蛮干。与陌生人打交道要多加提防，就是与熟人交往也要多长个心眼，特别是不要去招惹小人。在做事之前，应该有所计划，为了保险起见，可以先行试探，看看水深水浅，然后再行动。要说的话也要先在脑子过一遍，不要口无遮拦。也就是要做到三思而后言，还要三思而后行。做人还应细心，善于把握细节。害人之心不可有，防人之心不可无。做人谨慎不是小家子气，而是一种安身立命必须适应的生存法则。

你这一套一定要有良好的心态与习惯，
勇于做生活的主人

　　我们常说，好的心态是做人成功的一半。确实如此，拥有良好的习惯，积极的心态，往往更容易获得成功。做人应该乐观与积极，勇于进取，养成学习和创新的好习惯，学会观察和思考，多总结，把反省当成鞭策自己向上的动力。做人还要有韧性，勤勤恳恳，踏踏实实，做事不要拖拉，更不要轻言放弃，把坚持也当成一种习惯。观念决定成败，拥有一颗平常心，不被名利所累，微笑面对生活，善于从生活中寻找乐趣。唯有如此，我们才能成为生活的主人。

第十一章

你这一套一定要有点心计，
为人灵活才有出路

现代社会，人际关系复杂，人心也难测。要想更好的生存和发展，必须有点"心计"，有点小手段，才会让你比别人更胜一筹。有"心计"就要头脑灵活，不呆板。兵法的三十六计中很多计谋，例如将计就计、见好就收等完全可以用到我们做人上来，运动得当，可以帮我们更好的"圆滑"处世。

第一章

你这一套一定要有
自己的奋斗与追求

天生我才必有用，每个人都必须找准自己人生的位置，才能最大限度发挥自己身上的潜藏。做人给自己一个合理的定位，明确人生奋斗的方向非常重要。这就需要你有足够的勇气和信心，有成就大事的雄心壮志，勇于挑战，敢于独立承担。做人只有有所追求，才能不断开拓进取，进而用实际行动去克服人生道路上的种种困难和障碍，不断提升自己做人的境界。

1. 做人要有目标，不做"无头苍蝇"

做人如果不给自己定一个目标，就会如无头苍蝇一样看不到方向，要么失去奋斗的动力，半途而废，要么到处乱撞，处处碰壁，最终沦为人生的失败者。

现实中，很多人都过得太盲目，没有奋斗目标和追求。做人如果没有目标，看不到前方的道路，往往容易迷失航向，达不到终点。

一天清晨，美国加州海岸笼罩在一片浓雾之中，在海岸以西21英里的一个岛上，一位34岁的妇女跳入了太平洋中，开始朝着终点加州海岸游去。如果她成功了，她就是第一个游过这个海峡的女性。在此之前，她是游过英吉利海峡的第一个女性。

时间一点一点过去了，海水冻得她全身发木，鲨鱼一次一次地靠近了她，但都被人开枪吓跑了，海面雾很大，她几乎连护送自己的船只都看不到。

15个小时之后，她让人拉她上船，冰冷的海水冻得她全身发麻，她觉得自己不能再游下去了。这时，教练和母亲告诉她，海岸已经近在眼前，千万不能放弃。她朝海岸的方向望过去，除了浓雾，她什么也看不到。

又游了50多分钟，她又一次也是最后一次叫人把她拉上了船，她实在没有力气再游下去了。

人们拉她上船的地方，距离她的目标加州海岸只剩下半英里！

后来，这位了不起的女性说，真正令她半途而废的不是疲劳，也不是寒冷，而是她在浓雾中始终看不到目标。她说："说实在的，我不是为自己找借口。如果当时我看见陆地，也许我能坚持下来。"

失去奋斗的方向，可以让人丧失斗志。做人唯有目标明确，并为之奋斗不息，才能有所成就。

让我们了解一下"汽车大亨"亨利·福特因树立远大目标逐渐走向成功的故事吧。

福特在很小的时候就对机械产生了兴趣，自 1879 年 12 月起，福特就自己到了当时的机械制造业繁盛的底特律给人打工。三年后，福特凭自己学到的知识，决心放弃外面的工作。通过充分分析自己的能力，他最终决定，要用实际行动做一番自己所热爱和拥有的事业。于是他回到家自己开了一家小工厂，在这期间，福特做些小机械，一些小成功使福特的信心备受鼓舞，决心更好更快地向自己设定的目标奋进。

由于看到了查尔斯·杜耶 1893 年在芝加哥世博会上展出的由汽油做动力的车子，使福特受启发不小，决心自己制造一辆更好的汽车。但福特首先遇到的是电点火的问题，由于知识不足，他决定再次去底特律的爱迪生电灯公司学习电学原理，也由此和父亲再次发生冲突。但亨利·福特的目标是单纯的、明确的，而且对实现目标的决心也是不可动摇的。

在爱迪生公司工作期间，他充分利用业余时间来实现自己的目标——制造一辆汽车。经过无数次的失败和实验，福特自己制造的第一辆汽车终于在 1896 年 6 月面世了。车虽很简陋，但这个成功却再次坚定了福特的决心。他坚信：只要努力向自己的目标奋进，就一定会成功！

经过几次组装汽车的成功，福特在后来道路的选择上却遇到了难题。爱迪生工厂要以每月 500 元薪金和可分红利的条件聘他去做生产部门的总监，但附带条件是要专业专职，不得再分心研究汽车。而底特律汽车公司的董事长要请他去当工程师，但月薪只有 200 元。面临两种选择，福特认真地评估了自己，对自己热爱的事业和高薪两个方面做了全面细致的分析，最终决心选择自己当初选定的目标——汽车事业。

在与这家汽车公司合作期间，福特并没有放弃向更高目标发展的信心。他给自己设定了更远大的目标，决心戒除满足现状的惰性心理，积极地寻求和实现更宏伟的蓝图。

在1901年密歇根举行的汽车大赛上，福特将自己用近一年时间设计的26马力的赛车开上赛场，并以优异的成绩击败了上届赛车冠军温登，荣登冠军的宝座。

由于赛车的胜利，福特的名字一夜之间响遍美国。1903年，在各方的帮助和自己的努力下，一个给世界汽车行业带来巨大影响的福特汽车公司诞生了。

可见，做人首先就要目标坚定，看清前方的路，避免如无头苍蝇一样，没有方向，到处乱撞。做人也只有制定一个明确的目标，有自己的奋斗目标和追求，才能不断走向成功。

2. 做人要有雄心，
"不想当将军的士兵不是好士兵"

> 拿破仑说，不想当将军的士兵不是好士兵。做人一定要
> 有远大的理想，有自己的奋斗目标和追求，雄心壮志往往可
> 以激励一个人去实现自己人生的最大价值。

现实生活中，很多人并不是没有自己的奋斗目标，只不过他们目光短浅，满足于现状，目标就是维持现在的安稳日子，他们缺乏追求，自然也不会对人生有相应的规划。而做人如拥有雄心壮志，敢想敢干，往往能有所成就，最终如雄鹰一样翱翔于天空。

明宇和叶子考进了同一所著名的学校，在学校学习期间，两个人都十分努力，成绩优秀。大学生就业越来越困难，幸运的是，毕业的时候，一家国际知名的大企业到学校来招聘，两个人都顺利地过关斩将，成功地获得了仅有的两个待遇优厚的职位。

因为是校友，又到了同一个公司，两人自然就成了好朋友。

在别人眼里他们是幸运的，从一个普通学生一下子就跨入了白领阶层。叶子也是这样想，她对自己的工作十分满意，认为自己以前所有的努力终于有了回报。所以，她总是小心翼翼地，在工作上不出一点儿差错，生怕丢了饭碗。

可是明宇则不然，到公司以后，他的工作也很出色，颇受上司赏识。但是明宇觉得这家公司不太适合自己发展，于是积累了一段时间

的经验以后，毅然决定辞去待遇丰厚的职位，打算自己下海打拼，临行前，明宇和叶子打了个招呼。

"什么？你疯啦！好好的工作不做，辞职了没收入怎么办？做生意破产了怎么办？"叶子显然不理解明宇的想法。

"工作了一段时间，我觉得应该出去闯一闯了，'王侯将相，宁有种乎！'我也可以做一番大事业，也可以自己当老板。"明宇充满信心地说。

"做人稳当就可以了，不要有那么大野心，而且我们现在的工作待遇已经很高了，别人想找还找不到呢！"叶子善意地劝说明宇。

"叶子，现在竞争激烈，我们不能安于现状，人不能不有点野心。你也一样，别老安于目前的状态，我看这家公司还是很适合你发展的，你也要有个奋斗目标才行。"明宇反过来劝说叶子。

最后，明宇还是离开了公司自己闯荡去了，叶子依旧兢兢业业地保护着她那"稳定的工作"。

两年后因为政策的调整，叶子所在的公司进行了一次大的人员调整，叶子虽然工作上没出过什么错，可是因为太"不进取"，被公司列在了裁员名单里，只好重新找工作。而此时，明宇已经是一家公司的总裁了。

是否有一个远大的目标，最终决定了明宇和叶子的不同命运。

一位老师给小学生出了一道作文题："我的志愿"。

一个小学生在他的本子上飞快地写下了他的梦想：

"我希望将来能拥有一座占地十余公顷的庄园，在辽阔的土地上种满茵茵绿草。庄园中有无数的小木屋、烤肉区及一座休闲旅馆。除了自己住在那儿外，还可以供前来参观的游客分享，有住处供他们休憩。"

这位小学生的作文被老师要求重写。他仔细看了看自己所写的内容，并无错误，便拿着作文去请教老师。

老师告诉他："我要你们写下自己的志愿，而不是这些梦呓般的空想，你知道吗？"

小学生据理力争："可是，老师，这真的是我的志愿啊！"

老师坚持道："不，那不可能实现！那只是一堆空想。我要你重写。"

小学生不肯妥协："我很清楚，这才是我的梦想。"

老师摇头："如果你不重写，我就不会让你及格。"

小学生决不重写，而那篇作文也没有及格。

三十年后，这位老师带着另一群小学生到一处风景优美的度假地旅行，尽情享受着无边的绿草、舒适的住宿以及香味四溢的烤肉。而这个地方，恰就是那位作文没有及格的学生的度假庄园。

我们每个人少年时期差不多都遇到过类似的问题，当有人询问我们人生理想的时候，你是怎么回答和计划的呢？是否有故事中小学生那样的凌云壮志呢？

"不想当将军的士兵不是好士兵"，做人就是要有点雄心，别人能做到的自己照样能做到，别人做不到的自己要尝试着去做到。远大的目标会促使你成为一个更有价值的人。

3. 慧眼独具，找准人生位置

　　天生我材必有用。每个人在这个世界，都会有属于自己的人生位置。做人一定要给自己一个恰当的定位，只有在合适的位置去经营人生，才能发挥出自己独特的优势。

　　想要做一个成功的人，给自己一个恰当的定位十分重要，只有明白自己的优、劣势，给自己的人生定一个坐标，让自己的人生更有计划性和目的性，才能更好的发挥自己的潜能。否则，即使你再有才华、再有能力，不知道自己适合干什么，如果走错了方向，也是南辕北辙，费力了但讨不到好。

　　因此，做人应练就一双慧眼，善于观察和分析自身，才可能扬长避短，选择最适合自己的人生道路。

　　有时候，认识自己比认识他人还要困难，正确认识自己，也需要一个过程。做人必须有面对困难不畏惧的精神，这样才能认识到全新的自己，给自己一个明确的定位，获得成功的人生。

　　邓亚萍这个名字在我国可谓家喻户晓，的确邓亚萍在我国乒坛乃至世界乒坛早已是名声大噪，堪称"大姐大"。从 1986 年到 1997 年 5 月，在这短短的 11 年间，她在各种全国性和世界性乒乓球大赛中共拿到 153 个冠军，尤其是从 1989 年入选国家队以后到 1997 年这 9 年当中，成绩最为辉煌，仅在世界级别最高的奥运会、世界杯赛和世界锦标赛这三大比赛中，一人独自获得 18 块金牌，并且还是国际体坛上唯一一名三次接受前国际奥委会主席萨马兰奇亲自授奖的运动员。这不但在中国乒坛史上，而且在世界乒坛史上都写下了光彩的一页。

从邓亚萍的成长之路来看，坎坎坷坷、历尽磨难。她4岁多便表现出了一个"铁娃"本色，平时摔打从不哭闹，并且玩什么都格外专注。这些都让在河南郑州市体委任乒乓球教练的父亲看在眼里，喜在心头，认定她是一块搞体育的好料。于是，父亲便"就地取材"，精心培养爱女。

一晃5年过去了，邓亚萍在父亲的调教下，乒乓球技术已达到上等水平。为使她能得到更多的培养，父亲将她送到河南省乒乓球队去深造。然而，去后不久，便被退了回来，其理由是个儿矮、手臂短，没有发展前途。这在邓亚萍少年的心灵上留下了一道深深的伤痕。令人欣慰的是，在父亲的鼓励下，倔强的邓亚萍并未因此一蹶不振，相反练得更加刻苦，并发誓有朝一日一定要拼出个样来。

机会终于来了，1986年是邓亚萍人生重大转折的一年。那一年，年仅13岁的她，临时顶替河南省代表队一名生病的运动员参加全国乒乓球锦标赛。赛前教练们对她并不抱有什么期望，要她顶替上场纯粹是为了不使该队"弃权"。出人意料的是，这个名不见经传的矮个姑娘竟然接连击败了耿丽娟、陈静等当时很有名气的国手，一举登上了冠军宝座，爆出了此届乒乓球赛的最大冷门，成为一匹引人注目的"黑马"。

赛后，这位被判定为"无发展前途"的小姑娘，成了当时国家乒乓球队副教练、女队主教练张燮林手下的一名弟子。从此，邓亚萍在中国体坛的圣殿里将其"铁娃"本性表现得淋漓尽致，其运动水平大大提高，经过各次大赛的历练，最终登上国际乒坛女霸主的宝座。

邓亚萍有一段描述自己心理感受的话很感人肺腑。她说："我并不相信命运，每个人的命运都掌握在自己手里。有人说我命好，为世界乒坛创造出了一个'常胜将军'的奇迹。我觉得，我可能天生就是打乒乓球的命，但上帝不会将冠军的桂冠戴在一个未真诚付出汗水、泪水、心血和智慧的运动员身上，我自己满身的伤病就是证明。体育运动之所以魅力无穷，一个重要的原因就是它充分展示人类不屈服命运，永不停息向命运挑战的精神。"

邓亚萍熟悉乒乓球事业，她正确地评价了自己，认定自己就是"打乒乓球的命"，从而把自己的前途定位在那小小的乒乓球上了。并且为了自己的兴趣坚韧不拔地去追寻、去拼搏，终于成就了辉煌的人生。

俗话说："兴趣是最好的老师"。邓亚萍经受住了人生道路上的重重考验，根据自身特点和兴趣爱好，将自己人生坐标恰当地定位在乒乓球事业上，并为之付出刻苦的努力，最终也成就了自己。

试想如果让邓亚萍学姚明那样去打篮球，结果必定很糟糕。可见给自己一个恰当的定位多么重要，天生我材必有用，这个世界上必有适合你的位置。一个萝卜一个坑，有些人喜欢大包大揽，但往往是什么都做不好，找准自己人生的位置，并努力成为此领域的强者，才能成就非凡的人生。这也是我们做人必须首先弄明白的道理。

4. 做人要明确方向，勿学陀螺打转

> 做人要有明确的目标，有自己的追求，眼睛向前看。如
> 果做人如陀螺一样，没有明确的方向，只能原地打转，那么
> 等于做了半天无用功，永远不可能有一丁点进步。

人生如流水，不进则退。在人生的旅途上，如果没有一个明确的方向，往往会迷失自己，找不到出路。

不少人做了一辈子的人，还是终日如梦游者一样，浑浑噩噩，始终看不到前进的方向。做人若失去了方向，往往会感觉无所适从，郁郁寡欢。这样的人在现实生活中表现为原地踏步不前，或像陀螺一样仅绕着一个固定的地方转圈，一生都不会有什么大的作为。有这样一则借动物之口启发我们必须弄清楚自己人生方向的故事。

唐太宗贞观年间，长安城西的一家磨坊里有一匹马和一头驴子。它们是好朋友，马在外面拉东西，驴子在屋里推磨。贞观三年，这匹马被玄奘大师选中，出发经西域前往印度取经。

十七年后，这匹马驮着佛经回到长安，它重到磨坊会见驴子朋友。老马谈起这次旅途的经历：浩瀚无边的沙漠，高入云霄的山岭，凌峰的冰雪，热海的波澜……那些神话般的境界，使驴子听了极为惊异。驴子惊叹道："你有多么丰富的见闻啊！那么遥远的道路，我连想都不敢想。"老马说："其实，我们跨过的距离是大体相等的，当我向西域前行的时候，你一步也没停止。不同的是，我同玄奘大师有一

个遥远的目标，按照始终如一的方向前进，所以我们打开了一个广阔的世界。而你被蒙住了眼睛，一生就围着磨盘打转，永远也走不出这个狭隘的天地，所以，你的一生终究是碌碌无为。"

做人成功与否，并不在于天赋，也不在于机遇，而在于人生的方向朝向哪里！就像那匹老马与驴子，当老马始终如一地向西天前进时，驴子只是围着磨盘打转。尽管驴子一生所跨出的步子与老马相差无几，可因为缺乏目标，没有自己的方向，它的一生始终没有离开那个磨盘，始终也走不出那个狭隘的天地。

生活的道理同样如此。对于没有目标和方向的人来说，岁月的流逝只意味着他们年龄的增长，平庸的他们就如同故事中拉磨的驴子一样只能日复一日地重复单调乏味的事。而总有一天，他们会在原地打转的日子中迎来自己失败的人生。

从某种意义上来说，一个人真正的人生之旅是明确人生方向，从有了自己的奋斗目标那天开始的。有这样一个故事，说的是西撒哈拉沙漠中的旅游胜地——比赛尔。

在很久以前，比赛尔是一个只能进、不能出的贫瘠地方。在一望无际的沙漠里，一个人如果凭着感觉往前走，他只会走出许多大小不一的圆圈，最后的足迹十有八九是一把卷尺的形状。因为人们没有认识到这一点，所以他们一直都没走出去过。后来，一位青年出现了，他发现比赛尔四处都是沙漠，一点可以参照的东西也没有，于是，他找到了北斗星，在北斗星的指引下，他成功地走出了大漠。这位青年人于是成了比赛尔的开拓者，他的铜像被竖在小城的中央。铜像的底座上刻着一行字：新生活是从选定方向开始的。

靠近海岸的岩石上或者大海中的岛屿上，在地势最高、最明显的地方往往都建有灯塔。灯塔上的灯光，在漆黑的夜里可以为晚归的渔船或者迷失航向的大小船只指明方向。灯光或许不是很明亮，但那微弱的光线给船只上的人们带来了希望，人们只要朝着灯光所在的方向航行，就一定能找到出路。

人生的海洋中，不会有人为我们特意去设置一盏指示灯，告诉我们该向哪个方向前进。如果我们找不准正确的方向，往往就会迷失自己。陀螺始终在原地旋转，即使它多么卖力，也没有前进一步。我们做人也是如此，目标一定要明确，眼睛如炬，始终瞄向前方。

5. 做人贵在用行动"说话"

　　光说不练假把式。感叹是弱者的习气，行动才是强者的
性格。做人贵在确定目标后全力以赴，用行动去争取胜利。

　　现实社会中，很多人喜欢"纸上谈兵"，说空话、大话，但等到
具体实施的时候却唯唯诺诺，无从下手，不敢下手。这是"语言上的
巨人，行动上的矮子"的典型表现，也是做人最大的悲哀。一个人如
果只说不做，空有一个远大的目标，即使为之拟订好了各项实施规
划，但就是没有胆量去付诸行动，那么他所有的梦想也就成了不切实
际的幻想。

　　有这样一则寓言。

　　猫与鼠本是天敌。一群老鼠在为此开会，专门研究如何防备猫的
伤害。老鼠们都积极开动脑筋，踊跃发言、各抒己见，提出了一大堆
办法，有的建议派出跑得最快的老鼠去盯着猫，猫一醒来就发出警
报；有的建议全体老鼠行动，一旦猫来了，大家从不同的方向逃避，
以分散猫的注意力……但这些想法都没有获得通过，大多数老鼠都认
为这样的办法不好。

　　忽然，一只老一点的老鼠高声叫道："我想出好办法来啦。"所有
的老鼠都静下来树起耳朵听着。只见这只老鼠慢悠悠地、一字一顿地
说："咱们可以想办法趁猫睡觉的时候给它戴上一只铃铛。这样的话，
当猫以后一有行动铃铛就会响，我们听到铃铛发出的警报就可以提早

躲起来，猫就抓不到我们了。"众老鼠听完后，都兴奋地大叫："这个办法最好，这个办法最好！"

正当老鼠们都开心地大叫时，一只很老的老鼠的话无疑给大家泼了一盆冷水，只见他很谨慎地说道："那么，我们派谁去给猫戴铃铛呢？"

众老鼠都面面相觑，沉默一阵儿之后，都四散离开了。

这个小故事告诉我们，目标再好，计划再完美，不去行动，也是空谈。

看看我们周围，那些善于做人的强者，哪个不是行动上的巨人？做人就要敢于用行动去实现自己的梦想。德谟斯吞斯是古希腊的雄辩家，有人问他雄辩术的第一要点是什么？他说："行动。"第二点呢？"行动。"第三点呢？"仍然是行动。"

可见，要取得成功，最基本的就是行动。如果自己光凭脑子想，永远不付诸行动，那么永远也不会成功。

我们做人都希望获得成功，寻得幸福和快乐。

在远古的时候，曾有两个朋友相伴一起去遥远的地方寻找人生的幸福和快乐。一路上风餐露宿，在即将到达目标的时候，遇到了风急浪高的大海，而海的彼岸就是幸福和快乐的天堂，关于如何渡过这条海，两个人产生了不同的意见，一个建议采伐附近的树木造成一条木船渡过海去，另一个则认为无论哪种办法都不可能渡过海，与其自寻烦恼和死路，不如等海水干了，再轻轻松松地走过去。

于是，建议造船的人每天砍伐树木，辛苦而积极地制造船只，并顺便学会了游泳；而另一个则每天躺下休息睡觉，然后到河边观察海水流干了没有。直到有一天，已经造好船的朋友准备扬帆出海的时候，另一个朋友还在讥笑他的愚蠢。不过，造船的朋友并不生气，临走前只对他的朋友说了一句话："去做每一件事不一定见得都成功，但不去做则一定没有机会得到成功！"能想到等到海水流干了再过海，这确实是一个"伟大"的创意，可惜这却仅仅是个注定永远失败的"伟大"创意而已。

大海终究没有干枯，而那位造船的朋友经过一番风浪最终到达了彼岸，依靠行动实现了自己的目标。这两人后来在海的两个岸边定居了下来，也都繁衍了许多自己的子孙后代。海的一边叫幸福和快乐的沃土，生活着一群我们称为勤奋和勇敢的人，海的另一边叫失败和失落的原地，生活着一群我们称之为懒惰和懦弱的人。

拿破仑说："想得好是聪明，计划得好更聪明，做得好是最聪明又最好。"如果你去开动一辆车，有了一个确定的目标，知道自己要去哪个地方，这只是给你自己确定了一个方向，你若想到达那个地方，还必须把车开动，这就需要你去具体操作，手脚并用。

与其躺着做梦，不如站起来行动。做人就要瞄准目标，全力以赴，用行动去证明自己，须知唯有实干才能帮你成就非凡的人生。如果选择做一个只会在纸张上谈兵的人，不仅做人失败，成功无从谈起，还往往遭人耻笑，下场既可怜又可悲。

6. 做人要敢于冒险，放开手脚

> 做人若满足于现状，必定止步不前。只有把眼光放高一些，正确看待风险，并勇于担当，做一个敢于从火中取栗的人，人生才会更加成功和多彩。

以"安全"为重，做人做事讲究稳妥，这固然没什么不对，但做人还应具备不安于现状的念头，有点长远的追求，因为现实的安稳很容易让人养成惰性，久而久之，便会自甘平庸，而且做人也应该具备一点风险意识，否则假如某天风险真的来临，就可能令你不知所措，无法从容应付。

有的人甚至认为，做人若想成功，必须时刻准备冒险，这话说的有点道理，其实人生的每一次成功，往往都是经过大胆冒险才能获得的。例如，在我们还是幼儿的时期，我们从只会爬行到敢于站起来走路，其实就是一个冒险的过程，是经过不断地跌倒，爬起，才学会的走路。人生其他的大部分技能，诸如：骑车、游泳、做饭、演讲等等，往往都不是与生俱来的，都是经过一个冒险的阶段才获得的，而且在这个冒险的过程中还应遵循"越挫越勇"的精神，经过一次次地尝试才能获得成功，而尝试的本身其实就带有一定的风险。

一个人若安于现状，便永远不会去冒险。我们常常看到很多颇有才华的人，一辈子都甘于平庸。他们的天分虽高，却从来没有意识到自己应该进步。他们熙来攘往，所看到的只是月底领薪水，以及领到薪水以后几天中的快乐时间，结果他们的一生总是微不足道。之所以这样，就是因为他们满足于现状，任何人只要满足现状，就不会有所作为。只有把眼光放高，不满足于现状，一个人才能正确看待风险，并敢于冒险，从而获得大的成就。

人生能有几回搏，做人就应该有点敢于在人生的海洋中搏击的胆量和气魄。

1945 年，沃尔顿从军队复员，他在阿肯色州的新巷小镇租下一个店面，开始经营自己的第一家零售店。在 50 ~ 60 年代，沃尔顿把自己名下的 ben franklin 连锁分店拓展了 15 家，成为业绩最为突出的分店。

1962 年，沃尔顿觉察到拆价百货商店有着巨大的发展前景，但 ben franklin 总部却否决了其关于投资拆价百货商店的建议。为了把握这千载难逢的机会，沃尔顿决定背水一战，以全部财产做抵押获得银行贷款，终于在同年 7 月创办了第一家拆价百货商店——沃尔玛，并获得了巨大成功。

沃尔顿之所以能够获得成功，首先是因为他富有远见，审时度势，能发现被其他人忽视的商业机会。其次是因为他具备不满足于现状，积极进取，敢于突破自我的勇气和创业的自信。做出冒险决定的沃尔顿，当时已经拥有 15 家 ben franklin 连锁分店，如果是常人很可能选择安安稳稳地过日子。但他并没有满足于现状，而是不断突破自我，追求新的成功，特别是在关键时刻做出冒险的决定，以全部财产做抵押去获得贷款，破釜沉舟、背水一战，终于承受住了风险的考验，使新事业得到顺利地开展。

被火烤过的栗子最香最甜，关键是你有没有从火中将其取出来的勇气。

英国小说家笛福的《鲁滨逊漂流记》描述了主人公鲁滨逊漂流海岛，战胜各种困难，艰苦创业的传奇故事。小说情节曲折，但又真实自然，富有传奇色彩。

小说中，有一个叫鲁滨逊的英国人，很喜欢航海和冒险，他本可以按照父亲的安排，依靠殷实的家业过一种平静而优裕的生活。然而，鲁滨逊却不满足于现状，一心想外出闯荡，正因为他眼光很高，不安于现状，时刻想着去冒险，于是他才做了一名水手，在充满刺激和艰苦的生活中，依靠难以想象的坚强、毅力和勇气，凭借自己的智慧和辛勤劳动，开荒种地、砍树建房，甚至还救助了一名野人"星期五"……

鲁滨逊不满足于现状，进行海外探险的经历，其实是西方资本主义社会早期，新兴的资本家为了进行资本的原始积累进行一系列海外探险行动的真实写照。他们冒着巨大风险，甚至以牺牲生命为代价，向着心目中的财富之地进军，他们寻找新的大陆，搜集各种财富，很多人因此获得巨大成功，但是也有很多人因此一去不回。

想要做一个成功的人，必须把人生当成一项项挑战，只有敢于挑战风险，才能获得成功。

有一个女青年，原来是一个工人。因为丈夫研究生毕业分配到学院工作，她也被调到学院工作。很多人都很羡慕她，说她嫁了个好丈夫，脱离了工厂环境。学院里的工人没有什么活，轻松自在。但是，她并不满足自己的现状，她看到了学院的学习条件，与家人商量好，暂时辞掉了工作，没有了工作，意味着失业，对于她来说，是一种很大的风险。或许是因为风险的刺激，这位女青年积极自学，取得了函授文凭。

俗话说，撑死胆大的，饿死胆小的。我们做人千万不要胆小怕事，人生的道路上有阻碍，我们目光果断，用勇气的巨斧去劈开它；人生的道路上有机遇，我们敢于冒险，用勇气的双手去抓住它。做人要放开手脚，敢想敢干，做一个勇于追求人生理想，善于在风险中把握机遇的勇敢之人。

7. 做人要勇于挑战自己
——哪怕进一步，也要有新高度

> 做人不但要敢冒风险，勇于挑战生活，同样要有敢于挑战自己的勇气。做人也是一个修炼的过程，只有不断挑战自我，提升自我，才能逐步接近成功。

我们做任何事都需要一个过程，做人同样如此。这是因为人们并非生来就是无所不知、无所不能的。一个人的缺点需要弥补，劣势也可以得到完善。做人要懂得不断挑战自己，在生活的道路上不断学习、积累、尝试，哪怕前进一小步，也要走得有意义，终有一天，你会成长为一个出色的人。

塞涅卡——一位音乐系的学生走进练习室。钢琴上摆放着一份全新的乐谱。

"超高难度。"他翻动着，喃喃自语，感觉自己对弹奏钢琴的信心似乎跌到了谷底，消磨殆尽。

已经三个月了，自从跟了这位新的指导教授之后，他不知道，为什么教授要以这种方式整人，勉强打起精神，他开始用十只手指头奋战，琴音盖住了练习室外教授走来的脚步声。

指导教授是个极有名的钢琴大师。他给自己的新学生一份乐谱。

"试试看吧！"他说。

乐谱难度颇高，学生弹得生涩僵滞，错误百出。

"还不熟，回去好好练习！"教授在下课时，如此叮嘱学生。

学生练了一个星期，第二周正准备上课时没想到教授又给了他一份难度更高的乐谱，"试试看吧！"上星期的功课教授提也没提。

学生再次挣扎于更高难度的技巧挑战。

第三周，更难的乐谱又出现了，同样的情形持续着，学生每次在课堂上都被一份新的乐谱"缠住"，然后把它带回去练习，接着再回到课堂上，重新面临难上两倍的乐谱，却怎么样都追不上进度，一点也没有因为上周的练习而有驾轻就熟的感觉，学生感到愈来愈不安、沮丧及气馁。

教授走进练习室。学生再也忍不住了，他必须向钢琴大师提出这三个月来他何以不断折磨自己的质疑。

教授没开口，他抽出了最早的第一份乐谱，交给学生。

"弹奏吧！"他以坚定的眼神望着学生。

不可思议的事发生了，连学生自己都惊讶万分，他居然可以将这首曲子弹奏得如此美妙，如此精湛！教授又让学生试了试第二堂课的乐谱，同样，学生出现高水平的表现。演奏结束，学生怔怔地看着老师，说不出话来。

"如果，我任由你表现最擅长的部分，可能你还在练习最早的那份乐谱，不可能有现在这样的进度。"教授缓缓地说着。

确实如此，挑战自己的韧性，挑战自己的耐心，这也是一种"修炼"，不是为了成仙得道，而是让自己变得更加优秀和出色。塞涅卡每天都在弹奏乐谱，乐谱的难度不断地增加，但他始终没有放弃，日复一日，他坚持弹奏，这与达·芬奇画鸡蛋的故事多么相似，达·芬奇不仅用手去画，而且用心去画，几十年之后，终于成为了一个大画家。看似波澜不惊的过程，其实饱含着功力的锤炼，是一个不断积累的过程。而等到有一天你回头看过去，才恍然发现自己已经不再是以前的自己——你已经有了新的突破。但是你不能就此打住，生活继续，你也要继续，不断挑战自我。

生活丰富多彩，挑战自我方式必然不同，但却殊途同归。法国大作家巴尔扎克，他年轻的时候决心从事文学创作，但是，他们全家都不同意，认为他不是从事写作的材料。父母在他的坚持下同意给他一年时间，提供他一切方便，让他从事写作。但一年过去了，他什么也没有写出来。这时候，他的父母不再支持他，让他自力更生、自谋出路，巴尔扎克在极其贫困和艰难的情况下，坚持写作，挑战自己的信心和毅力，后来写出了号称《人间喜剧》的100多本小说，他也因此成为世界最著名的伟大文学家之一。恩格斯曾评论《人间喜剧》所反映的法国社会，比当时所有历史学家、经济学家、统计学家、社会学家所有著作的总和还多。连巴尔扎克这样的大作家都是在如此艰难的环境下通过挑战自我，不断坚持获得的成功，我们要想小有所成更要坚持这种精神啊。

艰难困苦，玉汝于成。挑战自己，就应该能够吃苦，耐得住寂寞，有恒心、有坚守。做人若如此，必定能克服人生道路上的诸多艰难险阻，将自己锤炼成一个更优秀更有内涵的人。

8. 丢掉"拐杖"，做人要独立

做人应该养成独立生活的能力，不要总是存有依赖他人的心理。依赖思想就像母亲子宫里的羊水一样舒坦，但久浸其中只会"胎死"。勇敢一点，丢掉"拐杖"。

能够独立生活是人生道路上所必不可少的能力，学会独立生活，拥有独立的品格，这是成功做人的一项优秀品质。

一位朋友谈起他在美国的一段经历。为了16岁的儿子能够成才，狠下心来送他到一所远离住家却十分有名的学校去念书。那个稚气未脱的小伙子每天都需要转三站公共汽车，换两次地铁，穿越纽约最豪华和最肮脏的两个街区，历时三个多小时。而纽约的地铁又是世界上最乱最不安全的地方之一。每天都有抢劫、强奸甚至杀人的事件发生。为什么这位朋友让自己的儿子放着附近的高中不读，而冒那么大的风险，整天奔波于那危险的路途呢？

一方面固然因为儿子考上了世界的名校，另一方面更是由于这位朋友独立生存的观念使然。在美国，16岁的孩子应该是具有独立人格和精神的。那位朋友始终认为：在人生的旅途上，每个人都要经过这一关，都要穿越这样的危险地带，否则就难以在这错综复杂、险象横生的环境中生存下去。他告诉儿子说：人生的道路是更危险的，因为人生只有去，没有回，走的是只能走一次的路线，而每一步跨出去都是自己不曾熟悉的道路，若一步稍有不慎，你的整个人生都将遭到打击或挫折。所以他在给儿子的信中着重写道:"年轻人,你渐渐会发现,当你一个人独行的时候,会变得格外聪明,当你离开父母的时候,你才会知道父亲是对的。"

做人就应该养成独立生活的习惯,并且用这种习惯去面对世界、生活中的一切。

现任微软公司全球副总裁兼微软中国研发集团总裁的张亚勤,少时失去父亲,他的几个亲戚住在不同的城市,为了锻炼自己独立生活的能力,小小年纪的他在几个城市之间独来独往。临近高考,他突然患病,母亲劝他放弃,张亚勤不听:"我就是试试,即使失败也是一次练习,要是不争取,那就一定不会成功!"结果他如愿考进了中国科大少年班。然后,硕士、博士……最终成为微软公司全球副总裁、世界电子工程领域最杰出的科学家之一。回首走过的岁月,张亚勤自豪地说:"在我看来,成长比成功更重要。在成长的过程中,我获得了独立、执著、坚强、自信……没有那一段成长的经历,便没有我今天的一切!"成功人士往往都是从小就开始独立生活的人,他们因为亲自接触社会、体验社会,才学到了很多别人学不到的知识。

不可否认,我们有时确实需要借助他人的力量,例如医院里身体虚弱的病人往往靠拄着拐杖或是借助家属的搀扶走路,然而他这是为了行动方便,一旦身体恢复健康,便会将拐杖丢掉。

一位朋友讲述过自己学溜冰的故事:

上中学的时候,我跟一位体育老师学溜冰。

因为我是个初学者。所以,他给我一把椅子,让我推着椅子溜。

果然,此法甚妙,因椅子的稳定可以使我摆脱恐惧。不久,我可以推着它前行,来往自如。

我想,椅子真是好!于是,我一直把椅子当靠山。

在椅子的帮助下,我在冰场快乐地玩着,有一天,老师来到冰场一看我还在那儿推椅子,这回他走上来,一言不发,把椅子从我手中撤去。

失去了依靠,我不觉惊傻大叫,脚下不稳,跌了下去,嚷着要那椅子。老师在旁边，看着我在那里叫嚷，无动于衷。我只得自力更生，站稳脚步。

这才发现，我在冰上这么久，椅子已帮我学会了许多。但如果老师不拿去我的椅子，我或许不会发现这些。扶椅子只是一个手段，真要学会溜冰，非把椅子拿开不可——没有人带着椅子们溜冰的，是不是？

类似的生活小事大概每个人都遇到过，做人千万别总等着坐享其成，靠人一时，不能靠人一世。人有手有脚，最终还是要靠自己。如果自己从没有独立承担过，自然也不会享受到靠自己努力完成一件事后带来的喜悦。

想要成功做人就要敢于抛掉各种"拐杖"，学会独立思考与生活的能力，久而久之你会发现，原来做一个生活的强者并不是那么困难。

9. 做一个有计划的聪明人

> 不积跬步，无以至千里。做一个有计划的聪明人，为了人生的追求，一步一个脚印，踏踏实实地往前走，而不要幻想一下就能到达终点。

聪明的人都明白这样一个道理，理想往往不是一下就能实现的，需要经历一个奋斗的过程。他们善于提前做好计划，把自己的目标分割为若干个阶段性的小目标，然后一个一个地完成。当所有的小目标都实现了以后，自然而然就达到了终点，也就获得了成功。

1984 年，在东京国际马拉松邀请赛上，名不见经传的日本选手山田本一出人意外地夺得了世界冠军。当记者问他凭什么取胜时，他只说了"凭智慧战胜对手"这么一句话，当时许多人认为这纯属偶然，山田本一在故弄玄虚。

两年后，在意大利国际马拉松邀请赛上，山田本一再次夺冠。记者又请他谈经验，性情木讷的山田本一还是那句话：用智慧战胜对手。许多人对此迷惑不解。

10 年后，山田本一在自传中解开了这个谜，他是这么说的："每次比赛前，我都要乘车把比赛的线路仔细看一遍，并画下沿途比较醒目的标志，比如第一个标志是银行，第二个标志是红房子……这样一直画到赛程终点。比赛开始后，我以百米的速度奋力向第一个目标冲去，等到达第一个目标后，我又以同样的速度向第二个目标冲去。40

多公里的赛程，就被我分成这么几个小目标轻松完成了。最初，我并不懂得这样的道理，我把目标定在40公里外的终点线上，结果我跑到十几公里就疲惫不堪了，我被前面那段遥远的路程给吓倒了。"

同样的故事也发生在雷因的身上。

25岁的时候，雷因因失业而挨饿，他白天就在马路上乱走，目的只有一个，躲避房东讨债。

一天他在42号街碰到著名歌唱家夏里宾先生。雷因在失业前，曾经采访过他。但是他没想到的是，夏里宾竟然一眼就认出了他。

"很忙吗?"他问雷因。

雷因含糊其词地回答了他，他想他看出了他的际遇。

"我住的旅馆在第103号街，跟我一同走过去好不好?"

"走过去? 但是，夏里宾先生，60个路口，可不近呢。"

"胡说"，夏里宾笑着说，"只有5个街口。"

"……"雷因不解。

"是的，我说的是第6号街的一家射击游艺场。"

这话有些所答非所问，但雷因还是顺从地跟他走了。

"现在，"到达射击场时，夏里宾先生说，"只有11个街口了。"

不多一会儿，他们到了卡纳奇剧院。

"现在，只有5个街口就到动物园了。"

又走了12个街口，他们在夏里宾先生的旅馆停了下来。奇怪得很，雷因并不觉得怎么疲惫。

夏里宾给他解释为什么不疲惫的理由:

"今天的走路，你可以常常记在心里。这是生活艺术的一个教训。你与你的目标无论有多遥远的距离，都不要担心，把你的精神集中在5个街口的距离，别让那遥远的未来令你烦闷。"

曾经有一位63岁的老人从纽约市步行到了佛罗里达州的迈阿密市。在那儿，有位记者采访了她。记者想知道，这路途中的艰难是不是曾经吓倒过她? 她是如何鼓起勇气，徒步旅行的?

老人回答说:"走一步路是不需要勇气的，我所做的就是这样，我先走了一步，接着再走一步，然后再一步，我就到了这里。"

没错，如果你需要走一百步可以到达目的地，只要你每迈出一步，你就会逐渐靠近你的目的地，当你将一百步全部一步步走完之时，你也就到达了目的地。

确实，走好脚下的路，不会让遥远的目标令自己灰心丧气，而阶段性目标的实现，往往还能给你带来征服的喜悦和继续走下去的信心。"路要一步步去走，饭要一口口去吃"。我们做人也要做生活当中的聪明人，对自己的目标有所计划，一步步去完成，而不要让追求成为自己人生的负担。

10. 走自己的路，不轻易放手

"走自己的路让别人说去吧"，这是一种潇洒的人生态
度，也是一种做人的坚持。做人要能坚守自己的理想，不被
人生道路上的"流言蜚语"引离正常的轨道。

有位作家说过："偏见常常扼杀很有希望的幼苗。"为了避免自己
被"扼杀"，你只要看准了目标，就要充满自信，坚持走自己的路。
走自己的路，不轻易放手，这是做人的一种可贵姿态。

罗斯福总统的夫人曾向她的姨妈请教对待别人不公正的批评有什
么秘诀。她姨妈说："不要管别人怎么说，只要你自己心里知道你是
对的就行了。"

一个人既要有奋斗的目标，更要有具体的行动，对自己选择的
路，无论是阳光大道，还是羊肠小径，都要勇往直前、义无反顾。千
万不要让自己的大脑沦为别人思想的跑马场，更不要让自己的腿被别
人的意见所驱使。相信自己的判断，坚持走自己的路，成大事者往往
都是如此。

1842 年 3 月，在百老汇的社会图书馆里，著名作家爱默生的演讲
激动了年轻的惠特曼："谁说我们美国没有自己的诗篇呢？我们的诗
人文豪就在这儿呢！……"这位身材高大的当代大文豪的一席慷慨激
昂、振奋人心的讲话使台下的惠特曼激动不已，热血在他的胸中沸
腾，他浑身升腾起一股力量和无比坚定的信念，他要渗入各个领域、

各个阶层、各种生活方式。他要倾听大地的、人民的、民族的心声，去创作新的不同凡响的诗篇。

1854 年，惠特曼的《草叶集》问世了。这本诗集热情奔放，冲破了传统格律的束缚，用新的形式表达了民主思想以及对种族、民族和社会压迫的强烈抗议。它对美国和欧洲诗歌的发展有巨大的影响。

《草叶集》的出版使远在康科德的爱默生激动不已。他给予这些诗以极高的评价，称这些诗是"属于美国的诗"，"是奇妙的"、"有着无法形容的魔力"，"有可怕的眼睛和水牛的精神"。

《草叶集》受到爱默生这样很有声誉的作家的褒扬，使得一些本来把它评价得一无是处的报刊马上换了口气，温和了起来。但是惠特曼那创新的写法、不押韵的格式、新颖的思想内容，并非那么容易被大众所接受，他的《草叶集》并未因爱默生的赞扬而畅销。然而，惠特曼却从中增添了信心和勇气。1855 年底，他印起了第二版，在这版中他又加进了二十首新诗。

1860 年，当惠特曼决定印行第三版《草叶集》，并将补进些新作时，爱默生竭力劝阻惠特曼取消其中几首在他看来格调不高的诗歌，否则第三版将不会畅销。惠特曼却不以为然地对爱默生说："那么删后还会是这么好的书么？"爱默生反驳说："我没说'还'是本好书，我说删了就是本好书！"执著的惠特曼仍是不肯让步，他对爱默生表示："在我灵魂深处，我的意念是不服从任何的束缚，而是走自己的路。《草叶集》是不会被删改的，任由它自己繁荣和枯萎吧！"他又说："世上最脏的书就是被删灭过的书，删减意味着道歉、投降……"

而最后的结果是，第三版《草叶集》获得了巨大的成功。不久，它便跨越了国界，传到英格兰，传到世界许多地方。

无独有偶，剑桥郡的世界第一名女性打击乐独奏家伊芙琳·格兰妮说："从一开始我就决定：一定不要让其他人的观点阻挡我成为一名音乐家的热情。"

她成长在苏格兰东北部的一个农场，从 8 岁时她就开始学习钢琴。随着年龄的增长，她对音乐的热情与日俱增。但不幸的是，她的听力却在渐渐地下降，医生们断定是由于难以康复的神经损伤造成的，而且断定到 12 岁，她将彻底耳聋。可是，她对音乐的热爱却从未停止过。

她的目标是成为打击乐独奏家，虽然当时并没有这么一类音乐家。为了演奏，她学会了用不同的方法"聆听"其他人演奏的音乐。她只穿着长袜演奏，这样她就能通过她的身体和想象感觉到每个音符的震动，她几乎用她所有的感官来感受着她的整个声音世界。

她决心成为一名音乐家，而不是一名聋的音乐家，于是她向伦敦著名的皇家音乐学院提出了申请。

因为以前从来没有一个聋学生提出过申请，所以一些老师反对接收她入学。但是她的演奏征服了所有的老师，她顺利地入了学，并在毕业时荣获了学院的最高荣誉奖。

从那以后，她的目标就致力于成为第一位专职的打击乐独奏家，并且为打击乐独奏谱写和改编了很多乐章，因为那时几乎没有专为打击乐而谱写的乐谱。

至今，她作为独奏家已经有十几年的时间了，因为她很早就下了决心，不会仅仅由于医生诊断她完全变聋而放弃追求，因为医生的诊断并不意味着她的热情和信心不会有结果。

人生的道路上，难免遇到不同的意见，其中有善意的规劝，也搀杂着恶意的流言蜚语。无论是善意还是恶意，我们都要有勇气去面对。假如认定自己是对的，就坚持走好自己的路，不轻易被他人观点左右。当然，我们并非固执而不听人劝，等撞了南墙才肯回头。我们是在肯定坚守自己梦想的可贵，做人只有不要轻易放弃心中的梦想，才能有希望。

第二章

你这一套一定要能"说"动别人

俗话说，三寸之舌强于百万之师。一句中听的话可以让对方如沐春风，一句不中听的话可能会令其反感至极，从而关系到我们做人是否成功。做人要有自己的一套，就要尽量用自己的"嘴"去说动别人的"心"，说动别人的"腿"。这就需要我们平时多多锻炼讲话的技巧，注意说话的语气和对象，要懂得把话说的含蓄一点，动听一点，能把话说到点子上，以情感人，以理服人。什么样的话该说，什么样的话不该说，怎么说好场面话，如何通过插话引起别人注意，这都是一门技巧，需要我们去揣摩和把握。

1. 君子动口不动手

　　做人不能一味强硬行事，滥用武力更是要不得。须知"三寸之舌，强于百万之师"，做人就要做个善于动口不动手的"君子"，用自己的嘴说动别人的心。

　　孙子用兵如神，他曾经说过："故善用兵者，屈人之兵而非战也，拔人之城而非攻也，毁人之国而非久也，必以全争于天下，敌兵不顿而利可全，此谋攻之法也。"他认为，不战而使敌人屈服，这是最高超的谋略。而利用高超的说话技巧说服别人，是不战而屈人之兵的一种优先选择。这里的"战"专指动用武力，因为用话语去打动别人，从本质上而言也是一种"战"，只不过区别于武力，是用口才去战斗。

　　刘勰说："一人之辩，重于九鼎之宝；三寸之舌，强于百万之师。"可见，好的口才往往可以兵不血刃，取得胜过"百万之师"的战绩。

　　诸葛亮算得上是中国历史上最擅于用"嘴"打仗的人物了。《三国演义》中有许多关于他以口才制胜的故事。其中尤以第93回"武乡侯骂死王朗"最为典型。诸葛亮率师北伐，在渭河边与魏国大都督曹真的大军相遇。曹军中有一位素以舌辩著称的司徒王朗，他自请上前线做说客，劝降诸葛亮。在两军对峙的阵前，王朗摇唇鼓舌，引经据典，口若悬河，满以为诸葛亮听了这一席话，会"倒戈卸甲，以礼来降"。不想，诸葛亮不为所动，在言明自己北伐之因，分析了天下形势之后，话锋一转，直指王朗："吾素知汝所行，世居东海之滨，初举孝廉入仕，理合匡君辅国，安汉兴刘；何期反助逆贼，同谋篡位！罪恶深重，天地不容！天下之人，愿食汝肉！……皓首匹夫！苍髯老贼！汝即日将归于九泉之下，何面目见二十四帝乎？"王朗听罢，气满胸膛，大叫一声，撞死于马下。曹军受挫，不战而屈。对此，后人有诗赞曰："兵马出西秦，雄才敌万人。轻摇三寸舌，骂死老奸臣。"

春秋时，强大的秦晋两国联合进攻弱小的郑国。在敌军兵临城下，郑国危在旦夕之时，郑大夫烛之武只身缒城而下，往见秦穆公。他以其卓越的说话水平分析形势，陈说利害，终使其心动而撤兵，以一舌救一国，会说话在战争中的作用据此可见一斑。

以说话水平高超而制胜的例子，国外也有很多。

公元前218年，位于现在北非突尼斯的迦太基奴隶主阶级的军事统帅汉尼拔，为防止罗马帝国的步步紧逼，先发制人，出兵罗马。势力强大的罗马根本不把汉尼拔放在眼里，集结数万大军准备一举歼灭之。但汉尼拔却出其不意地远征，率领6000精兵绕过罗马军阵地，翻越阿尔卑斯山，突然出现在山南的波河平原上。汉尼拔指着眼前坚固的罗马城堡，慷慨激昂地对他的士兵发表了即兴演讲——《我们在这场战争中是主动者》。在这番演讲鼓舞下，迦太基士兵一鼓作气，一战破城。罗马执政官弗拉米尼闻讯率大军赶来援救，又遭士气大盛的迦太基军伏击，几乎全军覆没，弗拉米尼也阵亡，罗马全国震动，处于覆灭边缘。从此，5年之内不敢与迦太基作战。

不仅战争中如此，我们在现实生活也要提高自己的说话水平。人类社会交往活动是十分复杂的，既有经济活动，也有政治活动；既有公开活动，也有秘密活动；既有个人活动，也有群体活动……所有这一切社交活动，都离不开语言，语言承载着这一切。

因此，我们现实生活中学会做人，就要有自己的一套：一方面，我们需要通过语言去准确表达自己的思想，另一方面，当我们在生活和工作中与朋友或者同事发生点小摩擦，特别是面对恶人与敌人需要争斗时，也要能言善辩，善于用自己的嘴说动别人的心。若以武力解决问题，往往会让事情发展到极端，而陈说利害得失，做一个善于以"嘴"服人的谦谦君子，往往可以让对方口服心服。

2. 好话一定要尽快说出口

> 很多人之所以被看成"事后诸葛亮",就是因为他们不能把握时机,事后喋喋不休。做人应有时间意识,想说的话,特别是赞美之辞一定要尽早说给对方听。

谁都喜欢听好话,当你面对你所想夸赞的人或事时,请抓紧时间,由衷地说出口,别让它好话烂在肚子里。

生活中我们常常顾忌得太多,想法也很好却没有执行。也许在想夸别人几句以表达自己的敬意时,却碍于情面或担心别人有想法而只好作罢。这样的例子太多了:

下属工作出色,你对他的表现很满意,真想好好地表扬他一番。可是,你怕他听了"翘尾巴",从此失去应有的威严,于是你克制住自己,只是按部就班地向他布置下一个任务……

上司确实有魄力,处理问题正确果断,而且作风正派,身先士卒,你很想在共同享用工作餐时把大家对他的好评,包括你的肯定,直接告诉给他。但是,你怕这会被他视为别有用心,怕别的同事视你在"拍马屁",更怕这会丧失了自我尊严,于是你将话咽了回去……

在楼门口遇上了邻居全家,老少三辈,全体出动,是去附近的小饭馆聚餐。看到他们那和谐喜悦的情形,你想跟他们说几句祝福的话,可是你想到人家平时并没有跟自己家说过什么吉利话,又觉得此时此刻人家也许并不会珍视你的友好表示,于是你只是侧身让他们一家走过，然后远远地望着他们的背影……

在商场购物，你遇上了一位服务态度确实非常好的售货员。当她将你购买的商品装进漂亮的塑料袋，亲切地递到你手中时，你本想不仅说一声"谢谢"，而且再加上几句鼓励的话，可是到头来你还是没说，因为你想着"我是'上帝'，她本应如此"，"反正总会有别的顾客表扬她"……

在研讨会上，遇上了你长期的对手，你们的观点总是针尖麦芒般互斥。然而，这回他的发言，尽管你仍然不能苟同他的论述，可是他那认真探索的精神，自成逻辑的推理，抑扬顿挫、流畅自如的宣讲，实在令你不能不佩服他的功力。在会议休息饮茶时，你真想走过去跟他说："虽然我不能同意你的观点，可是我的的确确愿意为了维护你的表达权，而作出最大的努力……"你都走到他跟前了，却又忽然觉得说这种话会招来误会，而且，你觉得这也实在并不是什么新鲜的话语，于是你开了口，没说出这样的话，却吐出了几句咄咄逼人、"语带双关"的酸话……

人际之间需要好话。非自我功利目的的好话，在这个世界上不是多了而是还很缺乏。因此你一定不要吝啬自己的赞美之词，将你的感激表达出来。

消除心头的疑虑吧！当你心头涌现了非自我功利目的、自然亲切、朴素厚实的好话时，不要犹豫，不要迟疑，不要退却，不要扭曲，要快把好话说出口！只要你确实由衷而发、充满善意、扪心无愧，你就大大方方、清清楚楚地把你那好话说出来。即使遇上了"狗咬吕洞宾"的情形，"好心当作驴肝肺"，你也并无所失，因为你焕发着人性善的光辉，你把好话给予别人，即使是你的亲人，那也是必要的播种。一般来说，这世上的绝大多数人，是会接受你善意、爱意、亲合意向的种子。这种子落在他们的心田，多半会生出根，发出芽，开出花，结出果……这世界上，除非你是那样地坚强，那样地能耐寂寞，那样地不惧怕恶言恶语，到头来，你也还是需要来自他人的好言好语……

当然，善意的批评，恨铁不成钢的讽刺，乃至于义正辞严的训斥，也可以被视为广义上的好话，并且，对民族公敌，对贪官污吏，对社会渣滓，不存在着跟他们说好话的问题。至于腹藏剑而口涂蜜、阿谀赞美、巧言取利、甜语凑趣……自然不能算是真正的好话。不过这都不包括在我们所说的范畴内。但即使是日日"司空见惯"，已被柴米油盐酱醋茶消磨了浪漫的夫妻，如果在一刹那间忽有好话涌上心头，请赶快把它说出口。这不仅绝不多余，甚至会成为你们携手共度岁月的重要黏合剂！

发自真心的"赞美之辞"，在合适的时机，尽早说出口，既不违背自己心意，又可以增进彼此关系，这样做人何乐而不为呢。

3. 说话要说到点子上，合乎对方心意

俗话说，打蛇打七寸。做人眼光要精准，说话更要说到点子上。如果言谈内容或者说话方式合了对方心意，往往能更容易打动对方的心。

我们做人头脑要灵活一些，其实有的时候想通过话语打动别人，并不需要多么华丽的词藻、动听的声调，有时一句话，若能说到点子上，合了对方心意，便能让其"龙颜大悦"，喜上眉梢。这种说话方式如若用到了巧处，往往会胜过千言万语。

明朝著名画家周玄素，就曾经用一句话让开国皇帝朱元璋"龙颜大悦"，让我们来看看这个故事。

明太祖朱元璋建国不久，一天，他突发雅兴，派人召来宫廷画师周玄素，命令他立即着手在大殿的墙壁上绘制巨幅"天下江山图"，以显示自己的伟业和盖世功劳。

周玄素听后心想：这偌大的江山，仅凭一幅画怎么表现得了呢？假如自己动笔时稍有不合皇上心意之处，恐怕自己的脑袋就得搬家了。于是，他上前谢罪说："微臣才疏学浅，又未曾走遍天下九州，实不敢奉诏。臣斗胆恳请陛下启动御笔，勾勒本图规模，臣从而润色一二。"

朱元璋见他说得在理，便当即提起御笔，唰唰几下，在墙上草画出一幅"天下江山图"的大致轮廓。随后，便对周玄素说："朕已构建了草图，你加以润色吧！"

周玄素看了看草图，又启奏道："陛下江山已定，岂可再有改动！"

这一语双关的话，让朱元璋听了大为高兴，重重地赏了周玄素一番，画画的事也作罢了。

这句让朱元璋大为高兴的话语，看似简单，其实里面有玄机的。它表面是说，这幅"天下江山图"陛下已经画好了，我不便改动；而更深的一层意思则是：陛下的政权已经非常牢固，是谁都无法动摇了。朱元璋是绝顶聪明的人，自然明白周玄素的话中玄机。这深层含义很能迎合朱元璋的心理，把他说得心里甜滋滋的。所以，他不但没怪罪周玄素，还破例重赏了他。

封建王朝的皇帝，具有至高无上的绝对权威，但是做皇帝也有做皇帝的难处，那就是时时刻刻担心自己的江山被别人霸占，因而竭尽全力要保住了。

周玄素的一句看似普通的话语，实则是说到了点子上，说到了皇帝的心坎里去了，让朱元璋如饮甘霖，舒心之极，因而重赏也就是必然的事情了。

人们常说：不打勤的，不打懒的，专打没心眼的。做人要多长个心眼。该说的话，要说到点子上，合对方口味，不该说的坚决不说，以防触犯对方忌讳。试想，一位原本已经为身材消瘦而苦恼的女性，听到别人赞美她苗条、纤细，又怎么会感到由衷的高兴呢？

有一年轻人眉清目秀，长相不俗，就是不会说话。岳父去世，家人大恸，他以酒相慰，对内弟说："好事成双，再饮一杯。"朋友结婚，他前去祝贺，喜宴上他慷慨陈词："凭咱哥们的交情下次你再结婚我还来喝酒。"满座人面面相觑，朋友哭笑不得，他却大吃海喝，浑然不觉。因为他说话不合时宜，所以谁家有个婚丧嫁娶的事情都不欢迎他。有好心人背后开导他说话要注意场合，多说主人爱听的吉利话，别说人家忌讳的话，他才幡然悔悟，牢记在心。

故事中的秀才说话不可谓没说到点子上，但他不注意场合，反倒将说到点子上的话变成了诅咒别人的话，使对方尴尬，也让自己做人难堪。可见，说到点子上的话，一定要说合乎对方心意才是好话。唯有如此，才更容易打动人心。

4. 说赞美的话，让你得偿所愿

做人嘴巴要甜一点，知道选择最佳时机，以最恰当的言辞去赞美别人。那些在现实生活中能够得偿所愿的人往往都是嘴巴上抹了蜜的人。

在办事的过程中，难免会遇上尴尬困境的时候。这时，如果能恰到好处地运用赞美，说不定在貌似"山重水复疑无路"的时候，就可以"柳暗花明又一村"呢。

过去，美国费城电力公司有一个电器推销员，他曾到农村去推销电器，去了很多次都没成功，他这次准备改变策略。一家经营鸡蛋生意的人家，户主是个上了年纪的老妇，对方一见是电力公司推销电器的，就把赶紧关门。电器推销员一看事情不妙，便说："很抱歉，打扰了您，我知道您对用电不感兴趣。所以，我这次来不是做生意的而是买鸡蛋的。"老人消除些疑虑，将信将疑地望着电器推销员，电器推销员又继续说道："我看见您喂的道明尼克种鸡很漂亮，想买一打新鲜的鸡蛋回城。"

听到他这么说，老人家也耐着性子跟他搭起话来，并问道："你大老远地跑来就为买鸡蛋？"电器推销员充满诚意地说："因为市场上买的蛋是白色的，做蛋糕不合适，我的太太就要我来买些棕色的蛋。"

这时候，老妇人走出门口，态度很温和地跟电器推销员聊起了鸡蛋的事。但电器推销员这时便指着院子里的牛棚说："老人家，我敢打赌，你丈夫养的牛赶不上您养鸡赚钱多。"

老妇人的心被说乐了，的确如此，但是她丈夫总不承认这个事实。于是她将电器推销员视为知己，带他到鸡舍参观。电器推销员能说会道，说的话句句入耳，趁此机会，推销员说，如果能用电灯照射，产的蛋会更多，老妇人好像忘记了自己本来是打算拒绝购买电器的事，反而问电器推销员用电是否合算。当然，她得到了完满的解答。两个星期后，电器推销员在公司收到了老太太交来的用电申请书。

从这个实例来看，如果电器推销员开门见山要老太太买电器，一定会触动老太太的倔脾气，因此推销员先用买鸡蛋的托辞，打开老妇人的心扉，然后以拉家常的方式，说一些恭维的话，很自然地扯到了用电的问题，说明用电灯照射，产的蛋会更多。电器推销员的巧言妙语取得了老妇人的信任，使她主动提出要使用这个电力公司的东西。

当事情陷入困境时，懊恼、诅咒都是于事无补的。要想得偿所愿，记住，使用赞美的话语是取得胜利的最佳武器。

当然，赞美别人也是一门艺术。人们都喜欢被赞美，但这赞美却必须是恰如其分的。信马由缰、天花乱坠的赞美，很可能让人觉得你是在讽刺他。赞美不适度，说话很难有成果。因此，赞美别人不仅要有诚意，更要讲究分寸和方法。

另外，人的素质有高低之分，年龄有长幼之别，因人而异，突出个性，有特点的赞美比一般化的赞美能收到更好的效果。赞美人要审时度势，看准时机、看准对象。比如，老年人总希望别人不忘记他"想当年"的业绩与雄风，同其交谈时，可多称赞他引以自豪的过去；对年轻人不妨语气稍为夸张地赞扬他的创造才能和开拓精神，并举出几点实例证明他的确能够前程似锦；对于经商的人，可称赞他头脑灵活，生财有道；对于有地位的干部，可称赞他为国为民，廉洁清正；对于知识分子，可称赞他知识渊博、宁静淡泊……当然这一切要依据事实，切不可虚夸。

赞美的效果在于相机行事、适可而止，真正做到："美酒饮到微醉后，好花看到半开时"。当别人计划做一件有意义的事时，开头的赞扬能激励他下决心做出成绩，中间的赞扬有益于对方再接再厉，结尾的赞扬则可以肯定成绩，指出进一步的努力方向，从而达到"赞扬一个，激励一批"的效果。

聪明人还懂得如下道理，有时候赞美一个人，只当着他的面来吹捧，他可能不吃你这一套，而如果在背后吹捧他，一传十、十传百，总有一天会传到他耳朵里，不由得他不感激你。无论是谁，都不会忘记使他美名远扬的朋友的。美国总统罗斯福有一个副官，名叫布得，他就认为背后吹捧人比当面吹捧更有效。如果有人告诉我们：某某人在我们背后说了许多关于我们的好话，我们会不高兴吗？这种赞语，如果当着我们的面说，我们可能会感到虚假，而间接听来，则会认为他是真心诚意的。

赞美可以让对方虚荣心得到满足，当对方开始"飘飘然"的时候，你就可能从他那里得到想要的东西。人生的道路上，谁都免不了遇到求人办事的情况，做人应多练习自己说话的本领，关键时刻不要吝啬赞美之辞，用自己的嘴去说动别人为你办事的"腿"吧。

5. "见缝插针"，适时插嘴很重要

> 说话办事，一味地沉默寡言不可取。做人要善于观察对方的情绪，在必要的时候找准时机，见缝插针，巧妙介入对方谈话，这样的谈话效果会更好。

在说话办事的过程中，插话也是一门技巧。插话是否得当，也可看出你是否是一个善于说话办事的人。

我们平时与别人说话，一般是先听别人说完我们再说，以少插嘴为妙，但少插嘴不意味着不插嘴，被人骂得狗血喷头还装聋作哑以求委曲求全，但这不是好办法，毕竟沉默也是有限度的。这就要我们懂得插嘴的技巧：看准时机，见缝就钻，明快简洁，干脆利索。

不过什么时候可插话，什么时候不可插话，也不是随随便便的。要及时地"切入"话题，必须找到双方共同关心的内容。

小李家的电话老是出现杂音，他几次找当地邮局要求检修一下线路。

邮局局长立即把正在看杂志的小于找来，批评他的不是，并令其赶快随小李到他家去检修线路。

一路上，小于紧锁着眉头不吭一声，小李灵机一动，问道："你刚才看的是什么杂志？"

"《体育世界》。"

"哎呀，这杂志我家订了好几年了，包你看个满意。"

于是一路上两人你一言我一语谈得有滋有味，到小李家后，电话线很快检修完毕，后来两人还成了好朋友。

小李适时地找到了共同关心的话题，使本来紧张的气氛很快消除了。由此可见，什么时候插话，该说什么样的话也是很有讲究的，只有插话插的巧，对方才乐意接受。

洗衣机用久了，功能减退了，妻子想再买个新的，丈夫不同意。一天，丈夫对妻子说："我昨天换的衣服洗完了没有？我明天有重要会议，必须穿。"

妻子打开洗衣机，一看："还转着呢？第一道程序都没完。"

"这个破洗衣机。"丈夫道。

"还是再买个新的吧。"妻子乘机赶紧插话道。

"买一个吧。"丈夫欣然同意了。

一到商店，看中一台洗衣机，一问要几千元。

"太贵了，以后再买吧！"丈夫说。

"衣服那么多，又老换，急着穿怎么办？"妻子说。

这时售货小姐插一句："这台洗衣机虽贵点，但质量好、容积大、功率大、洗得又干净又快。"

"行，那就买一台吧。"丈夫终于同意了。

聪明的妻子，精明的售货员，能够敏捷地捕捉住插话的时机，达到了目的。

俗话说："出门看天色，说话看脸色。"脸色是心情好坏的晴雨表。在插话提意见或表示反对时，一定要先看准对方的心境，对方如果正兴奋不已地陈述自己观点时，你不要去打断他，插入自己的不同意见；如果对方正针对你发泄心中的不平之气时，你要暂时忍耐一下，不要插话顶嘴。插话或提反对意见时务必考虑这一点，才能收到良好的效果，达到自己的目的。

此外，打断别人的讲话插嘴时，还要注意以下几点：

把握别人谈话的主题。插话前先得听明白人家在说什么，说到哪儿了，你才能确定自己应该插什么，可以插什么，什么时候插合适。

如果你插些跟他们交谈毫无关系的内容，那只会打乱别人谈话的思路，招人厌恶。

注意自己的身份。要把握好无论如何插话者只是配角，谈话者是主角，多说话的应是他们，如果没有得到他们同意，你不可说话太多，以免喧宾夺主。

注意礼貌。插话时毕竟会打扰别人的思路或破坏气氛，所以插话前必须获得对方同意。可以先礼貌地打声招呼："对不起，我插一句。""请允许我插一句。""我可以插一句吗？"以吸引对方注意或征得同意，不过，这样的插话不宜太多。

因此，我们做人要学会插话，千万不要静悄悄地站在别人身旁，好像在偷听一样，尽可能找个适当机会，见缝插针，巧妙介入对方的谈话，这样的谈话效果会更好。

6. 巧弹"弦"外之音，委婉表达更有效

　　　　与对方交谈，说话太直往往会吃到闭门羹。做人要聪明，表达自己观点时委婉一点，含蓄一点，利用"弦"外之音给对方启发和暗示，让别人更容易接受你的观点。

　　弦外之音，即言外之意或者潜台词，通俗点说就是一个人话里有话。社会交往中，在特定的情况下，特别是当我们表达心中不满、向对方提要求和建议时可以适当采取这样的谈话技巧。因为迂回前进有时比卤莽行事更有效，直接的表达往往会伤到对方脸面，让对方有逆反心理；委婉说话，则可给对方巧妙地暗示，让其明了你的诚心诚意。

　　聪明的人会在建议之中巧"弹"弦外之音，以达到看似建议实则批评的效果，并让当事人心悦诚服地接受，这是说话中的一个相当难达到的境界。我们做人一定要多学这样的谈话技巧。

　　1937 年 10 月 11 日，罗斯福总统的私人顾问萨克斯受爱因斯坦等科学家的委托，约见了罗斯福，要求总统重视原子能的研究，抢在德国之前制造出原子弹。但任凭他谈得口干舌燥，罗斯福还是听不懂那些枯燥的科学论述，只是淡淡地说："这些都很有趣，不过政府若在现阶段干预此事，似乎还为时过早。"罗斯福以十分冷淡的态度回绝了萨克斯的一腔热情，萨克斯心中又着急又生气。但罗斯福是一位颇具威信的总统，他决定的事，萨克斯作为下属不能硬顶，也顶不住。事后，罗斯福为表歉意，邀请萨克斯共进早餐。萨克斯决定利用这个

难得的好机会，说服罗斯福采纳爱因斯坦等科学家们这一对美国生存攸关的建议，研制原子弹。为此，他在公园里徘徊了一夜。第二天一早，萨克斯刚落座，罗斯福就直言不讳地告诫他，不准谈原子弹的事。博学多智的萨克斯灵机一动，罗斯福虽不懂物理学，对历史肯定感兴趣。"我想谈一点历史，"他的攻势就此开始，"英法战争期间，拿破仑在陆战中一往无前，海战却不尽如人意。一天，轮船的发明者——美国人富尔敦来到了拿破仑面前，建议他把法国战舰的桅杆砍断，装上蒸汽机，把木板换成钢板。他向拿破仑保证，法国舰队肯定所向无敌。拿破仑却认为，船没有风帆不能航行，木板换成钢板必然会沉。他认为富尔敦肯定疯了，将其赶了出去。历史学家在评述这段历史时认为，如果拿破仑采取富尔敦的建议，19世纪的历史将重写。"罗斯福的脸色变得十分严肃，沉默了几分钟，然后斟满一杯酒，递给萨克斯说："你赢了！"

萨克斯虽然不直接谈研制原子弹，但在他的类比中表明罗斯福与拿破仑有着极为相似的共同特点：都是战争期间，都不懂物理，都面临着对一项与战争中自己军队命运攸关的新技术的选择。其用意也不言而喻：是像拿破仑那样，将新技术拒之门外而自取失败，还是与之相反？通过这一与当前形势极为类似的历史事实，使不懂物理学的罗斯福很容易地理解了研制原子弹的重要性，终于采纳了爱因斯坦等科学家的建议。

做人贵在交流与沟通，用自己的"嘴"说动别人，委婉表达是非常重要的。事例中，萨克斯的弦外之音"弹"奏的好，方式比较委婉，比直接的建议和批评更容易让人接受。当然，罗斯福也是个善于倾听和捕捉话外之音的高手，能够在对方的谈话内容中把握要点，能听出对方是言在此而意在彼，并虚心接受。

做人要聪明一些，在直接的表达无法奏效的情况下，我们可以学学萨克斯给罗斯福提建议的方式，委婉表达。在看似波澜不惊的"漫谈中"，"奏"出弦外之音，让对方领会你的真实意图，更容易接受你的观点。

7. 说话在理，以理服人

如果一个人说话在理儿，且辅以一定的谈话技巧，必定会让大多数人心悦诚服。倘若无理狡辩三分，任凭你说得多么天花乱坠，也是白费心思。

我们大多数人都会说话，但是说话水平的高明和低劣可是有着天壤之别的。一方面在于我们能否通过直接或者委婉的方式准确表达自己的思想，例如有些人说话喜欢东拉西扯、长篇大论，让听者不知所云，这就是不会说话的表现。另一个很重要的方面在于我们说话是否在理，只有你说的谈话内容符合为人处世的各项原则，不违背事情真相，给人一种堂堂正正之感，才会让对方从心底接受。

魏征是我国初唐伟大的政治家、思想家和杰出的历史学家。以"犯颜直谏"而闻名。他那种"上不负时主，下不阿权贵，中不侈亲戚，外不为朋党，不以逢时改节，不以图位卖忠"的精神，千百年来，一直被传为佳话。

贞观二年（公元628年），魏征被授秘书监，并参掌朝政。不久，长孙皇后听说一位姓郑的官员有一位年仅十六七岁的女儿，才貌出众，京城之内，绝无仅有。便告诉了太宗，请求将其纳入宫中，备为嫔妃。太宗便下诏将这一女子纳为妃子。魏征听说这个女子已经许配陆家，便立即入宫进谏："陛下为人父母，抚爱百姓，当忧其所忧，乐其所乐。居住在宫室台榭之中，要想到百姓都有屋宇之安；吃着山珍海昧，要想到百姓无饥寒之患；嫔妃满院，要想到百姓有家庭之欢。现在郑民之女，早已许配陆家，陛下未加详细查问，便将她纳入宫中，如果传闻出去，难道有为民父母的道理吗？"太宗听后大惊，当即深表内疚，并决定收回成命。但房玄龄等人却认为郑氏许人之事，子虚乌有，坚持诏令有效。陆家也派人递上表章，声明以前虽有资财往来，并无订亲之事。这时，唐太宗半信半疑，又召来魏征询问。魏征直截了当地说："陆家之所以否认此事，是害怕陛下以后借此加害于他，其中缘故十分清楚，不足为怪。"太宗这才恍然大悟，便坚决地收回了诏令。

贞观七年，魏征代王挂为侍中。同年底，中牟县丞皇甫德参向太宗上书说："修建洛阳宫，劳弊百姓；收取地租，数量太多；妇女喜梳高髻，宫中所化。"太宗接书大怒，对宰相们说："德参想让国家不役一人，不收地租，富人无发，才符合他的心意。"想治皇甫德参诽谤之罪。魏征谏道："自古上书不偏激，不能触动人主之心。所谓狂夫之言，圣人择善而从。请陛下想想这个道理。"最后还强调说，"陛下最近不爱听直言，虽勉强包涵，已不像从前那样豁达自然。"唐太宗觉得魏征说得入情入理，便转怒为喜，不但没有对皇甫德参治罪，还把他提升为监察御史。

直言进谏不免会让人觉得有些独断霸道的味道，想办法把话说到对方的心坎当中，善于入情入理、打动人心，以情理服人，才会达到最佳的效果。

由于魏征能够犯颜直谏，即使太宗在大怒之际，他也敢面折廷争，从不退让。魏征病逝后，太宗亲临吊唁，痛哭失声，并说："夫以铜为镜，可以正衣冠；以古为镜，可以知兴替；以人为镜，可以知得失。我常保此三镜，以防己过。今魏征殂逝，遂亡一镜矣。"

做人要懂得以理服人，魏征之所以敢于直言直谏，首先就是因为他的正直性格，不畏权贵、忠君为国，公道和正义在手，说出话来，别人自然信服。除此之外，魏征也很讲究说话技巧。他在向皇帝说明道理时，往往善于仔细分析，找出问题的突破口，然后才提出自己的见解，并且只用短短几句话就能够击中要害，让高高在上的皇帝也能听从他的意见。这也显示出了他与众不同、高出常人的才能。

有理有据，说话自然有分量。做人就要做一个讲道理的人，以情动人、以理服人。在说服别人的同时，还能赢得别人尊重，这无疑是人生的一大成功。

8. 忠言未必逆耳，批评也可动听

良药苦口，忠言逆耳，但有些聪明人可以将批评的话也
说得悦耳动听，让对方更乐意接受，这是说话的艺术。做人
就要做这样的聪明人。

批评别人有时也是一件很尴尬的事，若话说得不恰当，不仅不能
达到预期的效果，还可能引起别人反感。这是因为每个人都有自尊
心，对批评意见都比较敏感，一旦说话过头，会引起抵触、对立情
绪。不过生活当中，总有一些人很聪明，能把生硬的批评话语巧妙地
说出来，变成滋润他人心田的阳光雨露。

有这样一个小故事。有一次，某学校几个属鼠的男同学在期中考
试中考了满分，挺得意，有点飘飘然，他们的班主任发现了，就对他
们说："怎么，得意了？你们知道得意意味着什么吗？请注意今天下
午的班会。"那几个男同学猜想：糟了！在下午的班会上，等待他们
的准是狂风暴雨！可奇怪的是，在班会上，班主任的批评却妙趣横
生。他是这么说的："树林子要是大了，就什么鸟儿都有。自然，天
下大了，就什么老鼠都有。我就听说过这么一个故事。有只小老鼠外
出旅游，恰好两个孩子在下兽棋，小老鼠就悄悄地看，还发现了一个
秘密，这就是，尽管兽棋中的老鼠可以被猫吃掉，被狼吃掉，被虎吃
掉，却可以战胜大象，于是立刻认定，自己才是真正的百兽之王呢！
就这么一想，小老鼠就得意起来了，从此瞧不起猫，看不起狗，甚至

拿狼开心。有一天，他还大摇大摆地爬到老虎的背上，恰好老虎正在打瞌睡，懒得动，就抖了抖身子。小老鼠于是更加得意，他还趁着黑夜钻进了大象的鼻子，大象觉得鼻子痒痒，也就打了个喷嚏，小老鼠立刻像出膛炮弹似地飞了出去，就这么飞呀飞呀飞，好半天才扑通一声掉在臭水坑里！好，现在就请大家注意一下，'臭'字的写法，怎么写的？'自''大'再加一点就是'臭'。有趣的是，今年正好是鼠年，咱们班有不少属鼠的同学，那么，这些'小老鼠'们会不会也掉到臭水坑里呢？我想不会，但必须有一个条件，这就是永不骄傲!"说到这儿，这位班主任还特意看了看那几个男同学，那几个男同学当然明白，老师的批评全包含在那个有趣的故事中了！他们挺感激，很快改正了自己的缺点。

批评别人还要讲究循序渐进，让对方逐步接受，不至于一下子"谈崩"，或因受批评背上沉重的思想包袱。

1949 年 9 月，陈毅作为上海市市长到北京参加政协会议，由于住房紧张，他主动从豪华的北京饭店搬出来，把房子让给傅作义将军，自己住进了陈旧的小平房。他还代表上海市赠给傅作义两辆名牌小汽车。这在部队引起很多议论，说，"像这些大战犯不杀就便宜他了，凭什么腾房子，送汽车？"陈毅听到后，在一次会议上批评这些同志说：

"同志们，我的老兄老弟们，要我陈毅怎么讲你们才懂啊！我陈毅不住北京饭店，照样上班，照样骂人！他可不一样了！你们知道不知道，傅先生到电台讲了半小时话，长沙那边就起义两个军！为我军减少了很大伤亡！让傅先生住了北京饭店，有了小汽车，他就会感到共产党是真心交朋友的。"他越说越冒火，用手指敲着桌子说："我把北京饭店让给你住，再送你十辆小汽车，你能起义两个军？怎么不吭声呢？"

他的火气出完了，又心平气和地说："我们是共产党嘛，要有太平洋那样的胸怀和气量咧，不要长一副周瑜的细肚肠！依我看，你想把中国的事情办好，还是那句老话，团结的朋友越多越有希望!"

在这段批评中，陈毅先是摆出事实，让战士们了解傅作义将军所作的贡献，然后表明自己的态度与观点，接下来细讲道理，对这样的批评，大家听后，不但没有怨气，反倒觉得一身轻松。

当然批评人更要尊重事实、公平合理，说话有分寸，批评有根据，才能使对方信服。因此，证据充分、事实确凿非常重要。为了让批评取得好效果，我们在批评之前应该多做些调查研究，了解被批评人犯错误的过程，分析错误的性质、程度及原因，情况摸得越透，批评就越能切中要害。如果"横挑鼻子竖挑眼"滥施批评，一看到点表面现象就发火、就批评，往往效果不佳。

可见，批评他人也要讲究技巧。我们做人要学学这样的技巧，在必要的时候恰当运用，帮助他人提高的同时，也可赢得别人的尊重。

9. "场面话" 也要说好

> 做人要有自己的一套，就要见机行事，该说的场面话要尽量说好。会说场面话并不是为人狡诈的象征和言不由衷的表现，而是疏通人际关系的一种手段。

说好场面话，也是为人处世必须掌握的技巧。日常生活中，我们都少不了与他人打交道，会在各种交往场合遇到各色人等。如果场面话说的好，说对了时机，合了对方心意，可以直接拓宽你的人脉关系网络。

事实上，在现实生活中，我们经常会听到这类场面话，如："你的事儿包在我身上"、"别担心，我会尽全力帮忙"、"这点小事没问题"等等，诸如这一类型的场面话，有时我们不说还真的不行，因为当时的情形是对方正在苦苦求你，你若当面直截了当地回绝了对方，往往会将场面弄得很尴尬，还很容易得罪人。特别是，如果你不幸遇到了很难缠的人，他可能会为了让你帮忙，死缠着你不放，这时，我们不妨脑筋灵活一点，先用场面话将他打发掉，抽身而退，他所托你办的事情，能办到的尽力办，不能办到的日后再说。

也有人认为："说场面话是一种虚伪的做法，这是做人不负责任的表现。"这话虽然说的有点道理，但是我们身处现代社会，不说场面话就必定步履维艰，所以场面话还是要说，只是在说之前需要考虑清楚，管好自己的嘴，不要信口由缰。

因此，做人要有自己的一套，务必学学说场面话，恰到好处的场面话往往可以让你在人际交往中游刃有余，既可以化解场面上的尴尬与危机，还能给你带来意外的好处。

汉高祖刘邦灭楚、平定天下之后，开始对他的臣子论功行赏，这时就出现了彼此争功的现象。

刘邦认为论功劳萧何最大，封他为侯最合适不过，给他大量的土地也实属应该，可是其他人不服，私下里议论纷纷。大家都说："平阳侯曹参身受 12 处伤，而且攻城略地最多，论功劳他应该最大，应当排第一，要封地他也应该占最多。"

刘邦心里知道，因为封赏问题，委屈了一些功臣，对萧何是偏爱了一点，可是，在他心目中，萧何确实应该排在首位，可身为皇帝又无法对这一想法明言。

正当为难之际，关内侯鄂君似乎揣摩出了刘邦的心思，不顾众大臣反对，上前厚颜说了一些"言不由衷"的场面话："群臣的意见都不正确，曹参虽功劳很大，攻城略地很多，但那只不过是一时的功劳。皇上与楚霸王对抗四年，丢掉部队、四处逃避的事情时有发生。是萧何常常从关中调派兵员及时填补战线上的漏洞，才保汉王不受太大的损失。"

"楚、汉在荥阳僵持了好几年，粮草缺乏时，是萧何转运粮食补充关中所需，才不至于断了粮饷啊！再说皇上曾经多次逃奔山东，每次都是因为萧何，才使皇上万无一失，如果论功劳，萧何的功劳才称得上是万世之功。现如今，皇上即使少一百个曹参，对大汉王朝又有什么影响呢？难道我们汉朝会因此而灭亡吗？为什么你们认为一时之功高过万世之功呢？所以，我主张萧何排在第一位，而曹参其次。"

刘邦听了关内侯鄂君的话，自然是非常高兴，因为关内侯鄂君的场面话，说到了刘邦心坎里去了。刘邦连忙说："好，好，就这么定了。"

关内侯鄂君因揣摩出刘邦一直想封萧何为侯的心思，然后顺水推舟，投其所好，挑刘邦爱听的话说，刘邦自然非常高兴，刘邦的心愿落实了，鄂君也因此被刘邦封为"安平侯"，封地超出原来的一倍。

由此可见场面话的重要作用，我们不能简单地把说场面话当成一个人言不由衷的表现，因为有时形势让你不得不如此，假如关内侯鄂君没有趁机将场面话说出去，便不会化解刘邦与群臣之间的尴尬局面，刘邦也不会给他封侯，扩大他的封地面积。所以说，场面话该说时还要说，当然必须掌握好度，不能太不切合实际。

我们做人就要多动些脑子，在恰当的时机说几句场面话，这在人际交往中十分重要。当然，我们会说场面话，还要会听场面话，认真辨别真假后再决定信还是不信，避免吃亏。

10. "嘴"上一分钟,"嘴"下十年功

> 台上一分钟,台下十年功。你能否用自己的"嘴"说动别人,这更多的是取决于你自己在平常的实践中下了多少工夫。

在现实生活中,很多人往往会羡慕那些侃侃而谈的人,认为这些人口才好,遗憾自己却不太会说话。他们总是感觉那些在他们眼中平淡无奇的事物到了别人嘴里就变得有趣多了,并固执地认为别人之所以谈什么都很动听,就在于他们口齿伶俐。其实这种看法是片面的、肤浅的。俗话说:巧妇难为无米之炊。虽然有些会说话的人,多多少少有赖于天赋,但好的口才主要还是建立在他们在生活中善于思考和观察、善于学习和积累的基础上。他们还善于锻炼自己的口才,使之既有丰富的内容,又有娴熟的技巧。

因此,我们要想在"舞台"用自己的嘴去说动别人,必须做好"舞台"下的工夫。

首先就要注重积累,丰富自己的语言。著名剧作家曹禺曾说,哪一天我们对语言着了魔,那才算是进了大门,以后才有可能登堂入室,成为语言方面的富翁。那么,我们应该怎样来具体学习、锤炼语言呢?

很重要的一点就是从生活中找语言。生活是语言最丰富的源泉,要使自己的语言丰富起来,一个闭门造车,与外面世界无接触的人是

很难如愿的。老舍曾说："从生活中找语言，语言就有了根。"这话具有很深刻的道理。比如改革开放，神州巨变，即使是村姑野叟、市井平民，也能滔滔不绝地讲述一些自己耳闻目睹的新鲜事：联产承包、农民进城、别出心裁的广告、奇形怪状的楼房、五光十色的舞厅、色彩斑斓的服装、"老九"下海、孔雀东南飞……

俄国伟大的批判现实主义作家托尔斯泰称赞人民是语言的"大家"。语言的"天才"，是存在于人民群众之中的。比如我们讲话常用程度副词——"特"，而由此演化出一些词，诸如"特棒"、"特靓"、"特正"、"特红"、"特香"、"特佳"……数不胜数。通常，广大群众所使用的生活用语都是丰富多彩、活泼动人的，这一切也都是我们平时要注意的。

其次要不断积累，丰富自己的语言。知识贫乏是造成语言贫乏，特别是词汇贫乏的一个重要原因。如果《红楼梦》的作者曹雪芹没有相应的词汇来描写贾府上上下下的规矩、内内外外的礼教，那么塑造的人物也就没有特色而显得干瘪无味，王熙凤的泼辣、干练、狠毒性格就肯定难以惟妙惟肖；《水浒传》里面描写的 108 个梁山好汉的形象之所以如此栩栩如生，并不表示其作者就干过那些江湖勾当，开过茶坊……而在于作者看过的东西多、见识广。

词语是社会生活最敏感的反应器，新词爆炸反映了新生事物的层出不穷，反映了我们当今社会在改革大潮中的迅猛发展，反映了我们当今生活在开放洪流中的日新月异，我们对这些新的词语应及时掌握，学会运用。

提高自己说话能力，还要多思考、多学习。"熟读唐诗三百首，不会作诗自会吟"的经验之谈，是大家所熟悉的，它告诉人们要学习口头语，提高说话的技巧，就应多读名著。"穷书万卷常暗诵"，吟咏其中，则可心领神会，产生强烈的兴味。摸熟语言的精微之处，则会唤起灵敏的感觉；熟悉名篇佳作的精彩妙笔，则会获得丰富的词汇，自己演说和讲话时，优美的语言亦会不召自来，这并非天方夜谭之事。只要我们潜心苦读、勤记善想、揣摩寻味，持之以恒，就能尝到醇香厚味，只要反复地用，不断地学，久而久之就可以像郭沫若所说的那样："于无法之中求得法，有法之后求其他"了。

有了丰富的语言，还要在平时多注意锻炼自己的口才。许多著名的演说家，他们的口才都是刻苦磨炼出来的。例如，古希腊时期著名演讲家德摩斯梯尼，自幼发音含糊不清，他为了矫正这一毛病，曾经口含鹅卵石，对着大海练习朗诵。日本前首相田中角荣，不时严重口吃，说话困难，后来他分析了口吃的原因，常到深山练习大声说话和朗诵，并争取登台演戏。他们通过平时的训练，不仅成功克服了自身的缺陷，而且还练就了好的口才。

"冰冻三尺，非一日之寒。"想要有一副能说动别人的好口才，就要在平时多下工夫。台上一分钟，台下十年功，多多深入生活，在实践中去积累和丰富自己的语言，磨炼自己的口才。而这很有可能是一个长期的过程，这也要求我们做人一定要有恒心，耐得住寂寞。

第三章

你这一套一定要有"礼"，以获取别人的好感与关注

"**有**礼走遍天下，无礼寸步难行。"这既是成功者的经验之谈，也是我们应该学会的为人处世之道。做人要有礼，必须注重自己的形象，对于平时的衣着打扮、交往时的礼仪、恰当的称呼和问候、待客之道等这些细节都要注意完善。做人要有礼，在注重自身修养的同时，还要尊重他人的习惯和风俗，与人交往才会显得自己有修养有内涵，"谦谦君子，赐我百朋"，注重礼仪、礼节，是对自己也是对别人的尊敬，可以为你赢得更多的好感与关注，通过拉近彼此距离，让你做人更加成功。

1. "礼多人不怪"，有"礼"走遍天下

俗话说："有礼走遍天下，无礼寸步难行。"我们在现实社会当中，要多结人缘少结人怨，而多礼便是一个必要的工具。这既是经验之谈，也是为人的成功之道。

诗经说："谦谦君子，赐我百朋"，礼者，待人接物的规矩也。中国自古以来就号称礼仪之邦。我们生在礼仪之邦，更应该做一个彬彬有礼之人。有礼之人会做人，人缘好、朋友多，人生路上事事顺。

学者王先生是以多礼出名的人，他见人必先招呼，招呼必先鞠躬，对朋友如此，对学生也是如此。说话轻而和气，笑容可掬。你如到他卧室或办公室，请他写字，他虽写得一手很好的十七帖，还是很谦虚，请你坐下来谈，你如不坐，他始终立着。无论是谁，一与王先生相接，如饮醇礼，无不心醉，所以他的人缘特别好。凡是他的学生，一见他来，立即鞠躬，让立一旁，等他过，这不是怕他，而是敬他，敬他完全是由于他的多礼。多礼似乎是表面文章，但是确实关系到人与人的感情。

礼多人不怪，这是人之常情。老王是个不善客气的人，又患有高度近视，十步以外，看不清来人的面貌，对于熟人，只会由听声音来辨别他是谁，因此不熟悉的人，往往误以为他是自大成性。为补救自己的过失起见，老王对人极其热情，就是对于别人给自己倒杯茶，他也总是加上"请你"或"谢谢你"这些谦词，当别人来到他面前有

所陈述或要求时，他总是起立，绝不坐在椅子上。老王的这些举动虽然未必会让人产生好感，但相信至少不会让人产生恶感。

做人如无"礼"，往往没人缘，少朋友，人生路上处处遇阻碍。"有礼走遍天下，无礼寸步难行。"这不仅仅是一个经验之谈，而且是一个为人之道。试想，一个学生倘若不懂礼数，坐没坐相，站没站相，说话油里油气，做事吊儿郎当，甚至"小吵天天有，大吵三六九"，那么他的身边肯定没有几个知心朋友，即使他将来走上社会，不改掉"不达礼"的坏毛病，可能也没有人会搭理他。可见，一个人"礼"少了，无论走到哪里，都不会受欢迎。

某丙是公司的最高领导，高级职员去见他时，他都坐着不动，来人只好站在旁边说话，真是架子十足。有时碰到他不高兴或认为你说的话不对，他就始终不开口，好像充耳不闻，也始终不看你，让人落得异常没趣，只好悻悻退出。他对高级职员如此，对其他下属，当然可想而知。就是对待朋友，同样也是爱理不理的神气，实在令人难受。当他得势的时候，大家只敢在背后批评，当面还是恭维奉承，但心里都反感他。他种了这种恶因，后来形势逆转，一时攻击他的人非常多。

孔子也说："不学礼，何以立。"孔子的所谓礼，虽然不单指礼貌，但是礼貌必在其中。做人要有礼，言语行动、声容笑貌，都要注意。文质彬彬，谓之君子，礼多足以表示你是位君子。而任何人都更愿意君子结交。

当然，多礼一定要注意诚恳，若礼多而不诚恳，反而使人讨厌。交际场中，见人握手，说几句客套话本无妨，但有无聊的人，问候别人，翻来覆去的只说"你好"，一副谄媚之状，虚伪已达极点，且流于表面，听话之人觉得无聊，说话的人也未必不觉得无聊。只有心中诚恳，才能表现得恭敬，只有恭敬，才是真的礼貌，才能真正获得别人好感。可见，我们说的"礼"，决不是要你不分场合、不看对象、不讲分寸地去"礼"。这样的"礼"多了，也会遭人怪的。因此，讲"礼"也要有一个度，即恰到好处。

另外，一个人要有礼，还要注意与相熟之人也要保持必要的礼貌。在现实生活中，我们往往因为对方与自己太熟悉而忽略了彼此间的礼节。殊不知，这些细节有时也会影响到人与人之间的关系。俗语说："人熟礼不熟"。这就是告诉我们对于熟人，也要有礼貌。"晏平仲善与人交，久而敬之。"晏平仲之所以能够久而敬之，首先他对人能够久敬。久而敬之是指双方面而言，久而敬之，要从自身开始，从身边熟悉的人开始。

　　当然，礼是人为的，我们可以在后天用心去学习，通过学习，让诚恳的多礼成为一种习惯，并通过恰到好处的"礼"获得别人关注与好感。

2. 让对方对你"一见钟情"

善于交际的人都很重视自己给别人的第一印象。做人要
多注意自己的仪表、着装和修养，给人一个先入为主的良好
印象，让别人对你"一见钟情"，在人际交往中往往就会处
于有利的位置。

第一印象，指的是两个素不相识的人第一次见面给彼此留下的印
象。例如，学校里新来的插班生，单位里新来的同事，介绍恋爱对象
的第一次见面等，彼此都会给对方留下印象。而初次印象基本都是视
觉上的，如长相、表情、仪表、服饰等方面。在人与人交往中，先入
为主的第一印象极为重要，很多人都会不自觉地将其作为今后与对方
交往依据。因此，做人要想成功，就要有自己一套，注意仪表，让形
象吸引别人。

注意仪表，首先要注意的就是要多"修修"自己的边幅。虽然人
们常说"人不可貌相，海水不可斗量"，但一个人的外在对于其本身
的确有深刻影响。譬如，面容方面，疲倦、憔悴或没刮干净的胡须都
会带来严重的负面影响；头发太长或凌乱不堪亦然；尺寸不合的衬衫
或土里土气的领带，均足以损害到你的形象。这就需要我们去整理修
饰，例如，每天早上一定要站在镜子前看看自己的脸。是柔和、精力
充沛的，还是一副宿醉未醒的样子？如果早上起来就一副没精打采的
样子，那最好先振作精神再出门。即使是男士也最好随身携带一面小

镜子，随时检查一下自己的领带是不是松了，头发是不是乱了，自己的脸部表情够不够柔和，是不是保持着充沛的活力。

常言道，"人靠衣裳，佛靠金装"，穿着得体给人的印象就是好，它等于在告诉对方你是一个很重要的人物，聪明、成功、可靠。大家可以尊敬、仰慕、信赖你。反之，一个穿着邋遢的人给人的印象也确实差，它等于在告诉大家，这是个没什么作为的人，为人粗心、不讲效率、不重要，不值得特别尊敬。

因此，我们还要在平时多留意自己的穿着，当然，并不是叫你穿上最流行、最时髦的衣服，而是希望你穿得干干净净、整整齐齐，至于衣服是新是旧，质料是好是坏，却不是主要问题。美国有许多家大公司对所属雇员的装扮都有"规格"，这规格不是指要穿得怎么好看，而是人们观感的水准。无论如何我们都要承认，整洁的着装总是给人一种信赖感。

特别是，着装打扮一定要切实自己的身份，因为不合身份的穿着会令对方产生你很轻浮的印象。如果一位学生开着名贵汽车或者使用价格昂贵的打火机，就难免让人觉得轻浮，因为这种不合身份的举动极易令人有不舒服的感觉。

风度也是修养的体现。如果说衣着是一个人的审美力的反映的话，那么风度则是一个人的性格和气质的反映。有的人性格开朗、气质聪慧，风度则往往潇洒大方；有的人性格豪爽、气质粗犷，风度则往往豪放雄壮；有的人性格沉静、气质高洁，风度则温文尔雅；有的人性格温柔、气质恬静，风度则秀丽端庄。风度是性格和气质的外在表现，属于一个人的外部形态，是由一个人的言谈举止所构成的。与心灵相对而言，风度是人的一种形式，也是感受形式美的眼睛所最先接触的。因此，从风度的好坏，不仅可以看到一个人的文明程度，而且也可以部分地看到一个人的美丑。我们主张人是需要有美的风度的，人的言谈举止、待人接物都应当表现出文明的美的风度。如果举止轻浮、言谈粗鄙，待人接物玩世不恭，甚至粗暴狂躁，那就不是文明礼貌的表现。

古人早就说过："诚于中而形于外。"风度不是装腔作势的体现，而是一个人的心灵美的外在表现，是在长期的社会实践中所形成的好的性格、气质的自然流露。要有美的风度，关键在于各人在实践中培养自身的美的本质，形成美的心灵。心里诚实，才有老实的样子。当然，人的风度是多样的，不能强求一律。人的风度的多样性，是为人的性格、气质的多样性所决定的。但是，无论性格、气质的多样性也好，还是风度的多样性也好，都应当体现出人的美的本质。而只有美的心灵，美的性格、气质，才能有美的风度。

因此，要想获得别人好感，可以尝试给人一个美好的初次印象。这就需要我们从以上谈到的几个方面去努力。当然，第一印象的展示，也反映了人的个性品质，归根结底，它是一个人平时长期修养的结果。并且第一印象并非无法改变，随着时间的推移，交往的增加，对一个人的各方面情况会愈来愈清楚，从而可以改变第一次见面时留下的印象。这就需要我们增加自己的底蕴，不断丰富自己，把给人的良好印象一直保持下去。

3. 称呼要得体，问候要真诚

日常交际中，称呼是礼仪的开始，而真诚的问候可以让人心旷神怡。做人要学会恰当的称呼对方，给以真诚的问候，才能拉近彼此间的距离。

称呼，就是对他人的称谓。怎样称呼他人，既体现出礼貌问题，又体现了对待他人的态度，同时也反映了与被称呼者的关系是近还是远。所以，在社交应酬中一定要掌握好称呼的艺术。

中国是礼仪之邦，恰当的称呼更是有良好修养的表现，所以，人们在称呼他人时应养成好习惯，本着称呼恰当，讲究分寸的原则行为处事。

（1）如何称呼亲戚朋友

对于长辈来说，应以亲属称谓去称呼他们，如爷爷、奶奶、爸爸、妈妈、姥爷、姥姥、姑姑、舅舅等。这时如果直呼其名就不太礼貌了，亲属间的关系也会因此受到影响。对平辈来说，可互称其名或用亲属称谓如哥哥、妹妹、姐姐、弟弟等；年龄稍大的平辈可直接称年少者的名字，若已成年且年龄小的，则用亲属称谓礼貌些。夫妻俩可互道姓名，还可以用昵称，但应注意场合，在父母、孩子面前、公开场合最好不要使用；对晚辈可称呼其亲属称谓，当然直呼其名也是可以的，这样显得更加亲切。当晚辈成了家并有了自己的子孙后代时再直呼其名就显得有些失礼了。

（2）如何称呼自己相熟的人

针对关系的密切程度，大致可按照亲属的性别、年龄、身份等来确定称呼，可以用"姓加亲属称谓"、"名加亲属称谓"、"姓名加亲属称谓"，如"王奶奶"、"李叔叔"等。

在正规的场合，可称熟人的职务、职业，或"姓加职务、姓加职业"、"名加职务、职业称谓"、"姓名加职务、职业称谓"等等。

辈分职务较高的人对年纪较轻职务较低的小辈称呼姓名，这样的称呼显得亲切、明快。反之，辈分小职务低的对辈分高职务高的人直呼姓名，则显得非常没有礼貌、没有家教。

（3）称呼陌生人也要把握好原则

陌生人之间的称呼，一般有以下两种方式：

第一，根据人的具体年龄、性别、职位称其为"同志"、"朋友"、"先生"或"小姐"等。对男人可称为"先生"。对未婚女性可称为"小姐"，已婚女性可称为"夫人"、"太太"。如果称未婚女子为夫人，那么对方肯定会认为你在侮辱她，这是一种极不尊重的称呼。所以，宁可把"太太"、"夫人"叫做"小姐"，也不能反过来称呼。

第二，可以用亲属称谓相呼。根据与对方的关系、性别、年龄等情况相称。如"大伯"、"阿姨"、"叔叔"、"老爷爷"、"大嫂"、"大姐"、"大哥"等。

恰当的称呼十分重要，真诚的问候更能令对方心旷神怡，拉近彼此间的距离。例如简单的一句"早上好"就能让人体会到友爱与温情。

有这样一个小故事，说明了"早上好"的作用。在去芝加哥上班的路上，一车的人谁也没有讲话，大家躲在自己的报纸后面，彼此保持着距离。

汽车在树木光秃、融雪成滩的泥泞路上前进。

"注意！注意！"突然一个声音响起。"我是你们的司机。"他的声音听起来很威严，车内鸦雀无声。

"你们全都把报纸放下。然后把头转向坐在你身边的人!"

乘客们全都照做了,但没有一个人露出笑容,这是一种从众的本能。

"现在,跟着我说……"司机用军队教官般的语气喊道:"早安,朋友!"

大家跟着说完后,都情不自禁地笑了笑。

很多人一直以来怕难为情,连普通的礼貌也不讲,现在腼腆之情一扫而光,彼此的界限消除了。有的人又说了一遍后彼此握手、大笑,车厢内洋溢着笑语欢声……

"早安,朋友!"四个字一出口,奇迹出现了——彼此间的界限消除了。为什么这四个字有如此巨大的魔力呢?因为"早上好"是一句问候语,是亲善感、友好感的表示,更是一种信任和尊重。"早上好"一旦说出了口,双方就有了亲切、友好的愿望,彼此间的距离缩短了,不仅增加了彼此的信任度,还沟通了感情。

恰当而讲究分寸的称呼,真诚而恰到好处的问候语,往往可以给人带来亲切与温暖,进一步拉近两个人之间的距离。要做一个有"礼"之人,就要多注意和做好这些,使之成为一种良好的习惯,做一个能从细节上打动别人的有修养之人。

4. 入乡随俗，尊重他人习惯

百里不同风，千里不同俗。每一个地方的风俗，每一个人的生活习惯都可能会有不同。做人就要能够注意到这些不同，只有入乡随俗，注意礼节，才能得到别人尊重。

我们生活的空间就地域上来说，是非常广大的。因为每个地方的历史文化都存在着一些差异，导致两个不同的地方可能存在着不同的风俗习惯。有时候，同一句的话或者相同的行为可能代表相反的意思，例如，点头在有的地方代表认同，而在有的地方可能表示反对。

就拿方言来说，中国幅员辽阔，各地的方言不同，往往同样一句话，意义却完全相反，你以为侮辱，他可能以为尊敬，因此，在我们说话办事的时候，一定要遵从古人"入乡随俗"的主张。

从前有个浙江人，到北方去做官，他的妻子也是南方人。有一天，太太教女仆洗衣服，她说："洗好后，出去晾晾。"晾晾的字音，南方人读做浪浪，浪浪在北方是不好听的词。女仆听了，当然觉得奇怪。太太询问原因后出口笑骂道："堂客！"堂客在江苏、浙江一带，是骂人的名词，女仆听了，急着说："太太，不敢当！"太太又问其所以，才知道原来在湖北等省，"堂客"是尊敬女人的意思。

这是一个笑话，却可证明方言意义的不同，而对谈话产生的不同影响。还比方你称呼人家的小男孩，叫他小弟弟，总不算错吧？但是在太仓人听来，认为你是骂他；比方你对老年男子，叫他老先生，总算不错吧？但是在嘉定人听来，当你是侮辱他。你在安徽，称朋友的母亲，叫老太婆是尊敬她；但是你在江浙地方，称朋友的母亲为老太婆，那简直是骂她了。各地的风俗不同，说话上的忌讳各异，你与人交际，必须留心对方的避讳话。一不留心，脱口而出，最易令人不快。

虽然对方知道你不懂他的忌讳，情有可原，但在你总是近乎失礼，至少是你犯了对方的忌讳，在友谊上是不会增进的。比方你对江浙人骂一声混账，还不是十分严重，你如果骂北方女子一声，那就会被认为是奇耻大辱，非与你大肆交涉不可。从前有一位小学教师，为了一些小争执，骂学生的母亲混账，不料这位女家长，是一个北方人，因此向学校当局大兴问罪之师，要那位举出她混账的事实来。原来"混账"二字，在北方是女子偷汉的意思，这种解说使问题显得严重了。学校当局虽一再道歉，声明误会，还是不肯罢休，只好请出他人劝解，才算了事。这些近乎笑话的故事，更足以证明方言上的忌讳是必须特别留心的。

各地相同的语言却代表不同的意义，这是地域性差异造成的，地域性不同，风俗不同的例子还有很多，这里不一一列举。事实上，即使同处一个地域范围，也会有不同的风俗。例如不同的民族之间就存在着许多不同的风俗习惯，具体表现在衣着服饰、饮食习惯、礼节等等上面。例如少数民族中的满族，在路上遇见长辈，要侧身微躬，垂手致敬，等长辈走过再行，不但晚辈见了长辈要施礼，在同辈人中年轻的见了年长的也要施礼问候，亲友相见，除握手互敬问候外，有的还行抱腰接面礼等；侗族民间用鸡、鸭待客时，首先主人要把鸡头、鸭头或鸡爪、鸭蹼敬给客人，客人应双手接过，或转敬给席上的长者，以表示主客之间互相尊重，以诚相待等等。

而很多民族又有禁忌，例如回族忌食猪肉、狗肉、马肉、驴肉和骡肉，忌讳别人在自己家里吸烟、喝酒；禁用食物开玩笑，也不能用禁食的东西作比喻等等；哈尼族在产妇分娩时，忌外人闯入室内，进村时不能披着衣服，不能用火塘上的三脚架烘湿鞋等。

人们常说："嫁鸡随鸡，嫁狗随狗"。与人交往，一定要注意尊重对方的风俗和习惯。去了一个地方就要按照当地的礼节来行事，特别是对方风俗中的禁忌更要留心，不该踩的"雷区"不要踩，不可因自己的见识浅薄和粗心大意得罪人，这在交际上可能是小事，但在彼此交往上却有极大影响。做人要有礼，懂得尊重别人，别人才会尊重你。

5. 忽视小节是做人失败的致命伤

　　礼貌的举止行为既是个人修养，也是一笔无形的财富。
观察事物要细致入微，不放过任何细节，而对于自己来说，
也要注意检点言行，注重生活小节上的完善。

　　俗话说："站有站相，坐有坐相。"现代社会，随着人类文明的逐
步提高，人的行为举止对人际交往的影响显得越来越重要。可以这么
说，得体的行为举止既可看作个人修养，也是一笔无形的财富。
　　很多人都想做一番轰轰烈烈的大事，他们往往认为做大事就要不
拘泥于小节。不拘小节可能是一种潇洒，是一种成就大事的风格，但
潇洒也要有个度，过度的潇洒往往会被认为是轻浮。实际上，我们更
应在小节上多加检点和注意。
　　实际生活中，很多人都因为不注意小修养的完善，结果造成了很
严重后果。例如，日常生活中，有人从高层住宅上随手扔下一个酒
瓶，结果却恰好将从楼下经过此处的行人砸死；一家度假村不在一种
透明的玻璃门上做好警示标记，结果被奔跑中的小孩一头撞上，使其
受到重伤；世界上许多森林大火，也往往是有人乱扔烟头造成的……
　　当一个人把烟头随手一扔时，他自己感觉无所谓，肯定不会考虑
到以后森林着火、消防员冒死扑救、地球能源遭破坏的后果。另外，
即使你在广场上扔了一个烟头，没有惹出什么大的不良后果，结果被
人罚钱，一个小烟头，扔出去几十块钱，你说冤不冤？这就是因为没

有注意检点自己行为，不注重小节所造成的。

还有这样一个笑话故事：一位有心脏病的老者住楼下，楼上住一位小伙子。小伙子常回来时脚步重，动静大，老者总是听到：噔噔噔——上楼梯了；咣当——开门了；哗哗哗——洗漱呢；最要命的是上床时脱皮鞋，先脱一只，一扔，咣！老者心一哆嗦。再脱另一只，一扔，咣！老者心再一哆嗦；这两哆嗦过了，才算安静下来，老者才能入睡。老者脾气好，一直忍着，可夜夜如此也受不了呀！这天，见了小伙子，老者就给小伙子说了，小伙子态度挺好，虚心接受。可到了夜里，老者听着那动静又来了——噔噔噔！咣当！哗哗哗！老者想，忍着吧，不就两声吗？咣！一声。老者等第二声，奇怪，怎么不响了？老者这个心悬哪，就等着第二声响过好入睡，等了一宿，愣没响——原来这小伙子脱另一只鞋时，突然想起了老者白天提的意见。就轻轻地把鞋放在了地上……

这虽然只是个笑话，可却让人感慨颇多。现代社会，很多居民区里都是很多住户同住一个楼，如果你不注意检点自己行为，小处随便，楼道里乱堆东西，夜里把电视机音量放到最大，从窗户往外随意扔垃圾，或者像故事里那位小伙子一样"潇洒"地扔鞋，可能你觉得没什么，但别人会怎么看你？如果每个住户都如你一样，那整个楼的人都住不安宁了。而如果社会上人人都是如此，天下也就乱了套。

从以上事实我们不难看出，忽视小处的"礼"节往往成为做人失败的致命伤，并且世界上也没有真正微不足道的事情。而注重细微之处的修养，往往可以给人带来良好的印象。

有位著名演员在接受电视访谈时，谈到过这样一个故事："记得很久以前我父亲的一个学生经人介绍认识了一位容貌平平的姑娘，第一次见面后他决定继续保持联系的一条重要的理由就是：当他们在影院看电影的时候，那个女孩吃完了手中的冷饮后，把包装纸缠在木棒上始终拿在手里，直到走出影院才投进垃圾箱。她做得非常自然，不像是故意做出来的。仅此一个细节，她体现出了自身的教养；仅此一个细节，他们终于喜结连理。另一个女友在决定终身大事时，也强调一个细节，有一次那位先生在离开宾馆的房间时，将房间里的灯一个一个关掉，那一瞬间，她决定：就是他了！"

不要以为小节无伤大雅，相反我们做人一定要注意从小处入手，从细节上去完善自己的修养，树立自己良好的形象，最终使自己登上大雅之堂。

6. 公共场所礼仪也要重视

做人要有礼貌有修养，在人多的情况下更应如此。注重
公共场所的礼仪，往往可以增加自己的凝聚力，获得大众
好感。

有"礼"之人，在什么地方都会受到欢迎。像文化馆、影剧院、
图书馆、公园、街道、马路、商店、交通场合等这些为大众服务的地
方，往往人会比较多，在这些公共场所，做一个文明的、注重礼仪的
人，不仅可以维持良好的秩序，还可以获得别人的好感。以下是我们
需要特别注意的几点：

（1）保持环境卫生

公共场所由于人们往来穿梭，频繁流动，所以公共环境的卫生要
依靠大家来保持。在影剧院，忌吃有果皮、果壳类的食物，对有包装
的小食品，也应注意包装物的处理，一般是集中包好，走出座位，扔
进果皮箱；在路上骑车行进时，不要扭身向旁边随口吐痰或甩鼻涕，
这不但会造成路面不清洁，还可能会飞溅到后面骑车人的身上，而且
自己的形象也不雅观。

（2）注意场合，穿着有讲究

公共场所的活动空间较为宽阔，不同的公共场所，又各具特点。
比如去电影院、音乐厅，与去体育馆或宴会、舞会，风格就完全迥
异。因此，在不同的公共场所，应注意自己的衣装是否得体。一般说

来，着装应视场合、季节、对象的情况而定。即使天气炎热，也不应袒胸露背，赤身露体。

（3）有礼貌，尊老爱幼

在公共场所，人多，难免发生拥挤，应和气地请别人让点路，不应凭体力一声不响地猛冲猛挤，磕碰强行。在公共场所遇到老人、孕妇、带小孩的妇女、残疾人等体弱不便的人，更应主动让路、让座，切忌利用他们的弱点，抢座、占道。如因不慎和别人相碰撞，应及时致歉，说句"对不起"、"请原谅"等文明用语，不可怒目相视，出言不逊，甚至大打出手。一般情况下，尽量避免挤贴到别人（特别是异性）身体上，如确实太拥挤，无法躲让，也应诚心道歉，别人也会因你的礼貌而谅解。

（4）遵守社会公德，维护公共秩序

一般公共场所人比较多，遵守公德是每个人都应该自觉做到的。在大街上行走，人多拥挤时，应鱼贯而行，三人以上同行，忌连臂横排，阻挡他人通过，既影响交通秩序，也危及自身安全。在公共场所排队购物（票）时，一忌拥挤起哄，二忌与排在自己前面的人身体贴靠得太近，在不得已被挤贴的情况下，更忌咳嗽、吸烟、晃动。排队应按先来后到为序，自己"加塞"是失礼的，助人"加塞"也是无礼的。若确有紧急情况或特殊理由，可礼貌地求得排队人的同意后，方可优先办理。办完后，还应再次向排在前面的人致谢，忌办妥后即扭头得意而去。在公共场合，因违反有关规定，受到批评或处罚时，切忌强词夺理，恶语伤人，应虚心认错，诚恳接受。

（5）注意言谈举止，顾及他人感受

公共场所是属于大家的，不是个人宅所。所以，一切举止行为，都应文明大方，忌言行粗俗。如在茶馆、图书馆、公园等雅静场所，忌不停地窃窃私语，也不宜大声喧哗。如迟到入坐，应客气地请别人让一让；发现自己的座位已被他人坐着，可能是夫妇或恋人要求换座时，要尽量照顾，不要以为自己有理，就以理压人，粗暴拒绝，强行驱赶对方，让对方处于被动难堪境地。与情侣在公共场所，要注意自

第三章 你这一套一定要有「礼」，以获取别人的好感与关注

己的举止言行，不可目无他人，做出有碍观瞻的举动：女性更应自尊自重，仪态端庄，忌无节制地嬉笑或卖弄风情。

以上是比较重要的几点，注意公共场所的礼仪同时还要多体验生活，完善细节。例如，最好不要在公共场所吸烟；看电影，男士入场后，可以为同来的年长者和女士寻找座位；看体育比赛，不要吼叫、跺脚，甚至向场内投掷杂物等等。我们无论何时何地都应该做一个有"礼"之人，公共场合因为人多，你的言谈举止会更加引人注目，礼节到不到位直接决定着你人气凝聚力的高低。

7. 待客之道应熟谙

有朋自远方来不亦乐乎。待人接物有学问，作为主人，能否将客人招待好，也能体现出一个人自身修养的高低。

一般我们待客有两种情况，一种是客人应邀而来，一种是客人不请自来。无论是哪种情况，我们都应该尽量接待妥善。

若是第一种情况，邀请朋友到家里做客，应适当地做些准备工作。房间要尽量清洁，男女主人虽不用着意打扮，但应仪容整洁、自然、大方，家里最好准备点简单的果品，招待客人，并准备好茶具和烟具。

客人在约定时间到来，应主动出门迎接。如果客人是第一次来访，应该给家人介绍一下，并互致问候。然后让座、让茶，送茶时最好双手送上，以示尊重。如果是夏天，气候炎热，可递给客人一块凉毛巾，先擦擦脸，打开电扇或空调，送上冷饮。在冬季，则应请到暖和的房间里。如果客人远道而来，要问问是否用过餐。

对熟识的老朋友不必拘泥于礼节，相互之间可以随便些。但是即使是老朋友，也不宜当着客人的面公开家庭内部的矛盾。批评教育孩子最好不要在亲友来做客时，当然也不能因为有客人就对小孩放任自流，在屋里乱折腾。如果孩子淘气，要和气地带领他们离开，不要大声训斥。

客人带来的小孩，要找些玩具、小人书、画册，让孩子在一边看，稳定其情绪，免得小孩"认生"、哭闹，影响大家交谈。如果知道亲友要带孩子来，就要提前把有危险的东西，或容易撞坏的物品收拾好，以免发生意外。

如果客人来时恰好有急事要办，要及时电话通知客人，说明情况，表示歉意，或委托家里人相陪、招待，或约定时间改日详谈，以取得客人谅解。

若是第二种情况，客人主动拜访，且有父母作陪，老人和客人交谈时，自己最好不要任意插嘴。如所谈的是重要问题，自己最好回避。客人在场时，自己和家人说话也要轻声。如果客人不是来找自己的，而要找的人正巧不在，这时你应主动接待来客。客人告辞时，可请客人留下便条，由你转交。

如果家里若来了"不速之客"，也不要轻易拒之门外。应尽快了解客人来访之意，以便妥善处理。如果客人难于启口，可能只要和你个别交谈，家中其他人应尽量回避，不要围听。

到吃饭时间应挽留客人用饭。家里的菜肴可视情而定，但应比平日丰盛些。要考虑客人的民族风俗习惯、爱好和年龄。尽量在家准备，实在不得已时，再到饭馆就餐或去买现成饭菜，免得客人多虑。给老人安排的饭菜，尽量照顾老年人的口味和咀嚼能力。饭后要给客人递纸巾、倒茶水。

客人需要在家里寄宿，而家里的房子又较宽裕的话，最好能安排客人单住。房间应收拾干净，准备好必需的用品。床上用品要舒适、干净、整齐。还可以预备些书籍、报纸，以供客人消遣。睡觉前要使客人熟悉电灯开关和卫生间的位置，以便客人夜间行走方便。不要让小孩儿出入客人房间，以免影响客人休息。次日，主人应准备好早点，等候客人共同进餐。对客人虽然要尽量热情、周到，但要恰到好处，"过分热心"会使客人处于忙乱的应付中。

客人馈赠了礼品，主人要表示感谢，并请客人以后不要再破费。同时应回赠一些合适的礼物让客人带走。不能对客人的礼物无动于衷。

此外，如何宴请客人也很有讲究。宴请客人，菜不在多，而要根据来客的年龄、口味、爱好等适当配制，以合时令而价廉物美为宜。

入席时，如彼此相熟，可自由就座；若要照顾传统习惯，则要排好座位，一般主人总是坐在下首，并最后入座，主宾则是坐在主人的上首。其余的宾客，在安排座次时，最好把比较熟悉的朋友排在一起，使他们彼此可自由交谈，气氛也可热闹些。结婚和祝寿的宴会，主人要坐在贵宾或长辈的旁边，以便经常夹菜给贵宾或长辈。上菜时，应从主人旁边端上来，以便主人摆菜。菜上好之后，主人要主动热情地招呼客人进食。

敬酒是席中不可缺少的项目，特别是喜庆宴会。主人向宾客或长辈敬酒，要亲自执瓶斟酒，态度与动作要从容大方。一般的宴会还有劝酒之举，注意不可勉强劝酒，以免造成不和谐的气氛。客人喝醉了，既伤客人身体，又破坏了宴会的气氛。

在席间，主人应同客人谈些大家都高兴的事情，使席间充满一片和谐。如发现有客人为某一问题争执不下时，主人应用"杯酒释争"的方法，把话题扯到别的上面去，保持愉快的气氛。席后，主人照例和客人闲聊一会，但也不宜使客人逗留太久。送客时要站在门口和宾客握手，如长辈、路远的客人，可差小辈送一程，以表示敬意。

可见，如何招待好客人也是一门很深的学问，如何做到既合乎对方心意，又不热情过头，这都需要我们多加注意，唯有如此才能让对方感到你既热情又诚恳，是一个有礼貌、有修养的人，给客人以良好的印象。

8. 戒除不受他人欢迎的坏毛病

虽然说人无完人，谁都免不了有点小毛病，但重视做人的礼仪的周到完善，在人际交往中总是有好处的。做人要懂礼貌，有修养，还要注意戒除一些不受他人欢迎的小毛病、坏习惯。

每个人都会有一定的习惯，某些微不足道的坏习惯往往能引起别人的反感与不满，尤其是在极有修养的人面前。因此，要做一个有"礼"之人，就要注意戒除这些小毛病。在与人交往中，需要戒除的坏习惯如下：

（1）打呵欠

在倾听朋友发表意见时或者在大庭广众的场合下，当你感到疲倦的时候，你能按捺住性子让自己不打呵欠吗？打呵欠在社交场合中给人的印象往往是：你不耐烦了，而不是你疲倦了。因此，尽量克服爱打呵欠的小毛病吧。

（2）掏耳和挖鼻

你有没有掏耳朵和挖鼻孔的小毛病呢？特别是当大家正在进行与饮食有关的活动时，这样的小动作实在不雅，而且失礼。往往令旁观者感到恶心。想办法戒除吧，给人好印象。

（3）剔牙

这个小动作一般无法避免，既然不能避免，就得注意方式，特别是正式的宴席上，剔牙时不要露出牙齿，而且不要把碎屑乱吐一番，最好用左手掩住嘴，头略向侧偏，吐出碎屑时用纸巾接住。

（4）搔头皮

有些头皮屑多的人，在与人交往时也忍耐不住头部的搔痒，而搔起头皮来。搔头皮必然使头皮屑随风纷飞，这不仅不雅，而且令旁人讨厌。特别是在较为严肃、庄重的场合，这种小动作是很难叫人谅解的。因此，必须注意戒除。

（5）双腿抖动

你在与人交谈时，特别是坐着的时候是否经常抖动双腿？这种小动作，虽然无伤大雅，但由于双腿颤动不停，令对方视线觉得不舒服，而且也给人情绪不安的感觉。还是多多注意一下吧！

（6）放屁

放屁原属生理现象，且可排放体内毒素，原本无可厚非。但是在公共场合，一个响屁足以破坏整个会场的气氛。即使放个闷屁，其臭味也叫人恶心。因此，此生理现象也应特别注意。而如何缓解呢，据一个有经验的人说，在预感到要放屁的瞬间可以来三次呼吸。实在不行，你悄悄地离开人群一会儿，去无人处解决。

（7）拉链和鞋带松开

这虽然是疏忽，但却让场面陷入尴尬，鞋带忘记系上，特别是裤子拉链忘记拉上，在大庭广众的场合，无疑是件有伤大雅的事。因此，你要特别注意。

（8）长指甲和污垢

有些人有留长指甲的癖好，但却疏于修剪，特别是疏于清理指甲内的污垢。当和对方握手或者取烟、用筷时，指甲里的污垢赫然在目，实在不雅至极，这就近于失礼了。做人讲卫生，这是最起码的礼貌。

（9）频频看手表

假如你不是真的有事，那当你和朋友攀谈时，最好不要是看自己的手表。这样的小动作会使你的朋友认为你还有什么重要的事情，从而结束谈话，更为重要的是，你的小动作可能引起对方的误会，以为你没有耐心再谈下去，给人不好的印象。假如你确实有要事在身的话，你不妨婉转地告诉对方改日再谈，并一定要表示歉意。

（10）不守时间

浪费时间就是浪费别人生命，现代社会更是如此。某单位有一位姑娘，虽然举止文雅、谈吐斯文，而且平易近人。但是，许多人却不愿与她一起出行和旅游，为什么呢？因为，她有一个很令人头痛的坏习惯：不守时间。

许多次，朋友们在车站等她一起去旅游，大家都到了。左等也不来，右等她不来，而且，等她来后，在别人的埋怨声中，她竟连一句道歉的话也不说。渐渐地她就被摒除在朋友们的生活之外了。

这告诉我们，一定要有守时的观念。

（11）打听别人的私事

每个人都有自己的隐私，不想被别人探听。所以，除了对很亲近的人或很熟悉的朋友之外，一般人对于别人的私生活不要去打听，即使是真正关切对方，也要事先征得别人同意，等别人自愿地告诉你，倘若对方不大愿意告诉你，就不要再一味追问。倘若对方把他的隐私告诉了你，也不要到处宣讲。至于偷听别人的谈话，偷看别人的书信、日记、短信，不仅失礼，严重者就已经是一种犯罪的行为了。

可见，一些小的习惯和毛病就可影响到别人对你的看法，所以你应该检查一下自身是否有这些小毛病，并勇于戒除。当然，以上列出几点仅供是参考，还需要你在生活中去多用心。

9. 名片使用很重要

　　正确而恰当地使用名片也是一种十分重要的礼仪修养。
互赠名片是联络双方感情、增进彼此了解的重要方式，也是
人们应注意的基本礼仪之一。

　　现代社会，名片的使用范围很广，名片一般在三种情况下使用：
一种是用于商业性的横向联系和交际，另一种是社交中的礼节性拜
访，还有一种是用于表达感情或表示祝贺。在日常生活中，名片比较
多地用于后两种情况。

　　如何正确使用名片也很有讲究。有许多需要注意的地方。

　　（1）要看准交换名片的时机

　　遇到以下几种情况，需要将自己的名片递交他人，或与对方交换
名片：希望认识对方，被介绍给对方，对方提议交换名片，对方向自
己索要名片，初次拜访对方，通知对方自己的变更情况等。

　　当对方递给你名片之后，如果自己没有名片或没带名片，应当首
先对对方表示歉意，再如实说明理由。

　　（2）如何向对方索要名片

　　如果你打算向他人索要名片，最好不要直截了当地去向人家要，
最好是含蓄地向对方仔细地询问姓名、单位、地址、电话等，这样如
果对方愿意的话，一定会送一张名片给你。索要他人名片，可采用如
下技巧：

向对方提议交换名片；

主动递上本人名片；

询问对方："今后如何向您请教？"此法适于向尊长索取名片；

询问对方："以后怎样与您联系？"此法适于向平辈或晚辈索要名片。

当他人索取本人名片，不想给对方时，应用委婉的方法表达此意。可以说对不起，我忘了带名片"，或者"抱歉，我的名片用完了"。

若本人没有名片，又不想明说时，也可以用上述方法。

（3）递接名片需要注意的礼节

在向对方递交名片时动作要洒脱、大方，态度须从容、自然，表情要亲切、谦恭。因此，应事先将名片放在易于送取的位置。取出名片时先郑重地轻置手中，然后再在适当时机得体地交给对方。

递送名片时应双手递，以示尊重对方。将名片放置手掌中，用拇指夹住，其余四指托住名片反面，名片的文字要正向对方，以便对方观看，同时用敬语向对方表达友好之情。至于递交名片的时间，应当根据具体情况而定。如果名片持有者与人事先有约，一般可在告辞时再递上名片。如果双方只是偶然相遇，则可在相互问候，得知对方有与你交往的意向时，再递交名片。切忌像发传单似地随意乱发名片。

名片的递送先后没有太严格的讲究。一般是地位低的人先向地位高的人递名片，男性先向女性递名片。当对方不止一人时，应先将名片递给职务较高或年龄较大者；如分不清职务高低和年龄大小时，则可先和自己对面左侧方的人交换名片。

接受他人的名片时，应恭敬，双手呈接，并道感谢。接受名片者应当礼貌地阅看名片上所显示的内容，必要时可从上到下、从正面到反面看一遍，以表示对赠送名片者的尊重，同时也加深了对名片的印象。然后把名片敬重细心地放进名片夹或得体之处。切不可马马虎虎地用眼睛瞟一下，然后漫不经心地塞进衣袋，或随手弃置一旁，或拿在手中折来折去，这是对赠送名片者不尊重的举止。

可见，如何正确而恰当的使用名片也很有讲究，而这些礼节更突出体现在细节之中。细节虽小却能影响整个交际气氛，如果不加注意很可能破坏你在对方心目中的形象，从而不利于你与他人的交往。这就要求我们做人一定要心细，即使使用名片这样的生活小事也要做好，做人要用心，不要为自己招来无礼之嫌。

第四章

你这一套一定要能得人心，与人交往才能游刃有余

俗话说，得人心者得天下。做人要想更加成功，就要去争取人心。如何得人心也是做人的一门极深的学问。关心他，了解他，学会宽容，必要时给予帮助，哪怕是一个小微笑，都可以帮你赢得人心。得人心，特别是要学点"和稀泥"的本事，往往可以让你两头"讨好"。使用"眼泪"去打动别人，赢得他人同情，有时也是得人心的一个必要手段。当然，要想得人心，最重要的还是你要有理有据，在生活中为自己积聚更多的人气，遇到困难人们必定支持你。

1. 微笑最动人

> 不要小看微笑的价值。微笑是人际关系的融合剂。与人
> 交往，把微笑挂在脸上，可以提高你的人气指数，帮你获得
> 人心。

有位诗人说过："我最喜欢的一朵花是开在别人脸上的。"这开在人们脸上的花朵，便是微笑。

一个人不论身份高低如何，富贵贫贱如何，只要用微笑去对待别人，面对人生，便会给你带来快乐和温馨。微笑是世界上最好的礼物，所以，把微笑挂在脸上，可以更容易帮你获得人心。

世界著名的希尔顿大酒店的创始人希尔顿先生的成功，也得益于他母亲的"微笑"。母亲曾对他说："孩子，你要成功，必须找到一种方法，符合以下四个条件：第一，要简单；第二，要容易做；第三，要不花本钱；第四，能长期运用。"这究竟是什么方法？母亲笑而未答。希尔顿反复观察、思考，猛然想到了：是微笑，只有微笑才完全符合这四个条件。后来，他果然用微笑敲开了成功之门，将酒店开到了全世界的大城市。

不管社会发展到何种程度，社会交往都必不可少，而微笑则是社交中的润滑剂，也是人际关系的融合剂。没有谁喜欢整天盛气凌人或板着一张冷面孔的人。

托马斯·爱德华是一家上市公司的负责人，也是一位拥有亿万财

富的富翁。在此之前，他只是一家公司的职员，不善言谈、表情呆板，不受大家欢迎。后来，他决定改变自己，于是经常把开朗的、快乐的微笑挂在脸上。以后的日子里，所有的人都意识到了爱德华的与众不同。

他每天早上都对他太太微笑，结果正是微笑改变了他的生活，两个月中他在家所得到的幸福比以往一年还要多。

他对每个人都以笑脸相迎，对大楼的电梯管理员如此，对大楼门廊里的警卫如此，对清洁人员也如此，他在公司对所有的同事微笑，对那些陌生的客户微笑。结果，每个人都以微笑回报他。以前讨厌他的人也逐渐改变了对他的看法，拉近了与他交往的距离，现在他已经变成了一个受人欢迎的人。即使遇到很棘手的问题，也有人愿意主动去帮助他。

爱德华的事例深刻地体现出微笑的重要作用。微笑是希望和力量，它犹如春风吹拂着别人的内心。笑容是善意的信使，照亮别人的同时也可以照亮自己。原本不开心的你，脸上带着微笑，心情也随之舒展了几分，把你的笑容带给愁眉苦脸的人，对方也能体会到希望，感受到生活的美好。

纽约大百货公司的一位人事经理曾这样说："我宁愿雇用一名有可爱笑容而没有念完中学的女孩，也不愿雇用一个板着面孔的哲学博士。"

有这样一则故事：张永所在的单位要招聘一名合适的人选，不久，他找到一个很合适的人，而且还是一位名牌大学应届毕业生。张永与这个大学生通了几次电话，在交谈中，张永得知还有几家公司也希望这个毕业生去，而且实力都比张永所在的公司强。所以，当这个毕业生表示愿意到他们单位来工作时，张永觉得很意外。

后来在一次午餐中，张永得知了这个毕业生来他们公司的原因。这个毕业生说："因为其他公司的经理在电话里说话总是很生硬，商业味很重，给我感觉像是在做生意。可你却完全不同，你的声音听起来很亲切，我能感觉到你是真诚地希望我能成为你们公司的一员。我似乎看到，电话的那一边，你正在微笑着与我交谈。当时我在听电话的时候也是用微笑来回应你的。"

对我们每一个人来说，微笑轻而易举，却能照亮所有看到它的人，它像穿过乌云的太阳，带给人们温暖。微笑是盛开在人们脸上的花朵，是一份能够献给渴望爱的人们的礼物。当你把这种礼物奉献给别人的时候，你往往就能赢得别人的好感和友谊。

当然，对人微笑也是高超的社交技巧，是一种文明的表现，它显示出一种力量、涵养和暗示。假如你是一个不会微笑的人，那么就应该多去练习微笑。要知道，微笑这朵开在脸上的花朵最能打动别人。让我们微笑着做人，微笑着面对生活，这样你就能在社会交往中更加游刃有余。

2. 善解人意暖人心

做人应该时常转换角度，尝试着去了解别人，只有善解人意，多为他人着想，才能温暖人心，打动别人。

善解人意往往体现在主动了解别人，关心别人上。别人之所以那么想那么做，一定有他的原因。找出那个隐藏着的原因，那你就拥有了解释他行为或者个性的钥匙。

做人不妨时不时地问问自己："我要是处在他的情况下，会有什么感觉？会有什么反应？"那你就能节约不少时间，免去许多苦恼。多替别人着想，将大大增加为人处世的技巧。

不要只对与自己有关的事情高度关注，而对其他事情漠不关心，互相作个比较。要想与人融洽相处，很大程度上取决于你能不能以同情的心去理解别人，以真诚的心去关怀别人。

卡尔先生的经历就能很好的证明这一点，以下是他的讲述：

多年来，我经常在我家附近的一处公园内散步和骑马，作为消遣和休息。我跟古代高卢人的督伊德教徒一样，"只崇拜一棵橡树"。因此，当我一季又一季地看到那些嫩树和灌木被一些不必要的大火烧毁时，觉得十分伤心。那些火灾并不是吸烟者的疏忽引起的，而几乎全是由那些公园野餐，在树下煮蛋和做"热狗"的小孩子们引起的。有时火势太猛，甚至要惊动消防队来扑灭。

在公园的一个角落里，立着一块告示牌说：任何使公园内起火的人必将受罚或被拘留。但告示牌立在一个偏僻的角落里，很少有人看到。公园里有骑马的警察，本应该照顾公园才对，但他们并未尽职。火灾继续在每一个季节里蔓延。有一次，我慌慌张张地跑到一位警察面前，告诉他公园里有一处着火了，希望他赶快通知消防队，但他竟然漠不关心地回答，这不关他的事，因为那儿不是他的辖区！我真失望。从此，我再到公园骑马的时候，就像一名自封的管理员那样，试图去保护公共财产。

刚开始，我并不去试着了解孩子们的想法，一看到树下有火，心里就很不痛快。

我总是骑马来到这些孩子面前，警告说：如果他（她）们使公园发生火灾，就要被送进监牢去。我以权威的口气，命令他们把火扑灭。如果他们拒绝，我就威胁说要叫人把他们抓起来。我只是尽情发泄我的怒气，根本没有虑及他们的看法。

结果呢？那些孩子服从了——不是心甘情愿而是愤恨地服从了。但等我骑马跑过山丘之后，他们很可能又把火点燃了，而且恨不得把整个公园烧光。

随着年岁的增长，我对为人处世有了更多一点的知识，变得通情达理了一点，更懂得从别人的观点来看事情。于是，我不再下命令了，我会骑着马来到那个火堆前，说出这样一番话：

"玩得痛快吗，孩子们？你们晚餐想煮点什么？……我小时候也很喜欢烧火堆，现在也很喜欢。但你们应该知道，烧火在这个公园里是十分危险的，我知道你们几位会很小心，但其他人可就不这么小心了。他们来了，看到你们生起了一堆火，因此他们也生起了火，而后来回家时却又不把火弄灭，结果火烧到枯叶，蔓延开来，把树木都烧死了。如果我们不多加小心，以后我们这儿会连一棵树都没有了。但我不想太扫了你们的兴，我很高兴看到你们玩得十分痛快，可是，能不能请你们现在把火堆旁边的枯叶子全部拨开。另外，在你们离开之前，用泥土，很多的泥土，把火堆掩盖起来。你们愿不愿意呢？下一次，如果你们还想生火，能不能麻烦你们改到山丘的那一头，就在沙坑里起火。在那儿起火，就不会造成任何损害……真的谢谢你们，孩子们！祝你们玩得痛快。"

这种说法有了极大的效果，使得那些孩子们愿意合作了，不勉强、不憎恨。他们并没有被强迫接受命令，他们保住了面子，觉得舒服了一点。我也会觉得舒服一点，因为我事先考虑到了他们的看法，再来处理事情。

卡尔先生起初利用命令的方式让孩子们灭火，结果不甚理想，后来从孩子的角度去考虑，对他们的心理进行关照，这种善解人意的做法收到了成效。

现在的社会，竞争愈来愈激烈，生活节奏越来越快，人们只顾着忙乎自己的事，已经很少关心别人了。在这种情况下，人们的内心深处更需要他人的理解和关怀。善解人意，关心别人，满足他们情感上的需求，他们就会用热情来回报你。试试看，真诚地使自己置身于别人的处境里，做一个善解人意的人，你也能获得别人好感。

3. 学会宽容，宰相肚里能撑船

> 俗话说宰相肚里能撑船。宽容待人，是成功者的风度，做人要想有所成就，应该大度一些。既严于律己，又能宽以待人，往往可以帮你得人心。

海纳百川，有容乃大。做人一定要有一个开阔的胸怀，能够包容别人，不斤斤计较，睚眦必报。

能够包容别人，就要宽以待人，在交际交往中有较强的相容度。要宽厚、心胸宽广，还要有一定的忍耐性。

我国古代就有很多心胸宽广，善于包容别人的故事。吕蒙曾在宋太宗、宋真宗时三次任宰相。他不喜欢把人家的过失记在心里。他刚任宰相不久，上朝时，有一个官员在帘子后面指着他对别人说："这个无名小子也配当宰相吗？"吕蒙正假装没有听见，就走了过去。他的同事都为他愤愤不平，要求查问这个人的名字和担任什么官职，吕蒙正急忙阻止了他们。退朝以后，同事们心情还是平静不下来，后悔当时没有及时查问清楚。吕蒙正却对他们说："如果一旦知道了他的姓名，那么一辈子就忘不掉。宁可不知道，不去查问他，这对我有什么损失呢？"当时的人都佩服他气量恢宏。

宋代的王安石对苏东坡的态度，应该说，也是有那么一点"恶"行的。他当宰相那阵子，因为苏东坡与他政见不同，便借故将苏东坡降职减薪，贬官到了黄州，搞得他好不凄惨。然而，苏东坡胸怀大度，他根本不把这事放在心上，更不念旧恶。王安石从宰相位子上垮台后，两人的关系反倒好了起来。苏东坡不断写信给隐居金陵的王安石，或共叙友情，互相勉励；或讨论学问，十分投机。苏东坡由黄州调往汝州时，还特意到南京看望王安石，受到了热情接待，二人结伴同游，促膝谈心。临别时，王安石嘱咐苏东坡：将来告退时，要来金陵买一处田宅，好与他永做睦邻。苏东坡也满怀深情地感慨说："劝我试求三亩田，从公已觉十年迟。"二人一扫嫌隙，成了知心好朋友。

相传唐朝宰相陆贽，有职有权时曾偏听偏信，认为太常博士李吉甫结伙营私，便把他贬到明州做长史。不久，陆贽被罢相，被贬到了明州附近的忠州当别驾。后任的宰相明知李、陆有这点私怨，便玩弄权术，特意提拔李吉甫为忠州刺史，让他去当陆贽的顶头上司，意在借刀杀人，通过李吉甫之手把陆贽干掉。不想李吉甫不斗旧怨，上任伊始，便特意与陆贽饮酒结欢，使那位现任宰相借刀杀人之计成了泡影。对此，陆贽自然深受感动，他便积极出点子，协助李吉甫把忠州治理得一天比一天好。李吉甫不搞报复，宽待别人，也帮助了自己。

以古为鉴可以让我们明白事理，明辨是非，把握前途。古人包容别人的例子也启示我们学会宽容，做个心胸宽广之人。蔡元培先生曾经说过这样的话："人家的毁誉，不必计较。"的确，在人生旅途上，人们经常会遇到别人的毁誉。如何正确对待毁誉，反映了一个人的精神境界和道德修养水平。俗语说："身正不怕影子斜"，古人也说："人言不足恤。"对待毁人名声的流言蜚语，无言是最好的轻蔑，"模糊"些可以省却许多解释和精力。对于那些无中生有、信口雌黄、不负责任的"人言"，只当耳旁风，就像鲁迅先生对待这种"人言"一样，连眼球都不转一转！"走自己的路"，用自己的行动将"人言"打个粉碎。对待别人的毁誉，采取这种"冷处理"的方式，也能体现一个人的心胸，一方面是"不以物喜，不以己悲"的思想境界，一方面说明你不会为这些事斤斤计较，有仇必报。

将心比心，谁都会有过错，当他真正意识到自己错误的时候，肯定也渴望得到你的谅解。当他收回自己对你毁誉之辞的时候，我们何不用宽容的态度去谅解他，帮他解脱呢？

　　人们往往把宽广的胸怀比作大海，能广纳百川之细流。胸怀如大海般广阔，必定能宽容待人，这是成功者的风度，是发自灵魂深处的内在的修养。我们如能真正放开胸襟，做到宽容待人，在生活中养成将心比心，推己及人的做人做事的习惯，能够包容别人的过错，不对别人的毁誉斤斤计较，肯定会受到大多数人的尊敬和欢迎。

4. 要有"和稀泥"的本事

　　做人要讲究说话办事的技巧，锻炼一下"和稀泥"的本
事，不仅可以帮助他人化解矛盾，缓和气氛，避免纷争，还
能让别人对你产生好感。

　　人们在现实生活中与人交往难免会发生这样或那样的矛盾。夫妻
之间、亲朋好友、左邻右舍……都会有些矛盾。矛盾激化往往首先表
现为争吵。这时就很需要有人及时劝架。否则任凭矛盾进一步激化，
可能会造成更为严重的后果。而对于一个旁人来说，面对那些愤激的
矛盾双方，怎样劝得恰当有效，就要讲究点技巧，要有能和稀泥的
本事。

　　有一次，在某市一条车水马龙的大街边上，围了一大群人。原来
是一对年轻夫妻在吵架。男的三十来岁，戴副眼镜，模样像高校教
师；女的面容憔悴，哭得十分伤心，吵着要撞汽车寻死。那男的大声
责骂妻子"没知识，跑到大马路当众出丑"，一连串粗话，越骂越凶，
妻子则越哭越响，旁人劝几句也根本不顶用。

　　这时有位老人上前侧耳静听了一会儿，镇定自若地拍拍那男的肩
膀说："你戴了副眼镜，像个教授。你有知识，就不要闷在肚子里，
要拿出来用——"老人把"用"字字音拖长，讲得很响，那男的听了
一愣，倒不骂了，定神听老人说话。

　　老人略顿一下，接着又说："你要用你的知识来说服你妻子嘛！

如果你只会跺脚，只会骂，不也变得没知识了吗？还是找个地方，冷静下来，好好劝劝她吧。"

众人哄笑起来了。那男的顿时像泄了气的皮球，变得不那么凶了。老人又去劝那女的："有话好说吗！找组织、找亲友，都好讲吗！心里有什么委屈都讲出来，不要闷头哭！汽车不能撞，大卡车可是个大力士，你瘦瘦一个人怎么撞得过它呢？"众人又大笑起来。那女的被大家笑得不好意思，倒也不哭了。

这番劝架的话确实立竿见影，那对夫妻不吵了，慢慢地走到公共汽车站，上车走了。

从这个例子我们可以看出，要想能和稀泥还真得有点本事不可。当然，我们做人不能毫无原则地"和稀泥"，不分是非各打五十大板。

首先，要了解情况，盲目地和稀泥，非但无效，还会引起当事人的反感。情绪激昂的他们必定反驳你："你又不了解情况，瞎说什么？"因此，面对矛盾双方，要先侧耳静听，弄清情况再讲话，效果就较好。假如对邻居、同事中原因复杂的争吵，更要从正面、侧面尽可能详尽地把情况摸清，力求把话讲到当事人的心坎上。解绳结要看清绳结的形状，解除心上的疙瘩，更要把疙瘩看透。否则，非但没有起到劝解的作用，反而会把矛盾更加复杂化。"没有调查就没有发言权"，如果你真想插上一嘴，就先把矛盾产生的来龙去脉搞清楚，这是和好稀泥的前提。

其次，要分清主次，和好稀泥也要把握对象。矛盾有主次方面，吵架的双方有主次之分，劝架不能平均使用力量。对措辞激烈、吵得过分的一方要重点做工作，就比较容易平息纠纷。看准哪个吵得过分，就集中力量先劝哪个，这是上策。如：小张和小李同在一个科室工作，一天，小张与小李发生了争吵。原来，小张指责小李抄袭了他的论文，却没有同他打招呼，小李自觉没理，只分辩几句："我只是参考一下。"可小张却得理不让人。科主任老孙见两个人越吵越激烈，便将吵得很凶的小张叫了出去，老孙重点对小张进行了说服劝解，老孙首先肯定小李的做法确实不对，然后又劝解小张，同事之间要互相谅解，有意见交换是应该的，但不应采取吵架的方式。小张也意识到自己不够冷静，一场吵架平息了。

另外，和稀泥也是一门讲话的艺术。语气一定要委婉和缓，措辞要恰当，使对方容易接受。人在气头上，比较难听进劝告，因此，旁人劝解，一定要避免某些过激言辞，要多用委婉语，注意不触及当事人的忌讳，一般情况尽量不用激烈尖锐的语句，避免火上添油，而要用好言好语相劝。比如看准时机，说一些风趣幽默的话语给双方"降降温"，用以缓和紧张气氛。当然，如果情况特殊，如：吵架的双方矛盾白热化，甚至拿刀使棍动起武来时，就要高声断喝，使当事人清醒，防止冲突。如大喊："不准打人！有话好讲！""不能这样蛮干！把棍子放下！""谁敢动刀，我就去报告派出所。"等等。也就是说，和稀泥也要脑筋灵活，软硬兼施。

不过，和稀泥最重要的一点还是要客观公正。要分清是非，分析要合理、中肯，劝说要适当。看我们周围，那些有好人缘的人，大部分都是有自己的一套，稀泥和的好，既可以弄清事实，又能团结同志、朋友。矛盾双方于事后想通了会对你表示感谢，担心矛盾进一步激化的旁人也会对你另眼相看，从而为自己赢得好人缘。

5. 给个台阶，别把人逼进死胡同

> 要想得人心，就要多替别人着想，留个台阶给对方，不
> 要让他下不来台。给对方留个面子，往往可以将大事化小，
> 小事化了，对方也会对你感恩戴德。

我们在社会交往中谁都可能不小心弄出点小失误，比如念了错别字，讲了外行话，记错了对方的姓名职务，礼节有些失当，等等。若这类情况无关大局，我们就没有必要大加张扬，更不应抱着讥讽的态度，以为这回可抓住笑柄了，来个小题大做，拿人家的失误在众人面前取乐。因为这样做不仅会使对方难堪，伤害他的自尊心，而且也不利于你自己的社交形象，别人也会对你敬而远之。相反，此时如果给人留点面子，找准时机给他个台阶下，他必定对你无限感激。

1953 年，周恩来总理率中国政府代表团慰问驻旅大的苏军。在我方举行的招待宴会上，一名苏军中尉翻译周恩来讲话时，译错了一个地方。我方代表团的一位成员当场作了纠正。这使周恩来感到很意外，也使在场的苏联驻军司令大为恼火。因为部下在这种场合的失误使司令有些丢面子，他马上走过去，要撤下中尉的肩章和领章。宴会厅里的气氛顿时显得非常紧张。这时，周恩来及时地为对方提供了一个"台阶"，他温和地说："两国语言要做到恰到好处的翻译是很不容易的，也可能是我讲得不够完善。"并慢慢重述了被译错了的那段话，让翻译仔细听清，并准确地翻译出来，缓解紧张气氛。周恩来讲完话

在同苏军将领、英雄模范干杯时，还特地同翻译单独干杯。苏驻军司令和其他将领看到这一景象，在干杯时眼里都含着热泪，那位翻译被感动得举着杯久久不放下。

聪明的人给对方留面子，往往还在于不动声色，"天知地知，你知我知"，而别人不知道。攻心也要讲究技巧。有这样一个例子：下课了，有位学生向老师反映，昨天她爸爸作为生日礼物送给她的一支黑色派克钢笔不见了。老师巡视了一下全班同学的表情，发现坐在那位女同学旁边的那位学生神情惊慌，面色苍白。可想而知，钢笔十有八九就是她拿的。当面向她指出吧，又苦于没有充分证据，搜身吧，又不尽情理。这位掌握有一定攻心技巧的老师想了想说："别着急，同学，肯定是哪位拿错，黑色的钢笔实在太多了，互相拿来拿去是经常发生的事。只要等会儿她看清楚了，一定会还给你的。"果然，下课以后，那位拿了钢笔的同学趁旁人不在的时候，赶紧把钢笔送还到那位女同学的笔盒里去。

因此，给人台阶也要巧妙，既能使当事者体面地"下台阶"，又尽量不使在场的旁人觉察，这才是最巧妙的"台阶"。

一家百货公司的一位顾客，要求退回一件外衣。她已经把衣服带回家并且穿过了，只是她丈夫不喜欢。她解释说："绝没穿过。"要求退换。

售货员检查了外衣，发现有明显干洗过的痕迹。但是，直截了当地向顾客说明这一点，顾客是绝不会轻易承认的，因为她已经说过"绝没穿过"，而且精心伪装过穿的痕迹。这样，双方可能会发生争执。于是，机敏的售货员说："我很想知道是否你们家的某位成员把这件衣服错送到干洗店去。我记得不久前我也发生过一件同样的事情，我把一件刚买的衣服和其他衣服一起堆放在沙发上，结果我丈夫没注意，把这件新衣服和一大堆脏衣服一股脑儿塞进了洗衣机。我怀疑你是否也会遇到这种事情，因为这件衣服的确看得出已经被洗过的明显痕迹。不信的话，你可以跟其他衣服比一比。"

顾客看了看证据知道无可辩驳，而售货员又为她的错误准备好了借口，给她一个台阶，于是顺水推舟，乖乖地收起衣服走了。

给别人台阶下，往往也是给自己一个机会。正如例子中的顾客有了台阶下，也就不好意思再胡闹了，而售货员也避免了被无理纠缠。

可见，在现实生活中，当对方在交往过程中陷入尴尬境地时，我们不妨给对方提供个"台阶"下，如果能额外帮他想些妥善措施，将"台阶"设计得更巧妙，让他面子上更过得去，会使对方更加感激你。若一味抓住对方把柄不放，将对方逼进死胡同，他早晚会回过头来反咬你一口。

6. 做人要有人情味，懂得与人分享

有福同享，有难同当，是赢得好人缘最直接、最有效的方法。做人要有点人情味，特别是在自己获得成功时，不要忘了别人的功劳。

无论做什么事，一定要讲点儿人情味儿。同事，是一个人事业上的合作者；下属，是一个人事业上的垦荒人，要想成就一番大业，就必须获得他们忠心耿耿的支持与帮助。让他们也获得必要的利益，只要大家能够众志成城，什么样的困难不能被克服呢？

假如做人没有人情味，发达时喜欢"吃独食"，忘记别人的功劳，早晚被人冷落。有一个寓言故事是这样的：一只狮子和一只狼同时发现一只小鹿，于是它们商量好共同追捕那只小鹿。它们合作得很好，当野狼把小鹿扑倒后，狮子便上前一口把小鹿咬死了。狮子起了贪心，它不想和野狼平分这只小鹿，于是它就想把野狼也咬死，可是野狼拼命地抵抗，后来虽然狮子咬死了野狼，但是狮子也受了重伤，没有办法享受美味了。

试想一下，如果狮子不如此贪心，与野狼共享那只小鹿，岂不就皆大欢喜了吗？生活中也有人不注意与别人利益共享，结果失去人心。

凡森在一家图书出版社担任编辑，他为人随和也很有才气，平日里总喜欢与同事开些小玩笑，所以单位上下关系都非常融洽。舒心的

工作氛围，给凡森创造了许多写作的机会，闲下来时，他就拿起笔随意地写点什么。

有一次，他编辑的图书在评选中获得了大奖，而且位居排行榜榜首。为此，他感到无比荣耀。大概是开心过了头，他逢人便说自己的图书获了大奖，同事们表面上纷纷向他祝贺。可是，一个月过去了，他发现工作氛围似乎有些异常，平日里的笑容全部消失了。单位里的同事，似乎都在刻意地躲避他，有的还有意和他过不去。

一段时间以后，他终于找到了矛盾的根源，原来他犯了"吃独食"的错误。这本书之所以可以获得大奖，身为责编，他的功劳自然很大，可是那毕竟不是凭他一个人的力量完成的，其他人也为此付出了很大的努力，这份荣耀他们也应当分得一份。

现今所有的成功者都不妨想一想，三百六十行，不管在哪一行，有一个成功者敢说自己之成功完全源于自己，没有别人一丝一毫的功劳吗？与人合作持一种"吃独食"的态度，会引起他人的反感，没有人愿意与这样的人合作。所以，最明智的做法是与伙伴一起分享成果，共担风险，别太自私，做得太绝，把合作的功劳全部抢到自己手里，而把责任推到别人身上。在办事过程中，要注意彼此之间的和谐、互助与合作，在面对利益的时候不可独吞，应该共享，只有双赢才能长久，才能和谐，以后的路才会更好走。

晚清名商胡雪岩，没有读过什么书，但是他却能从生活经验中总结出了一套哲学，归纳起来就是："花花轿子人抬人"。

胡雪岩成功的原因在于他善于观察人的心理，他把士、农、工、商等各阶层的人都拢集到一起，用自己的盐业优势，和这些人共同创业。由于他长袖善舞，所以很多人都愿意和他联手合作，都很信任他。他与漕帮协作，及时地完成了粮食上交的任务。与王有龄合作，因为王有龄是知府，胡雪岩便有机会得到一些难得的商机。这种互利互惠的合作，使得胡雪岩这样一个小学徒工变成了一个执江南半壁盐业巨商。

美国罗伯德家庭用品公司自成立以来，生产迅速呈直线上升，每年利润以 18% ~20% 的速度向上增长。究其原因，是因为公司建立了利润分享制度。每到年终总结时，公司管理者都会把公司在一年中获得的利润，按比率平均分配给每一个员工，这就给员工灌输了这样一种思想：公司获得的利益越多，自己分到的越多，"水涨了船自然会升高"。因此，每个人都积极主动，任劳任怨地为公司创造利益，经常还要为公司的发展提些意见，指出产品存在的缺点与毛病，并想方设法加以改进。

可见，做人一定要有点儿人情味，既可共患难又可共富贵。不管是与人交往，还是在商业合作中，有福同享、有难同当，是赢得好人缘最直接、最有效的方法。当你取得成绩、获得荣耀时，确实值得庆贺，但是千万不要高兴过头，忘记了与别人分享。做人有情人味，懂得分享，其实这也是做人的一个原则。

7. 广施恩泽，收集"人心"

> 好风凭借力，送你上青云。人生路上，仅凭个人努力，单打独斗往往不易获得成功。广施恩泽，人心必所向，帮你的人越多，那你成功的筹码就会越大。

古往今来那些成大事者周围往往都聚集了一批有才干的人，正是因为有了这些肯真心为其付出，甚至鞠躬尽瘁，死而后已的人，他们才能成就辉煌。而这与成大事者善于笼络人心，在人才处境危厄之时拉上一把有很大的关系。

一代天骄成吉思汗，是中国军事史上一位叱咤风云的人物。他在南征北战四十年的军事生涯中格外注重选将用人，真正做到了选将不拘一格，用人不论出身。形成了"猛将如云，谋臣如雨"的局面，为他取得"灭国四十"的辉煌胜利奠定了基础。

成吉思汗九岁时，父亲也速该被塔塔儿人用毒酒毒死，一家人由部落首领的地位跌入了苦难的深渊。原有的近侍、百姓和奴婢离开了成吉思汗母子。成吉思汗在"除了影子，没有别的朋友，除了尾巴，没有别的鞭子"的逆境中长大。

在艰难生活的磨炼下，在奔腾不息的雄心驱使下，成吉思汗懂得了选将用人的重要性。他广泛结交朋友，在身边组织了一支强大的队伍，选拔和任用了一批与他出生入死、勇猛善战的勇士担当将领，为摆脱欺凌，统一蒙古各部，建立大蒙古帝国而在不停地奋斗。成吉思汗打破了传统贵族狭隘的部落门庭界限，在选将任将上不论出身，不问民族，将其才能作为衡量的标准，不拘一格选任将领。

在成吉思汗的诸多大将中，者勒蔑以善于带兵、剽悍勇猛著称，他在征战中出生入死，屡获大胜，得到了成吉思汗的器重。而者勒蔑原本却只是孛儿只斤家族的奴隶。者勒蔑的父亲是个铁匠，将小者勒蔑养大后送到主人家，让其做成吉思汗的家奴。后来者勒蔑成了蒙古汗国的一员大将。然而在成吉思汗做蒙古大汗的前四年，者勒蔑还在成吉思汗家里做家务负责杀牛。

成吉思汗帐下另一员大名鼎鼎的战将木华黎和者勒蔑一样也是家奴出身。木华黎的爷爷帖列格秃把他送给成吉思汗时说："教永远做奴婢者，若离了你的门户呵，便将脚筋挑了，心肝割了。"木华黎由于才能出众，"沉毅多智略，猿臂善射，挽弓二石强，与博尔术、博尔忽、赤老温事太祖，俱以忠勇称"，被成吉思汗提拔起来做将领，在第一批封赏功臣时，木华黎就被封为第三千户，居于上位，并为左手万户，成为成吉思汗的四杰之一。在攻金的战争中，成吉思汗委振木华黎独自领军作战，屡获大胜，威震四方，攻取了辽东、辽西，连破河北、山东等地，被封为太师国王，成为开国元勋。

成吉思汗军队中的将领除了蒙古族人以外，还有其他民族出身的将领，如契丹人、女真人、畏吾儿人、党项人以及西域穆斯林等民族的一大批贤才良将。

南宋嘉泰三年，成吉思汗在统一蒙古的战争中，为防备王汗的儿子桑昆的袭击，率军进行战略转移，将营地撤至呼伦湖西南的班朱尼湖。一路上没有粮食，靠打猎充饥，处境十分艰难，成吉思汗手下大部分军队"离开了他"，减员相当严重；同他一直走到班朱尼湖的各级首领仅剩下十九人。成吉思汗以湖水当酒，捶胸举手，对天发誓说："使我克定大业，当与诸人同甘苦，苟渝此言，有如河水。"十九位将领与成吉思汗出生入死，听到大帅讲完这番话也是深受感动，流下了热泪。饮过班朱尼湖水的十九名首领都成了以后的功臣，受到成吉思汗及其子孙的崇敬和礼遇。而这十九位与成吉思汗患难相从的将领，与成吉思汗生死与共，屡立战功，耶律阿海后被尊为太师、太傅，镇海后来成了窝阔台的丞相。由此可见，成吉思汗任用将领不以民族和部落为限，而能以宽广的胸怀，五湖四海内广收将才，以助大业。

由于成吉思汗选将用将不问出身、不论民族，麾下将帅云集，有善于统军一方、忠诚效力的"四杰"；有勇于冲锋、英勇善战的"四狗"（即四位先锋将领）；还有一大批来自其他民族诚心辅佐的谋臣骁将。正是这样一批得力的战将使得成吉思汗赢得了一次又一次的战争胜利，所向披靡。

成吉思汗的成功正是"得人心者得天下"这句话的最好诠释，同时也启示我们，做人若能雪中送炭，在别人处境艰难时拉上一把，加以救助，帮其渡过难关，对方必定将你的恩德铭记于心，有了合适的机会必定为你出力。

8. 赠人玫瑰，手留余香

乐于助人，首先是做人的一种良好品质，而且有时候帮助别人，往往还能得到来自对方意想不到的回报。正所谓赠人玫瑰，手留余香，帮人即是帮己。

人生在世，谁都难免遇到点儿不如意的事，有时还真少不了别人帮忙，当然，需要别人帮，也要懂得帮别人。帮助别人，作为一种付出，不论有无回报，这本身就是人生的一种快乐，而且有时由于帮助别人，自己还得到了出乎意料的回报。帮了别人，自己获得快乐，这正如送人玫瑰花，自己手上也会留有香气一样，是一种很美好的行为。

2000年5月，山东女孩赵眉到日本留学，在当地的语言学校附近住了下来，她每天早晨5点起床，每次都能看到一位日本阿婆去买报。有一天早晨，赵眉看见老太太买完报纸往回走的时候，突然跌倒了。赵眉犹豫了一下，还是赶紧走上前去把她搀扶起来，她嘴角紧闭，不省人事，赵眉赶紧把老太太送到附近的福利医院去。幸好没有什么大问题，医生说老太太是因为长期营养不良，身体太虚弱了，休息一下就可以了。事后，为了表示感谢，那位日本阿婆对赵眉说，如果你现在还没找到房子，又不嫌弃的话，那就请你搬过来和我一起住吧。就这样赵眉住进了日本阿婆的房子。

住了一段时间后，赵眉才知道阿婆是第二次世界大战时期的日本

"慰安妇"。曾结过婚，有两个儿子。儿子长大后，怕阿婆影响自己的前程，从不和阿婆来往，自己一个人孤单单地生活着。阿婆身体不好，有严重的心肌梗塞。2001 年 7 月初的一个暴雨之夜，阿婆起来上洗手间，突然昏倒在地。医院诊断说要做心脏搭桥手术，否则有生命危险。可是费用高昂，赵眉连夜敲了几个同学的门，总共借了 70 多万日元，终于让阿婆顺利上了手术台。

手术之后，阿婆的身体每况愈下，眼见着就要走到了生命的尽头。

2001 年 11 月的一个晚上，阿婆把赵眉叫到身边说："你照顾我一年多，我都看在眼里了，真是十分感谢你，非常对不起你，我不知道怎才能样报答你，我的生命要走到头了，我想送你一样东西。"阿婆颤颤巍巍地从手指上褪下一枚铁指环，那是一枚黝黑粗糙的戒指。她苦笑着说："这枚铁指环是祖母留给我的，是她出嫁时的陪嫁，虽然不值钱，也算一样礼物了，留个纪念吧！"她用颤抖的手给赵眉戴在无名指上，看着赵眉的眼睛，淡淡地说："千万戴在手上，千万不要丢掉，我的灵魂都在上面呢。"第二天，等赵眉醒来的时候，阿婆在她的床上安详地睡着了——永久地睡着了。

阿婆的房子本来就不是她自己的，是社会福利机构提供给她的。她去世后，房子也收回了。阿婆一贫如洗，赵眉带走了她的铁指环和一张发黄的照片。后来阿婆的两个孩子把赵眉告上了法庭，要求继承母亲的遗产。阿婆一贫如洗，唯一留给赵眉的就是那枚铁指环，赵眉虽然赢得了官司，但在法庭上还是把那枚铁指环递给阿婆的儿子，她儿子看了看这枚指环，发现这仅仅是一枚铁制的劣质指环，气急败坏地把它扔在地上，拂袖而去。赵眉从地上捡起铁指环，小心地戴在无名指上。

后来一个偶然的机会，赵眉才知道，这枚指环表面上故意镀了一层氧化铁，看上去像是个劣质的铁指环，事实上是一枚价值不菲的钻戒，而且已经有悠久的历史了。这枚钻戒是从幕府时代的宫廷里流入民间的。

　　赵眉帮助了一位日本老太太，是由于一种同情和关爱之心所致，本无意想得到任何回报，可日本的阿婆却以这种特殊的方式回报了这位中国女孩。

　　生活中，很多人都明白帮人就是帮己的道理，有的人还很能在这方面动脑筋。

　　1996年6月，在俄罗斯大选中爆出了一个大冷门：列别德单枪匹马竞选总统，获得了15％的选票，名列第三，后来，叶利钦为了蝉联总统，将列别德招至麾下，委以安全会议秘书和总统国家安全助理的重任。这使支持列别德的选民转而支持叶利钦，使叶利钦在第二轮选举中奠定了胜局。叶利钦就是这样一个聪明人，他送了列别德"玫瑰花"，却"香"了自己。

　　在人生的漫漫长河中，谁都避免不了会遇到大大小小的困难，我们所见到的某人现在的遭遇，极有可能是你以后某个遭遇的一次提前彩排。在前进的道路上，搬开别人脚下的绊脚石，有时恰恰就是为自己铺路。做人就是要长个心眼，有自己的一套。通过帮助别人，来为自己的成功铺路。

9. 用"眼泪"打动他人

同情弱者是人的天性，调动眼泪战法，再铁石心肠的
人，也免不了会动情。做人若想得人心，学会"掉眼泪"也
很有必要。

在说话办事的过程中，眼泪也是一种武器，这种武器能攻克铁石
心肠的堡垒，如果在说话办事的时候遇到困难，不妨拿起眼泪这个温
柔的武器，相信一定会成功的。

当然并不是说，凡说话办事都要摆出一副可怜兮兮的样子，流下
几滴眼泪。而是说，当我们在解决问题时，应该调动听者的同情心，
使听者首先从感情上与你靠近，产生共鸣。这就为问题的解决与事情
的办成打下了基础。人心都是肉长的，只要你将受害的情况和你内心
的痛苦如实地说出来，处理者是会动心的。

同情心可以促进当权者对受害人的理解，在处理问题的过程中把
你的哭诉的情况也考虑进去。另外，如果处理者想不了了之，你的哭
诉还有可能激发被求者的责任感，要使被求者知道，这是在他职责范
围以内的事，他有责任处理此事，而且能够处理好此事。

美国曾有一位老妇人向正在律师事务所办公的林肯律师哭诉她的
不幸遭遇。原来，她是位孤寡老人，丈夫在独立战争中为国捐躯，她
靠抚恤金维持生活。前不久，抚恤金出纳员勒索她，要她交一笔手续
费才可领取抚恤金，而这笔手续费占了抚恤金的1/2。林肯听后十分

气愤，决定免费为老妇人打官司。法庭开庭。由于出纳员是口头勒索的，没有留下任何凭据，因而指责原告无中生有，形势对林肯极为不利。但他十分沉着、坚定，他眼含着泪花，回顾了英帝国主义对殖民地人民的压迫，爱国志士如何奋起反抗，如何忍饥挨饿地在冰雪中战斗，为了美国的独立而抛头颅、洒热血的历史。最后，他说：

"现在，一切都成为过去。1776年的英雄，早已长眠地下，可是他们那衰老而又可怜的夫人，就在我们面前，要求申诉。这位老妇人从前也是位美丽的少女，曾与丈夫有过幸福的生活。不过，现在她已失去了一切，变得贫困无靠。然而，享受着烈士们争取来的自由幸福的某些人，还要勒索她那一点微不足道的抚恤金，有良心吗？她无依无靠，不得不向我们请求保护时，试问，我们能熟视无睹吗？"

法庭里充满哭泣声，法官的眼圈也发红了，被告的良心也被唤醒，再也不矢口否认了。法庭最后通过了保护烈士遗孀不受勒索的判决。

没有证据的官司很难打赢，然而林肯成功了。这应归功于他的情绪感染、驾驭了听众及被告的心理，达到了理智与情绪的有机统一。

用眼泪打动他人的门道也就是通过"哭诉"将自己摆在弱者的位置。所谓"眼泪"战法的成功运用，也是基于人类同情弱者的天性。

因此我们做人要有自己的一套，可以考虑在说话办事时，尽情用眼泪来激发对方的同情心和责任感。当你巧妙地点醒对方身负的责任和手中的权利时，会使对方衍生出一种自豪感，使他得到了应有的尊重，并同时站到了你的立场上。到了这个时候，再难办的事情也能办得成。

当然，若想通过眼泪打动别人，还要注意说话办事的环境及交往的对象，同时切忌过分和不符合事实的"哭诉"，否则你的眼泪换来的不是同情和帮助，而有可能是嘲笑。

10. 正气所在，人必支持

得到者多助，失道者寡助。拥有正气，并在合适的时候
挺身而出，必然得到大多数人的支持和拥护。正义本身就是
一股强大的力量，可以帮你凝聚人心。

由于正气反映的是多数人的切身利益，因此正义的一方必然会得
到大多数人的认可和拥护，而一个人如果有了多数人的支持，自然就
会更坚强、更有力量。当然，表现正气需要的是行动，而不是嘴皮上
的功夫。只要理在自己这一边，就不怕以堂堂正正的方式表现出来，

饱经沧桑的老人都有一点儿体会，那就是尽管年轻时愤世嫉俗，
但终究发现在这个世界上还是好人多，你把你的苦水吐出来，把你的
正气表现出来，肯定会有人支持你，为你的冤屈鸣不平，为你的正义
之举鼓掌叫好。而如果你第一次就勇敢地表现正气，唤起大家的正义
感和愤怒情绪，凭借群体的力量战胜了对方，那么他下一次就再也不
敢欺负你了。

有位刚刚高中毕业的青年人张某，来到某市的一家西餐馆打工。
他本想学些炒菜的技术，结果三个月过去了，技术没学到，杂七杂八
的活倒干了不少，险些累得趴下了。累也就罢了，偏偏还要受到酒店
里一位洋鬼子的气，这就让他更加难以忍受。

那个洋鬼子是酒店里的大厨师，级别最高，因此经理给了他许多
优待。正因为如此，他就自以为比别人高一等，在厨房打工的内地伙

计几乎全给他欺负遍了。伙计们受他的气，可是谁也不敢吭一声，大家都知道要是触怒了这个外国大厨师，自己就别想在酒店里呆下去了。

也许是刚刚走出校门，还不知道外面社会深浅的缘故吧，张某对洋鬼子仗势欺人的做法十分恼怒，这份怒火在心里压得久了，终于寻到机会爆发开来。

这天下班，张某拖着疲惫的双腿走进电梯，发现那个洋鬼子也在里面。张某刚一进去，洋鬼子就开始叽里呱啦地对他讲英语，虽然听不懂，但张某一看就知道他在揶揄嘲笑自己。这时候，洋鬼子指了指张某的头，然后又指了指自己的裤裆，做了个侮辱性的手势，然后又啪的打扁了张某的帽子，并把肥厚的手掌重重地压在了他的头上，哈哈大笑起来。这一连串侮辱使张某的心燃烧起来，他屏住呼吸，一拳击中了洋鬼子的小腹，然后又是一记狠狠的右勾拳，打得洋鬼子瘫倒在地上……

电梯的门开了。眼前的一幕使门口的伙计们目瞪口呆。但他们随即欢呼起来，纷纷拥过来，又是伸大拇指，又是啧啧称赞。张某看到大家都很支持自己，感到这两拳不但为自己出了气，也为大家出了气，于是撇下瘫软的洋鬼子，满怀信心地回家去了。

事后，张某考虑过被"炒鱿鱼"的危险。但是，他一想到身后那么多同仇敌忾的伙计跟他站在一起，他就什么也不怕了。

第二天，一上班，张某果然被经理叫进了办公室。刚一进去，张某就看见那个洋鬼子坐在经理旁边，得意洋洋地朝他坏笑。经理见张某进来，就问他："昨天你打了大厨师？"张某很清楚，如果他一个人在这里申辩，是绝对争不过恶人先告状的洋鬼子的，那么，为什么不争取全体伙计们的正义支持呢？于是他大声地对经理说："我是不是打了大厨师，我说了不算，他说了也不算，只有在场的员工们说话才算数。"于是，张某推开办公室的门，把那些关注他命运的伙计们叫到办公室来。伙计们一见昨天打了洋鬼子，为大伙出了口恶气的张某需要他们的帮助，都一拥而入，七嘴八舌地对经理嚷嚷开了："经理，不关小张的事，是那个洋鬼子先动手的！""没错，那洋鬼子平时就老欺负人！""对，我们都可以作证！"

张某得到了大家正义的支持，胸脯挺得更高了。洋鬼子见触犯了众怒，紧张起来，连忙向经理使眼色。经理见到这个阵势，心里已经大致明白了原委。于是他让伙计们先退出去，并告诉他们此事他会公正地处理。

一小时以后，从办公室传来的消息让所有打工的伙计们欢呼雀跃：张某被宣布是清白的，而那个不可一世的洋鬼子则被经理炒了鱿鱼。张某勇敢地表现正气，终于凭着群体的力量为中国员工争了一口气。

一个刚刚走出校门不久的高中毕业生，面对着外国人的欺凌就已经懂得调动群体的正义力量来保护自己，这对每一个人都应当是一种启迪与激励。

所谓得道者多助，失道者寡助。做人就应该有自己的一套，拥有这个道，以凝聚人心。

现代社会从某中意义上而言，仍然是一个弱肉强食的世界，我们要想更好的生存，应该时刻谨记：个人的力量往往是弱小的，做事只靠一个人的孤军奋战往往是不够的，那么，当你吃亏的时候，别害怕把自己的正气表现出来，去争取多数人的支持吧。只要想一想有多数人的正义力量在支持你，你就会感到自己有了更多的信心和勇气。

第五章

你这一套一定要有自己的原则和立场，敢于拒绝，不被利用

学会拒绝，这是做人必备的一项技巧。只有那些立场坚定，有尊严的人才敢于拒绝。趋炎附势要不得，一味接受，还往往会被别人当枪使。拒绝别人，要放得下面子，该说"不"时就说"不"，更要具备灵活的方式。特别是当我们遇到很难拒绝的请求，比如领导不合理的要求，朋友变质的友情以及自己不中意的异性向自己表白等时，拒绝对方更要注意方式方法，我们不妨将拒绝的话说得委婉一点，让对方觉得虽然被拒绝了，但还有台阶可下。

1. 做人要有尊严，不奴颜媚骨

> 一个人要有自己的原则，首先就是要有尊严。只有尊敬
> 自己，你才能赢得别人的尊敬。若奴颜媚骨，卑躬屈膝，不
> 仅遭人耻笑，下场也往往十分可悲。

智利作家尼高美德斯·古斯曼说过："尊严是人类灵魂中不可糟蹋的东西。"俄国作家陀思妥耶夫斯基也说过："如果你想受人尊敬，那么首要的一点就是你得尊敬你自己。只有这样，只有自我尊敬，你才能赢得别人的尊敬。"

古今中外留名千古，能够世代受人尊敬的人都是能够永远保持自尊的人，只有自我尊敬，才能保持自己的立场和原则，才能不被他人利用。德国伟大的作曲家贝多芬就是其中杰出的代表人物之一。贝多芬在维也纳时，曾受到李希诺夫斯基公爵的倾慕和照顾，他感激公爵，但并不因此出卖尊严。一次，公爵要求贝多芬到他家为一批占领维也纳的拿破仑军队的军官演奏。贝多芬看不起公爵这种阿谀逢迎的态度，断然拒绝了。公爵凭他的地位和布施者的身份，一定要贝多芬演奏。公爵的傲慢冒犯了贝多芬的自尊，他冒着倾盆大雨冲出公爵的庄园，一回到家中，就把案头上公爵的半身塑像猛掷在地上，摔了个粉碎，并给公爵写了一封信。他写道："公爵，你之为你，是由于偶然的出身；我之为我，是靠我自己。公爵现在有的是，将来也有的是，而贝多芬却只有一个。"

　　有一次，贝多芬与大诗人歌德在一起散步，途中与一群德意志、奥地利的权贵相遇。歌德对权贵肃然起敬，这使贝多芬十分恼火。他极力劝歌德不必卑躬屈膝，但歌德还是抽出被贝多芬挽住的手臂，恭敬地站在路旁，向皇族们一一行礼。只见贝多芬昂然背着手走过去，这些皇族们首先向贝多芬打招呼，脱帽致意。贝多芬的自尊，为他赢得了别人的尊敬。

　　第一次世界大战中，一名黑人少校军官和一名白人士兵在路上相遇。士兵见对方是黑人，就没有敬礼。当他擦身而过时，背后传来一个低沉而坚定的声音："请等一下。"黑人军官对他说："士兵，你刚才拒绝向我敬礼，我并不介意。但你必须明白，我是美国总统任命的陆军少校，这顶军帽上的国徽代表美国的光荣和伟大。你可以看低我，但必须尊敬它。现在，我把帽子摘下来，请你向国徽敬礼。"士兵只得向军官行了军礼。

　　这位黑人少校，就是后来成为美国历史上第一个黑人将军的本杰明·戴维斯。

　　不仅和比自己身份低的人或与自己身份相同的人交往要维护自己的自尊，即使和领导交往也不例外。

　　曾活跃于日本财政界的巨子，先后担任三井银行的总裁和日本财政部长的池田所彬说："许多人认为，薪水阶级的成功术是经常到领导家里去拜访、送礼，倘若自己不能去，也要让太太代理。我在三井银行服务时，我的领导是早川先生。我太太问我：'需不需要我到早川先生家去拜访？'我立刻回答说：'我并不想以此来成功。'我从不为了成功，而利用太太代替自己去逢迎领导。在职业场所中，大家都不好意思当着众人的面送礼，所以大家都走领导的后门。有些人其实也没什么事，但只要一找到机会，就送礼走后门，我认为这是不需要的。"

　　池田先生很温厚，头脑也好，淡泊、名利，只知尽忠职守，其他的事都不想，因此很受人尊崇。

　　而没有自尊，与人交往卑躬屈膝之徒往往都没有好下场。

俄国作家契诃夫曾写过一篇小说《小公务员之死》。小说讲的是,有一个小公务员一次去看戏,不小心打了一个喷嚏,结果口水不巧溅到了前排一位官员的脑袋上。小公务员十分惶恐,赶紧向官员道歉。那官员没说什么。小公务员不知官员是否原谅了他,散戏后又去道歉。官员说:"算了,就这样吧。"这话让小公务员心里更不踏实了。他一夜没睡好,第二天又去赔不是。官员不耐烦了,让他闭嘴、出去。小公务员心想,这下子得罪官员了,他又想法去道歉。小公务员就这样因为一个喷嚏,背上了沉重的心理负担,最后,他竟然死了。

这是一个看似荒诞的悲惨的故事,我们在为小公务员的死惋惜的同时,也为他的软弱和缺乏自尊而叹息。由此不难看出,做人要有自己的一套,必须拥有自尊,坚持自己的原则,该拒绝的时候就应拒绝,做一个堂堂正正的人。

第五章 你这一套一定要有自己的原则和立场,敢于拒绝,不被利用

2. 做人要保持自我，不随波逐流

> 成功者往往都是不盲从的人，他们有自己的眼光，面对各种问题自己思考，不唯他人马首是瞻。成功的道路上，只有相信自己，才能不断获得进步。

一个人若想成功，有时候需要他人的鼓励和指引，特别是偶像作为一种权威，很大程度上成为一个人奋斗的目标和精神上的动力，但凡事要有自己的观点，多用眼睛去观察，多用大脑去思考，不要盲从于别人，盲从于权威。

普林斯顿大学校长哈洛·达斯，在 1955 年的学生毕业典礼上，以《超越盲从的重要性》的题目发表演说。指出：

"无论你受到的压力有多大，使你不得不改变自己去顺应环境，但只要你是个超越盲从而具有独立个性气质的人，便会发现，不管你如何尽力想用理性的方法向环境投降，你仍会失去自己所拥有的最珍贵的资产——自尊。想要维护自己的独立性，可说是人类具有的神圣需求，是不愿当别人橡皮图章的尊严表现。盲从虽可一时得到某种情绪上的满足，却也时时会干扰你心灵的平静。"

达斯校长最后做了一个很深刻的结论。他指出："盲从是导致人生失去自我的危机因素之一，人们只有在找到自我的时候，才会明白自己为什么会到这个世界上来、要做些什么事、以后又要到什么地方去等这类问题。"

犹太人之所以被认为是最聪明的民族，这是因为他们有一种特殊生存传统。《犹太法典》中有许多鼓励人们反抗的话语，其基本观念在于：人必须脱离常轨，才能促进进步。换句话说，人不可以盲从权威而要保持个人的独立。在犹太人心中，摩西有崇高的地位，但是犹太人却不视他为偶像。

事实上，犹太人在人类文化史能取得卓越的成就，就因为他们从不迷信权威。伽利略、喀布拉等人都曾向他们那一个时代的天文学家挑战，爱因斯坦也因为不迷信权威，才推动着人类历史一步一步地前进。

有这样一个故事。

一次，拉比以利扎·本·西蒙从老师家里出来，悠闲地骑着毛驴，感到很快活，因为他刚刚学习了不少《律法书》，心中充满了骄傲。突然，一个长得非常丑的人对他打招呼："祝你平安，先生。"

他没有回敬那个人而是说："你可真丑陋啊！你周围的人都和你一样难看吗？"

那人回答说："我不知道。但是你可以去跟我的造物主说：'你造出来的东西多么丑陋啊。'"

拉比以利扎意识到自己犯了错，他对这个人鞠躬，说："我向您道歉，请原谅。"

但是，那个人说："我不能原谅你，除非你去我的造物主那里说'你造出来的东西多么丑陋啊。'"

这个非常丑的人之所以不愿原谅拉比以利扎，是因为他并不盲从权威。当他认为拉比犯错时，并不因为拉比是一个很博学的律法师，他就不敢坚持自己的正义。

这个小故事反映出了犹太人不盲从于权威，坚持自己的个性，也正是因为这种个性，使得犹太人被普遍认为是"聪明人"。

不盲从权威，有时需要向权威挑战，当然，不是说随时要向权威挑战，只有在认为权威不对的情况下，有自己的主张时才挑战权威。这就需要你坚信自己的观点，并有十足的把握才成。

小泽征尔是世界著名交响音乐指挥家。一次他参加欧洲指挥大赛的决赛时，小泽征尔按照评委给他的乐谱指挥乐队演奏。指挥中，他发现有不和谐的地方。他以为是乐队演奏错了，就停下来重新指挥演奏，但还是不行。"是不是乐谱错了？"小泽征尔问评委们。在场的评委们口气坚定地都说乐谱没问题，"不和谐"是他的错觉。小泽征尔思考了一会儿，突然大吼一声："不，一定是乐谱错了！"话音刚落，评委们立刻报以热烈的掌声。原来，这是评委们精心设计的"圈套"。前两位参赛者虽然也发现了问题，但在遭到权威的否定后就不再坚持自己的判断，终遭淘汰。而小泽征尔因为不盲从权威，他最终摘取了这次大赛的桂冠。

"要想成为真正的'人'，必须先是个不盲从因袭的人。你心灵的完整性是不可侵犯的……当我放弃自己的立场，而想用别人的观点去看一件事的时候，错误便造成了……"这是爱默生所讲的名言。这对喜欢强调"由别人的观点来看事情"以增进人际关系的人来说，无疑是一大震撼。我们可以把爱默生的话解释如下："要尽可能由他人的观点来看事情——但不可因此而失去自己的观点。"

因此，成功者必须用自己的眼光去看问题，在看清自己的同时，时刻提醒自己不要盲目步人后尘，世界上的路是大家踏出来的，如果大家都照着第一个人的脚印走，那世界上就不会有路了。所以在你准备大干一番前，请记住：相信自己，不盲从别人，要敢于走自己的路。

3. 该说"不"时就说"不"

> 该说"不"时，就要勇敢地说"不"，不要因为"不"
> 字不好说出口或者怕伤害到对方而一味委曲求全。

"不"这个字好写，音节也简单，但拿到人与人之间，却很不容易说出口。很多人或因为感情因素，或因为个性关系，或因为时势所迫，无法把"不"说出来，因而吃了大亏。

有这样一个人，朋友向他借钱，总是无法拒绝，怕说了"不"，伤了对方，更怕说了"不"，给对方的生活造成困难。他的朋友们深知他的弱点，手头一紧就向他开口，当然有借有还的占大部分，但有借无还的也不在少数。小钱不还倒也无所谓，但有一天，有人向他借一大笔钱，说是要开店，这个人又无法说"不"，结果那人并没有开店，钱拿了，人也不见了。

没有勇气说"不"，往往就会变成这种情形：软土深掘，得寸进尺。常常要求你、拜托你——造成损失的可能性相当高，而最重要的是，会越来越难以说出口，而一旦说出口，常常就造成很大的得罪。

因此，该说"不"时，就要勇敢地说"不"。

不过在什么情况之下说"不"，这才是个问题，因为如果你每天每件事都把"不"挂在嘴边，那么你也无法在人群中立足了。

我想可以先从"心"来考虑。也就是，当有人要向你借钱或要求你做某件事的时候，你要先问你自己——我愿不愿意？而不是从利害来考量。如果你愿意，赴汤蹈火、肝脑涂地，相信你也不在乎，也不会后悔的；如果根本是不愿意，那么就不必勉强自己，勉强自己，你就不会快乐，每天活在"当时为什么不拒绝"的悔恨当中。也许你本身并没什么损失，但因违背了你的心意，这件事反而成为你的负担。

因此，当你不愿意时，就要勇敢地说"不"！

例如，对不知感恩的人，唯一的办法就是停止给他好处，否则他将成为你的负担。

梁先生在一家出版社工作，朋友介绍一家印刷厂给他，梁君因为初入此行，印刷厂没有熟人，因此就和那位姓陈的印刷厂的老板合作。

为了减少联系上的麻烦，梁先生把印刷、订纸、分色、制版、装钉所有工作都交给陈先生包办。事实上，陈先生的印刷厂只有印刷一项业务，其余部分都要转包出去。当然，陈先生也不会做白工，转手之间，他还是赚了两成左右的差价。

几年过后，梁先生才发现他因为怕麻烦而多花了很多钱，同时也因为出版社的经营已上轨道，人员也增加了，于是把给陈老板的业务，除了印刷之外，全部收回自行发落。

谁知陈老板勃然大怒，说梁先生没有"道义"，梁先生向朋友抱怨："要给谁做是我的权利，难道我这样子做错了吗？"后来他就不再和陈老板合作了。

类似的事情在生活中并不罕见，只是"剧情"稍有不同而已。碰到这样的事虽然很无可奈何，但从人性的角度来看，仍有值得讨论之处。

陈老板赚取转手的差价虽然合情合理，但梁先生停止和他某部分的合作却与"道义"无涉，买卖本来就是"合则来，不合则去"。问题是，陈老板把转手的差价当成"理所当然"的利益，梁先生不再和他合作，他因此而产生利益被剥夺感，本来可赚一万现在只剩下五千，心里无法适应这种失落，于是便起反感了。不过人总是这样，你给他好处，久了他便认为你给他好处是应该的，一旦不再给，便认为你失去"诚信",没有"道义"了。

梁先生敢于在该说"不"的时候说"不",终止和陈先生的合作基本上是正确的决定,因为二人有了不愉快,站在梁先生的立场,大可不必太勉强自己。倒是陈老板应自我反省——赚取外包部分的差价是"多出来"的,印刷方面的利润才是他"理所应得",面对梁先生的新决定,他应感谢梁先生,并表示愿意继续提供更好的服务才是,结果他不做此想,反而以诋毁来回应梁先生的动作,导致连印刷的生意也飞了。也许人都怕跟朋友翻脸,但在翻脸前不访想一想,朋友对你是否是真心,若不是,他都不怕背脸做人,你又何必怕翻脸。

做人要有自己的一套,除了懂得何时该说"不",敢于在适当的时候拒绝对方以外,还要明白,说"不"也不是那么简单,而是需要技巧的,因为会要求你、拜托你的,大多是身边的亲朋同事,如果技巧不好,很容易就弄坏了你们彼此的关系。

技巧是因人而异的,不过也有一些原则可循:尽量委婉、平和,说明你要说"不"的原因,让对方有台阶下,也不致伤了和气。说"不"也要学习,可以先从小事学起,久而久之,便可拿捏分寸,不会脸红脖子粗。

4. 长个心眼，别为他人作嫁衣裳

　　我们身边的人并非全是忠厚之人，有时一不小心就可能
被人当枪使。这要求我们平常与人交往多长个心眼，学会拒
绝，不要为别人做了嫁衣裳，甚至替别人背了黑锅。

　　在人生道路上，不管干什么事，都要与各种人相处，特别是涉世
不深的年轻人，更要善于辨别是非，应从自己身边人的言行举动中辨
识出忠奸。狡猾的同事喜欢拿新人当枪使，如果不熟悉他们的伎俩就
容易吃亏。

　　小张刚毕业，分到车间干调度。一天，车间主任告诉他，公司下
达了加工两种型号机床配件的任务，时间很紧，并虚心地征求他的意
见，看如何安排。小张提出，最好充分发挥各种设备加工的能力，将
两套配件同时安排，同时生产。主任采纳了他的建议，并让他着手组
织生产。但是，在配件加工过程中，主任又突然告诉小张，说其中一
种零件应提早交货。但是再更改生产计划已不可能，只能眼睁睁地延
误交货期。厂长对此十分恼火，要追究主任的责任，而主任却把责任
全推到了小张身上，并无中生有地说他并不同意这种安排，完全是小
张自作主张这样干的。厂长扣了小张半个月工资，把小张气个半死，
却有理无处说，因为没有证据。

　　刚参加工作的年轻人，常常会被人利用而不自知，在工作单位，
这种情况并不少见。而且表现形式往往比较隐蔽。

有位女孩叫洁，在一家公司上班。有一天，洁受到上司王科长的热情邀请，一同前往公司附近的咖啡厅里喝咖啡。

他们坐在咖啡厅里，一边喝咖啡，一边天南海北地闲聊起来，不知不觉，话题渐渐扯到了洁的同事李小姐身上。

"啊，李小姐吗？她好漂亮啊！经常穿着时髦的衣服，真叫人羡慕。"

"那是当然啰，因为李小姐领的是高薪！"王科长突然道出了原委。

原来，这家公司采取的是年薪制，每个职工的年薪是根据每人的工作表现以及与公司签定的合同而有所区别的。这一点洁心里自然也清楚，但她一直认为同事间的差别不会太大，现在突然从王科长口里听说李小姐的工资很高，自然心里就不太舒服。她问道："会差那么多吗？"

"是呀，比你的年薪多上万元呢！"王科长说得更具体了。

第二天，洁便把这件事告诉了她的同事们，大家听了当然也都不服气。于是，就一起开始嘲笑起"高工资"的李小姐来，甚至不同她来往，将她孤立了起来。这样，李小姐不得已只好辞去了工作。

事实上，李小姐的年薪与洁相差不大，只是因为她曾经向王科长提过意见，以致使他怀恨在心，所以就想出了这么一个诡计，借洁的嘴孤立李小姐，最后将她逼走。

等到洁知道事情的真相后，为时已晚，自己已经被人家利用，当枪使了。不仅如此，洁还得了一个喜欢散布流言蜚语的"坏女人"的绰号，很多同事也开始渐渐疏远她。

现实生活中，像上面两个例子中的小张和洁一样，被人当枪使的还有很多。有的被别人当枪使了，替别人背了黑锅还不知道。

大凡被别人当枪使的人，都有这样或那样的弱点，或分析能力、辨别是非的能力较差，或抵制力较差，这样的人往往处于被动地位。那些处于主动地位的人往往躲在暗处，操纵或者指挥这些人去替他办那些不便抛头露面的事，说那些极想说而又不便在明处说的话。既能保护自己，又能达到目的，真可谓一举两得。

那么如何去处理这种情况呢？

最重要的是分清责任界限。别人一时有难，伸出援助之手拉他一把，确实是应该的。但要把这样做的后果想清楚，不能什么事都无条件地承担，不管他是什么人。社会是复杂的，到处都有勾心斗角、尔虞我诈，"现实"的人要懂得方圆之术。既不能得罪别人，也不能伤害别人，更不能被人伤害。

当别人有求于你时一定要弄清对方真实意图，还要提高自己分析问题和辨别是非的能力，因为很多事情可能并不如表面那样简单，背后可能有不可告人的目的。当你发现对方有意把你当枪使的时候，必须设法抵制和拒绝。如果例子中的小张和洁能够多长个心眼，察觉到对方真实意图，并加以拒绝，特别是洁，如果不多嘴的话，也不会成为别人的枪把子。

做人要有自己的一套，就要多长个心眼，不掺和是非。学会拒绝他人，能帮你绕过陷阱，不遭人暗算，更不会被人当枪使。

5. 拒绝要原则坚定，但方式须灵活

坚持原则，拒绝别人时必须心硬一点儿。当然，拒绝更要讲究方式方法，既达到拒绝别人的目的，又尽量不要影响彼此关系。

当我们选择了拒绝对方的时候，就要坚守心中的原则，不要因为对方的一再央求而心软。拒绝别人和做任何其他的事情一样，切不可优柔寡断、瞻前顾后。

大家都听说过东郭先生和狼的故事。故事说，有一位书生东郭先生，读死书、死读书，十分迂腐。一天，东郭先生赶着一头毛驴，背着一口袋书，到一个叫"中山国"的地方去谋求官职。突然，一只带伤的狼窜到他的面前，哀求说："先生，我现在正被一位猎人追赶，猎人用箭射中了我，差点要了我的命。求求您把我藏在您的口袋里，将来我会好好报答您的。"东郭先生当然知道狼是害人的，他本来是想拒绝帮助狼的。但他看到这只受伤的狼很可怜，又禁不住狼的苦苦哀求，便答应了狼的请求。东郭先生因为爱心过度泛滥，拒绝狼的原则不够坚定，使得狼逃脱了猎人的追捕，而这只狼反过来还要吃掉他。这个寓言故事虽然是告诫我们做人不能不辨是非而滥施同情心，但同时我们也能看到拒绝一个人立场不坚定的不良后果。

当然，我们说拒绝的原则必须坚定，更要注意拒绝的方式一定要灵活，如果拒绝时讲究方式，可以使你们的相处变得和谐、融洽。若生硬拒绝，则可能伤害彼此感情。

在社交中，我们要掌握一些拒绝的技巧，应对千变万化的形势。

（1）含蓄拒绝法

这种拒绝法特别适用于有人为某事向你求情而你在原则上又不能答应的情况。这种方法是比较易于接受的，它比直接地说"不"要好，不但顾及了对方的面子，而且通过顾左右而言他的方法对其所求间接地、巧妙地、委婉地加以拒绝。

清代的郑板桥在任潍县县令时，查处了一个叫李卿的恶霸。李卿的父亲李君是刑部大官，得讯后急忙赶回潍县为儿子求情。李君以访友的名义拜访郑板桥，郑板桥知道李君的来意，故意不动声色地看李君如何扯到正题。李君看到郑板桥房中有文房四宝，于是向郑板桥要来笔墨纸砚，提笔在纸上写道："燮乃才子。"郑板桥一看，人家是在夸自己呢，自己也得表示表示，于是也提笔写道："卿本佳人。"李君一看心里一亮："郑兄，此话当真？"

"君子一言，驷马难追！"

"我这个'燮'字可是郑兄大名，这个卿字……"

"当然是贵公子宝号啦！"

李君心里高兴极了："承蒙郑兄关照，既然我子是佳人，那就请郑兄手下留情。"

"李大人，你怎么'糊涂'了？唐代李延寿不是说过'卿本佳人，奈何做贼'吗？"李君脸一红，只好拱手作别了。郑板桥巧妙地利用李卿的"卿"与古语"卿本佳人，奈何做贼"的"卿"字同音同义关系，含蓄地拒绝了李君的求情，既坚持了原则，又未使对方太难堪。

这样的拒绝方法需要你坚持自己的原则，在坚持原则的前提下保护对方的自尊心。

（2）先退后进拒绝法

这种方法特别适宜于拒绝权威性人士的意见，又使对方不失体面。有时候一味地拒绝是不可取的，对方很可能会被你的拒绝伤到。

这时，就需要你退一步了。我们讲的先退后进拒绝法指的就是先退一步，表示同意对方的看法，然后再针对对方所提出的问题，提出自己的不同看法。

（3）强调客观拒绝法

这种拒绝的方法可以使对方感到你也尽力了，可是在客观上又是无法实现的。这样，你可以表明你的主观态度，再说出客观理由就行了。

我们前面也提到过，家人是你很好的挡箭牌。如果你是一个家庭主妇，当推销员来你家推销商品时，你很不情愿买。这时，你可以以你的丈夫不让你买为理由拒绝他。

（4）诱使对方自我否定拒绝法

这是一种很巧妙的方法，你不便说出自己的想法，那就让对方自己说出。

一位业绩卓著的室内设计师声称，对于用户的不合实际的设想，他从不直截了当地说"不行"，而是竭力引导他们同意他希望他们做的事情。一位妇女想要用一种不合适的花布料做窗帘，这位设计师提议道："我们来看看你希望窗帘的布置达到什么效果。"接着，他大谈什么样的布料做窗帘才能与现代装饰达成最好的和谐，很快，那位妇女便把自己的花布料忘了。

（5）给对方提出合理建议拒绝法

如果你不能使自己认同对方的看法，试着使他改变看法。那就是说出你的看法，并使他接受你的看法。这样就很好地拒绝了他。

6. 放下面子，主动、大声说"不"

有的人把面子看得比什么都重要，但是若为此失去了自己的本色则是不值得且没有必要的，做人要懂得进退之道，敢于拒绝，不要碍于面子勉强自己。

有的人往往为了使别人对自己有个好印象，或为了保全自己的面子，或为给对方一个台阶，当别人提出一些要求时，时常是不加分析地加以说"是"，但有些事情受各种条件、能力的限制，并不是想办就能办得到的。因此，当别人托你办事时，首先应考虑你是否有能力办成，否则，你应老老实实地说："我不行！"如果碍于情面随便夸下海口说"没问题"，那是于事无补的，反而会给自己带来麻烦。

小张跟妻子又吵架了，原因是小张的狐朋狗友又向他借钱，小张难以开口拒绝，只好委屈自己把钱借给他们。

"你有什么不好意思拒绝？钱可是我们自己的，借给他们是人情，不借给他们也是天经地义的，又不是你欠他们的钱不还。"小张妻子吼道。

"但是，拒绝别人总是不好意思的嘛，而且人家问我们借钱，也一定是有他们的难处。"小张很委屈。

"好的，如果他们说要我们把房子送给他们，难道你也难以拒绝全部给他们吗？就是由于你的钱好借，所以他们才天天来向你借钱。"小张妻子又吼道。

的确，小张妻子讲得不无道理，就是因为小张太爱面子，平时对借钱的人来者不拒，人家才经常找他借钱。

做人就要洒脱一点，不要爱慕虚荣，总是把面子放在第一位，到头来必定会吃亏。想必小张自己内心也是很不情愿总借钱给别人而他之所以硬着头皮应承，就在于他把面子看得太重。

一个人太爱面子，总是顺着人是很危险的，这同时也无助于营造出和谐顺利的人际关系。在人际交往中，对该应承的事，可以说"是"，而对于该拒绝的事，要敢于说"不"。不要搞太多礼节，也不要太多自责以及过多的谦让。

在现实生活中，对许多人来讲，对别人的无论什么要求或命令都采取同意、顺从的态度已成了一条铁律，他们不愿让别人失望，害怕因此激起请求者的恼怒和怨恨；他们希望通过"百依百顺"、"有求必应"来塑造和维护自己的"好人"与"能人"的形象；他们觉得"不"是一种排斥和否定，若是与人和平相处，就绝对不能拒绝别人的要求。长久如此，他们不仅不说"不"，而且想说时，也不知如何去说。

太爱面子，一味地迎合、满足他人的要求，很不利于与他人的正常交往。太爱面子的人，由于不能拒绝而言不由衷地说"是"，造成的后果就是，事后一方面会为勉强承诺而自陷困扰——接受你并不愿意去的邀请；买一些你根本不需要的商品；陪人毫无趣味地聊天；忍受给你造成许多不便的来访；做那些违背你的原则的事……这些事你勉强做着，但却是满怀厌烦和沮丧地做着，这些厌烦、沮丧会损害你的人际关系。另一方面，你会因此而在生活的大部分时间里都感到烦恼、失望和内疚，你感觉你无力主宰自己的生活，你生就一副虚伪的面孔，说着连绵不断的谎话，你的形象是如此苍白可怜，以这种形象去与人交往，你又怎能为人所爱呢？有的时候明知不能办到却应承下来，浪费了自己大量的时间与精力却无济于事，很容易招致朋友的恼怒，因为你误了人家的事，真是费力不讨好。

可见，一个人若太爱面子，往往会委屈到自己。聪明的人，会将面子和尊严分开。面子该放下的时候就要放下。死撑的结果往往会让事情更糟糕。做人要有自己的一套，就要学得圆滑一点儿。面对别人的无理要求，要敢于主动、坚决地说"不"。拒绝的结果可能让你的天空更加开阔。

7. 给拒绝增加点"甜味"

> 每个人都喜欢听好听的话，我们在对人说"不"的时候
> 不妨将话说得动听一些，给拒绝增加点"甜"味。而给拒绝
> 增加甜味的方法就是尽量把话说得委婉一些。

如果把拒绝的话说得柔和婉转，就会使自己不致陷于左右为难的状况。相反，如果拒绝不当，可能就会受到别人的记恨。因此，学会如何委婉地拒绝别人，在话里加点甜味，让话更中听，的确很重要。

在与人交往中，往往会碰到一些自己不能办或不愿办的事情，这就需要以言语拒绝。当你准备说"不"时，不妨委婉些。

在社会中与人相处，每个人都曾有过向别人提出要求，而遭到别人拒绝的时候，那种感受实在是非常尴尬。然而，人生就是需要不断地说服他人，以寻求合作。也可以说，人生就是不断地遭到拒绝和拒绝他人。

三国时期的华歆在孙权手下时名声很大，曹操知道后，便以皇帝的名义下诏召华歆进京。华歆起程的时候，亲朋好友千余人前来相送，赠送了他几百两黄金和礼物。华歆不想接受这些礼物，但是如果当面谢绝肯定会使朋友们扫兴而归，伤害朋友间的感情。于是，他便暂时来者不拒，将礼物全部收下，并在所收的礼物上面悄悄记下送礼人的名字，以备原物奉还。华歆设宴款待众多朋友，酒宴即将结束之时，华歆站起来对朋友们说："我本来不想拒绝各位的好意，却没想

到收到这么多的礼物，但是，匹夫无罪，怀璧其罪。想我单车远行，有这么多贵重之物在身，诸位想想，我是否有点儿太危险了呢?"

朋友们听出了华歆的言外之意，知道他不愿意接受礼物，又不好当面拒绝，以免大家都没面子，内心里对华歆油然而生出一种敬意，便各自将礼物取回。

相反，如果华歆声色俱厉地拒绝别人，甚至心怀疑虑，认真盘问对方，事态就会扩大化，其结果必然使双方的友情出现裂缝。

华歆之所以能够成功拒绝他人在于他能将话说得委婉动听，让对方虽然遭到拒绝，但感觉是甜，而不是苦，因此更乐意接受这样的结果。

委婉的拒绝是消除别人误会的灵丹妙药。有些时候，拒绝不能将话说得太死，比如当异性当向你示爱时，如果你不乐意接受，就可以委婉地说："婚姻大事不可草率行事，我们还是慎重考虑一下吧!"这样对方就会很知趣地明白你说话的用意了。可见，在拒绝的话里掺点糖分，既可以把话说得更加明白和彻底，又能让听者顺心。

当然，想要给拒绝增加点甜味，也不是盲目的，应该注意做好以下几点:

(1) 要让他人了解到你的苦衷和歉意

要尽量避免使用一些模糊话语来回答。这种讲法或许你自认为是表达了拒绝之意，可是有所求的一方可能会以为你在为他想办法，这样一来，反而耽误了他人的时间。所以，拒绝时不能使用带有模糊字眼的语言。

以诚恳的态度委婉地说出自己拒绝的理由，使他人了解到你是爱莫能助，这种拒绝方法是很成功的。

(2) 态度要亲切和蔼

拒绝他人，不能在他人刚提出要求时就断然拒绝;不能对他人的请求快速反驳，或面带不悦;也不能藐视对方，坚持永不妥协的态度……你应该态度诚恳地去拒绝别人的请求，这样才会让人接受。

(3) 要将理由明确说出

拒绝他人时，要将理由据实言明，不能模棱两可，以免对方搞不懂你的真意，以致产生种种误会，这就会使彼此间存在隔膜，使关系越来越淡化。

（4）切不能伤害他人的自尊心

曾经对你有过帮助的人，特意来拜访你，请你为他办事，如果考虑到情面，就不容易拒绝。不过，倘若你将尊重他的意愿坦诚地表达出来，再率直地说出自己的难处，对方自然会原谅、理解你的。

（5）要给他人一个台阶下

拒绝他人，要给他人留足面子，要让他有台阶可下。你必须耐心地倾听他人的诉说，等心里有了主意后，再去拒绝，他人就不会感到无地自容。

做人要有自己的一套，即使是拒绝的话也要说得动听些，把拒绝带来的遗憾缩小到最低限度。既不伤害对方的自尊与感情，又能取得对方的谅解与支持。

8. 拒绝领导有学问

不要因领导高高在上便不好意思拒绝，当然拒绝领导既要有勇气，也要讲究方法和技巧，以理服人，以情感人。

领导是人不是神，也有自身的弱点和不足，在有些问题上也会有考虑不周的时候，所以我们不能唯命是从，否则就会给我们带来不必要的伤害。

当领导委托你做某事时，你要善加考虑，这件事自己是否能胜任？是否违背自己的良心？然后再做决定。不能怕得罪领导就揽下活儿，如果到时你做不好还是一样使领导不高兴。所以，鼓起勇气拒绝还是很明智的。

例如有一位做后方检验的女员工小张，领导开会时让她与一名一线仪表维修工签订安全互保责任书，这位女员工觉得领导这样做是不妥的，是一种"瞎指挥"：后方做校验的和一线搞维修根本起不到互保的作用！但小张并没有在会上当场拒绝领导，而是在事后及时地找到领导，向领导陈述利弊，从而终于改变了领导的初衷。

但是拒绝领导"瞎指挥"，不光需要勇气，更需要讲究"艺术"，只要我们讲究一定的策略和方法，以理服人，以情感人，就一定能够化解由于拒绝而带来的种种不快和顾虑。

有这样一个小故事。

甘罗的爷爷是秦朝的宰相。有一天，甘罗看见爷爷在后花园走来走去，不停地唉声叹气。"爷爷，您碰到什么难事了？"甘罗问。

"唉，孩子呀，大王不知听了谁的挑唆，硬要吃公鸡下的蛋，命令满朝文武想法去找，要是三天内找不到，大家都得受罚。"

"秦王太不讲理了。"甘罗气呼呼地说。他眼睛一眨，想了个主意，说："不过，爷爷您别急，我有办法，明天我替您上朝吧。"

第二天早上，甘罗就替爷爷上朝了。他不慌不忙地走进宫殿，向秦王施礼。

秦王很不高兴，说："小娃娃到这里捣什么乱！你爷爷呢？"

甘罗说："大王，我爷爷今天来不了啦。他正在家生孩子呢，托我替他上朝来了。"

秦王听了哈哈大笑："你这孩子，怎么胡言乱语！男人家哪能生孩子？"

甘罗说："既然大王知道男人不能生孩子，那公鸡怎么能下蛋呢？"

聪明的甘罗巧妙地使大王放弃了自己的无理要求。也正因为如此，秦王才有"孺子之智，大于其身"的叹服。此后，秦王又封甘罗为上卿。现在我们俗传甘罗十二岁为丞相，童年便取高位，不能不说正是甘罗的那次智慧的拒绝、说服的才能，才使秦王开始看重他的。

甘罗之所以能让秦王放弃了吃公鸡蛋的想法。就是因为他在拒绝对方时很注重方式和技巧。相对于朝臣来说，秦王无疑是高高在上的"领导"，虽然谁都知道他的要求很过分，但直接拒绝恐怕不会起到什么效果。而聪明的甘罗巧借男人不能生孩子让秦王明白了自己的无理，既委婉含蓄，又能够以理服人，自然取得了预期的效果。

现实生活中也是如此，领导的要求不完全是合理的。我们也可以采取甘罗的方法，用委婉含蓄的方式拒绝对方。

拒绝领导的不合理要求，除了需要勇气和委婉以外，也不要立马回绝对方，我们设法给领导造成自己已尽全力的错觉，让他自动放弃其要求。甘罗的拒绝方式还能让秦王了解到大臣们虽然不能满足自己的要求，但对自己还是十分忠心的。

让领导自动放弃想法之前还需要做以下工作。比如你可以在领导提要求时说："您的意见我懂了，请放心，我保证全力以赴去做。"过几天，再汇报："这几天×××因急事出差，等下星期回来，我再立即报告他。"又过几天，再告诉领导："您的要求我已转告×××了，他答应在公司会议上认真地讨论。"这件事或许就会不了了之。尽管事情最后不了了之，你也会给领导留下好感，因为你已告诉他你在"尽力而做"，领导也就不会再怪罪你了。

拒绝领导是一件最棘手的事情，做不好就可能危及到自己的切身利益，如何能巧妙拒绝领导要求，又不伤害对方和自己的利益，这实在是一门学问。做人必须有自己的一套，以理服人，以情感人，让他觉得你很有诚意，已经做到了尽力而为，这样他也会有所理解。

9. 拒绝不该有的 "友情"

近朱者赤，近墨者黑。朋友有诤友与佞友之分。诤友帮
我们进步，佞友则可能令我们沾染坏习气。我们为人拒绝不
该有的 "友情"，弃友时决不能心软。

断绝与朋友的交往是一件十分痛苦的事情，很多人都没有决心与
朋友断绝关系。但是我们必须明白，所谓近朱者赤，近墨者黑，朋友
有诤友与佞友之分。诤友帮我们进步，佞友则可能令我们沾染坏
习气。

当你通过与某人长期交往，发现对方确实不能归为好朋友一类
时，就应该长痛不如短痛，收起你的菩萨心肠，在友情的大道上来一
个急刹车，有勇气与对方断绝来往。

与人绝交必须慎之又慎，并且我们这里说的与人绝交，也不是老
死不相往来，只是说拒绝与对方关系过密，从而珍惜自己的时间、精
力和金钱，去做自己应该做和更想做、更重要的事情。那么什么样的
朋友不值得我们深交呢，以下几类可供参考：

（1）靠不住的朋友应断交

交朋友时，应注意两厢情愿，不要强求。朋友的类型有多种，但
友情是互相的，即你的付出应有相应的回报，朋友之间应互爱互重、
互谅互信。

有些朋友在短期内似乎与你关系不错，但时间一长便发现他靠不

住，在这种情况下应当机立断，与之断交。

（2）志不同道不合即分手

真正的朋友，需有共同的理想和抱负，共同的奋斗目标，这是两人结交的基础，如果两人在这些方面相差极大，志不同道不合，是很难有相同话题的，人的兴趣也必然不同，这样两人在交往时只能互相容忍，无法互相欣赏，因此，容易造成分手。

（3）俗友不深交

朋友之间的谈话多涉及兴趣、爱好、志向及对某一事的看法。如果朋友只跟你谈物质利益，谈钱，则可将之归于"俗友"之列。"俗友"对你虽无大害，但长期交往下去，一则浪费你的时间，二则难免使你变"俗"，因此不宜深交。况且这种"俗友"一般很现实，当你处于危难之时他不会对你伸出援救之手支持你、帮助你，对这种朋友，仅做一般应付即可。

（4）悖人情者不应交

亲情、爱情都是人之常情，如果一个人的行为显示出他在人之常情中处事的态度十分恶劣，那么这种人是不能交往的。这种人往往极端自私，为达目的不择手段，并惯于过河拆桥、落井下石，因此，这种人不可交。

（5）势利小人不屑交

如果某人是非常势利、见利忘义的那种小人，这种人不合适作为朋友出现在生活中。

例如，有个企业，A当总经理时，一位高层职员经常到A家里坐，对A奉承一番，另外带一批上好礼物；而当A下台，B当上总经理时，这位高级职员马上到B家里送礼，并数落A的不是，将B捧为最英明的领导。在这种情况下，B领导听了群众的反映，果断地将这位高级职员冷落在一旁。

势利小人的一个通病是：在你得势时，他锦上添花；当你失势时，他落井下石。他不懂得什么是真诚，他只知道什么是权势。因此，这种人不能交往。

（6）酒肉朋友不可交

当你能给他实惠，他们看上去与你的感情很好，但当你真正需要他们帮助时，他们会一点表示都没有。

例如，有一位老师，同办公室的其他几位老师非常要好，经常一起出去喝酒。当他们酒后针贬学校的不是时，每个人都发了许多牢骚，而后来他们发的牢骚被校长得知，只有这一位老师要得到学校的处分，此时其他几位同事竟没有一个仗义执言，令这位老师十分伤心。

由上面这个例子可以看出，酒肉朋友靠不住。

（7）两面三刀不能交

有的人惯于表面一套，背后一套，对这样的人应该小心对待，更别说跟他交朋友了。

《红楼梦》里的王熙凤，被人称为"明里一盆火，暗里一把刀"，表面上对尤二姐客套亲切，背地里却置之于死地，与这样的人交往时，应多注意他周围的人对他的反映，与这样的人在短期交往中很难发现这种性格特征，但接触时间长了便会清楚明白了。

这种两面派是千万不能结交为朋友的，不然他会令你大吃苦头。

可见，做人要有自己的一套，在对待朋友这个问题上也要有自己的原则。朋友相交贵以诚。不能以诚相待者，特别是品质恶劣者又何妨不拒绝呢？

10. 拒绝别人的求爱也要恰到好处

拒绝别人的求爱，因为本身就是一件很残酷的事，所以更应注意好方式和方法。应该把握好拒绝的尺度，以尽量不伤害到对方为宜。

虽然被爱是一种幸福，但是，假如爱你的人并不是你喜欢的人，或者你还很讨厌他，你就不会感觉被爱是一种幸福了，你可能还会产生反感甚至是痛苦，这份别人对你的爱还可能给你带来负担。你会被这份多余的爱折磨得痛苦不堪，不知该如何去做。生活中处在这种矛盾中的人太多了。

其实此时，你应该有敢于拒绝对方。首先你应该知道，别人爱你，向你求爱没有错；你不喜欢对方，拒绝他的求爱也没有错。最关键的是看你怎样拒绝，如果拒绝得恰到好处，对双方都是一种解脱，也可以免去许多麻烦。如果你不讲方式，你就可能犯错误，不但伤害他人，说不定也会危害自己。

那么怎样对爱你的人说出你的不爱，并在不伤害对方的情况下，让他接受这个事实呢？

拒绝求爱的方法有多种，比如从形式上来说，可以用书信，可以口头交谈，也可以委托别人。但不管用什么样的方法，一定要做到恰到好处。恰到好处的拒绝别人的求爱，你可以参考一下几点：

（1）直言相告，以免误会

你若已有意中人，又遇求爱者，那么就直接明确地告诉对方，你已有爱人，请他另选别人，而且一定要表明你很爱自己的恋人。同时，切忌向求爱者炫耀自己恋人的优点、长处，以免伤害对方自尊心。

（2）讲明情况，好言相劝

倘若你认为自己年龄尚小，不想考虑个人恋爱问题，那就讲明情况，好言劝解对方。

（3）婉言谢绝

倘若你不喜欢求爱者，根本没有建立爱情的基础，可以在尊重对方的基础上，婉言谢绝。对自尊心较强的男性和羞涩心理较重的女性，适合以委婉、间接地方式拒绝。因为有这类心理的人，往往是克服了极大的心理障碍，鼓足勇气才说出自己的感情，一旦遭到断然的拒绝，很容易感觉受伤害，甚至痛不欲生，或者采取极端的手段，以平衡自己的感情所受的创伤。因此拒绝他们的爱，态度一定要真诚，言语也要十分小心。你可以告诉他（她）你的感受，让他（她）明白你只把他（她）当朋友、当同事或者当兄妹看待，你希望你们的关系能保持在这一层面上，你不愿意伤害他（她），也不会对别人说出你们的秘密。

你不妨说："我觉得我们的性格差异太大，恐怕不合适。"

"你是个可爱的女孩，许多人喜欢你，你一定会找到合适的人。"

"你是个很好的男人，我很尊重你，我们能永远当朋友吗？"

"我父母不希望我这么早谈恋爱，我不想伤他们的心。"

如果这些自尊和羞涩感都挺重的人没有直接示爱，只是用言行含蓄地暗示他们的感情，那么，你也可以采取同样的办法，用暗含拒绝的语言、用适当的冷淡或疏远来让他（她）明白你的心思。

要记住，拒绝别人时千万不要直接指出或攻击对方的缺点或弱点，因为你觉得是缺点或弱点的东西，对自己或某些人也许并不认为是缺点。所以，不能以一种"对方不如自己"的优越感来拒绝对方。

特别是一些条件优越的女青年，更不能认为别人求爱是"癞蛤蟆想吃天鹅肉"一推了之，或不屑一顾，态度生硬，这样会让人难以接受。

（4）冷淡、果断

如求爱者是那种道德败坏或违法乱纪的人，你的态度一定要果断。如果是写拒绝信，语气要冷淡，对这类人也无必要斥责，只需寥寥数语，表明态度即可，但措词语气要严谨，不能使对方产生"尚有余地"的想法。

对嫉妒心理极强的人，你采取的态度不必太委婉，可以明确地告诉他（她），你不爱他（她），你和他（她）没有可能，这样可以防止他（她）猜忌别人。如果你另有所爱，最好不让他（她）知道，否则可能加剧他（她）的妒恨心理，甚至被激怒而采取极端的报复行为。

另外，对方在你回绝后，如果还一个劲地缠住你，那么你首先要仔细检查一下自己的回绝态度是否明确和坚决。拒绝首先是一种态度，如果实在无法摆脱纠缠，特别是若对方威胁你，一定不要害怕，适当地采取保护自己的措施，求助于双方的领导和父母，事情终究会得到妥善解决。

可见，我们做人，即使是在处理恋爱这样的个人问题上也应该有自己的原则和立场，有自己的一套才行。喜欢就是喜欢，不喜欢就是不喜欢。不喜欢的话就要拒绝，当然必须恰到好处，特别是要以不伤害对方和保护好自己为前提。

第六章

你这一套要能识破
对方心思，见机行事

想要成功做人，首先就要了解别人。识别他人不是一件容易的事，苏东坡就曾感慨："人之难知也，江海不足以喻其深，山谷不足以配其险，浮云不足以比其变！"因此，我们要想识别对方心思，就要练就一双慧眼，学会察言观色的本领，全面感知，深入了解他的人品和学识，既要了解其气质、性格、能力，还要了解其兴趣、品行修养等。识人既需细心，见微知著，还要经过时间去检验，日久见真心。唯有如此才能深入地了解一个人，看到他的本来面目。当然，我们识别一个人，最终的目的还是见招拆招，灵活做人。

1. 知人知面更要知心

　　识别一个人，如果只看他的表面，不深入了解他的内心，往往容易看走眼。要想全面了解一个人，必须既识面又识心。知人知面要知心，这是知人的一个基本定律。

　　我们在社会中与他人交往，必须多长个心眼，要有自己的一套。因为人心是很复杂的，有时对方会隐藏起自己的真实意图，不让你轻易看穿。你在如何与这样的人打交道，还仅仅去看他一时的外在表现，往往不能对其作出全面的了解。

　　卡耐基曾讲过这样的故事：一个热爱生活的人企望得到人类最美好的物质和精神财富，于是他四处寻求。路上，他碰见一个背着袋子的人，他上前说："把你的袋子里鱼给我一条吧，我看见它们还在袋子里翻动呢。"可是那人停下来，伸手从袋中抓出一条蛇给了他。

　　他继续向前走，看见一个提篮子的少妇，他上前说："把你篮子里的人参给我一支吧，据说那是药中珍品呢。"可是少妇停下来，伸手从篮中拿出一支罂粟给了他。

　　他继续朝前走，看见一个富有的人，他上前说："把你的慷慨给我一点吧，让我做一个乐善好施的人。"可是富人解开衣襟，从怀中掏出一把吝啬递给了他。

　　卡耐基讲述的这个故事告诉我们：与人交往绝不能停留在对他的表面认识上，要深入查探他的真实意图，否则往往弄巧成拙。

现实生活中也有不少人因为在与人交往时，知人知面不知心，不能全面深入地识别他人，导致被人欺骗或者利用，这不得不说是给我们的深刻警示。

有这样一位叫张兰的女士，本来在一家公司工作，后来想重新回学校上学，而这个是她经过深思熟虑作出的决定。经过努力，她考取了那所大学的研究生。

入学通知书来了，她打算推荐部门里的同事陈红顶替自己的职位，平时虽然没有什么深交，但是在几次谈判中张兰观察过陈红的表现，话不多，思路清晰。而且，她看得出陈红是有野心的。张兰始终相信，有点儿野心的人对工作也会更加卖力。

然而，令张兰想不到的是自己还没有提出辞呈，公司人事部的主管已经找上门来了，说有人举报她在外面兼职，希望她讲讲清楚。张兰干脆提出了辞职，自己这个部门小主管的位置也会有人觊觎，实在是有点好笑。当然，对于是谁举报的她，她也一无所知。因为要离开公司了，所以她也并不想追究。

张兰开始移交工作了，她推荐陈红的建议被公司采纳，陈红果然成了她的替补。虽然自己是个要走的人，可是张兰发现陈红还是十分谦恭，而且，对于张兰的离去，陈红愤愤不平，觉得公司这样做是多么地不公平，这些话让张兰听来当然十分顺耳。于是，两人的关系变得密切多了，很多在正常移交工作范围外的人脉关系、经验教训，张兰也毫无保留地告诉了陈红，甚至还把自己准备好的新方案也交给了陈红。离开公司的时候，张兰觉得能有陈红这样热情正义的同事也算是一件愉快的事。

离开之后，她们没有再联系。几个月以后，在旧同事的婚礼上晓莉坐在张兰的旁边，张兰和她聊起公司的事情，又问起陈红的情况。可是晓莉的话却让张兰大吃一惊：原来，当初到人事部门去检举张兰的就是陈红，晓莉是老板的秘书，常常看见陈红去找老板打"小报告"。而且张兰离开以后，陈红给原来的客户发了邮件，说张兰因为触犯了公司的规定被解聘，还说最近因为自己出色地制订了新年的计划而得到了老板的奖励……可是那些方案明明就是张兰当初移交给陈红的。张兰笑笑，怅然若失。原来真诚的自己竟成了陈红手中的一颗棋子。知人知面不知心的古训听了多少次，可眼睛却依然被那张笑的灿若春华的脸蒙蔽，怪不得，古人还说："先小人，后君子"。

可见，我们与人交往，必须要对其有一个比较全面的了解，知人知面要知心，这是知人的一个基本定律。多观察、多发现、多了解，透过表面现象看到其内心，才能更好地认识一个人。

2. "好眼力" 观人于微而知其著

识破人心要以敏锐的观察力和准确的判断力穿透对方表面的慎重与矜持，这就是所谓的"好眼力"。见微知著，好眼力从细节末节处便可透视一个人的内心。

我们说，知人知面要知心。了解他人的内心远比了解一件物品的特性重要，这是人生中至关微妙的事情。从一个人为人处世的细节之处，便可推测其品性。而这样的好眼力，是一个与人交往所必不可少的。

日本曾有这样一个传说，永禄时期，力量最雄厚的是北条氏康，他称霸于关东一方。有一次，北条氏康在战场上同长子氏致一起吃饭，可以想象战时的饭食是很简单的，只有米饭汤。然而，长子氏致吃着吃着又往饭里加了一碗汤。这件事北条氏康看在眼里，记在心上。他马上产生了联想，为什么氏致连自己饭量有多大都没有数呢？从吃饭吃到一半时又加一碗汤看来，至少可以认为氏致是个没有远见的人。北条氏康的担心不幸变成了事实。30年后，氏致终于因为缺乏远见，被丰臣秀吉的大军围困，同弟弟氏照悲惨战死。称雄一时的北条世家从此日趋灭亡。

言为心声，一个人的内心往往能体现在外在的行为上，我们可以通过一个人行为举止的细微之处，特别是其与人沟通交流时的细节来识别此人的本来面目。例如：

（1）爱发牢骚是一种不能言传的骄傲和自大，不满意他人在某方面超越自己。如"拿手术刀的不如拿剃头刀的，搞导弹的不如卖茶叶蛋的"，这是典型的知识分子牢骚。发牢骚的人大多自视清高，当现实中无法保持他们这种优越地位时，就借发牢骚来宣泄。

（2）恶意责备的人多半是想满足自己的支配欲望和自尊心。他们常爱抓住别人的毛病小题大做，横加指责，这种人对他人尖酸刻薄，自尊心较强，具有支配他人的欲望。

（3）说话好诉诸传统的人大多思想保守。这种人不管什么新事物出现，都好用传统的东西作为评价标准。这类人多数是经验主义者，其思想保守、僵化，也表明了其顽固不化的心理。

（4）说话好看风使舵的人大多无原则性。在生活中，许多人说话时是以听话对象为转移的。他们自己没有一定的主见，完全是"看人下菜"。契诃夫称这种人为"变色龙"，他通过同名小说的主人公奥楚蔑洛夫活画出了这种人看风使舵的嘴脸。这种人做人处世毫无原则，如果有必要，他们可以朝令夕改。

（5）说话暧昧的人大多数喜欢迎合他人。这种人说同一句话既可这样解释，又可那样解释，含糊其辞，这种人处世圆滑，从不肯吃亏，懂得如何保护自己和利用别人。

（6）经常对他人评头论足，论长道短，说明这个人嫉妒心重，心胸狭窄，人缘不好，心中孤独。如果他对诸如别人不跟他打招呼之类的小问题耿耿于怀，说明他在自尊心上受挫，渴望得到别人的尊重。有些人常以领导的过失和无能为话题，则表明他自己有出人头地、取而代之的愿望。

见微知著，从细微之处识人，还要注意一个人的行事风格。例如从下棋、打麻将这样的小事中，也能推断出对方的性格与人性的种种面貌。

下棋时容易争吵的人；未考虑自己的局势，便想轻取对方棋子的人；保全自己棋子，再吃对方棋子的人；绝不吵架的人；不管对方，而以自己的速度下棋的人；毁灭型、细心型、推托型、极度在意胜负型、见树不见林（不顾全局）型、固执型、干脆型等等，均可由此意外地发现这个人的另外一面。

同样，在打麻将时，各人的做法，也表现出他的性格：逞强型、败弱型、胆小型、一着定江山型、慎重型、矛盾型、忍耐型、紧追不舍型，混合型……种种不同类型的性格，复杂而有趣。

在兴趣方面表现出来的性格，大致上便可表现出其人平日的性格、态度。然而，了解了对方的性格或想法，不一定就能决定胜负，此外，读书的倾向、读书的方法，也可当作推测的材料，或者也能利用对方所喜好的电视节目来了解他的心理；此外，通过打高尔夫、打台球等游戏的方法，或喝酒的习惯动作，只要仔细观察，都可从中推测出对方的性格。

练就一双好眼力，多对周围的人进行观察，包括对方的言行、处事原则，进而对其内心进行剖析，方能成为真正的看人专家，少些捕风捉影的错误，达到"观人于微而知其著"的境界。

3. 路遥知马力，日久见人心

路遥知马力，日久见人心。时间是最能检验一切的真理，也包括人心。做人要有自己的一套，就要用好眼力来看破人心，用时间去检验人心。

看人是一门很高深的学问，据说有的人从走路方式和表情，即可判定一个人的性情。

如果你也有这种功夫，那么就不怕碰上心术不正的人了，不过那种看人的功夫不是谁都能学得到的，也不是三两天就能学得到的，而且，你还不一定会有耐心去学。可是我们每天都要和许多不同性情的人共事、交往、合作，对"看人"没有一点儿能力还真是不行。

不过你若无研究，千万别把书上看来的那一套面相学搬到现实生活中使用，因为这会使你看错人，把好人看成坏人，或是把坏人看成好人。把好人看成坏人对自己来说没有太大关系，但若是把坏人看成好人，那对自己的伤害可就太大了。那么我们要如何来看人呢？有一位专家在谈到这个问题时，提出这样的建议：用"时间"来看人。

所谓用"时间"来看人，就是指通过长期观察，而不是在见面之初就对一个人的好坏下结论，因为太快下结论，会因你个人的好恶而发生偏差，从而影响你们的交往。另外，人为了生存和利益，大部分都会戴着假面具，你所见到的是戴着假面具的"他"，而并不是真正的"他"。这是一种有意识的行为，这些假面具有可能只为你而戴，而扮演的正是你喜欢的角色，如果你据此判断一个人的好坏，并进而决定和他交往的程度，那就有可能吃亏上当或气个半死。

用"时间"来看人，就是在初次见面后，不管你和他是"一见如故"还是"话不投机"，都要保留一些空间，而且不掺杂主观好恶的感情因素，然后冷静地观察对方的行为。

一般来说，人再怎么隐藏本性，终究要露出真面目的，因为戴面具是有意识的行为，时间久了自己也会觉得累，于是在不知不觉中会将假面具拿下来，就像前台演员一样，一到后台便把面具拿下来。假面具一拿下来，真性情就显露了，可是他绝对不会想到你会在一旁观察他。

用"时间"来看人，你的同事、伙伴、朋友，一个个都会"现出原形"。你不必去揭下他的假面具，他自己自然会向你呈现真面目，展现真实的自我。

所谓"路遥知马力，日久见人心"，用"时间"来看人，对方真是无所遁逃。

用"时间"特别容易看出以下几种人：

（1）不诚恳的人

因为他不诚恳，所以对人、对事会先热后冷、先密后疏，用"时间"来看，可以看出这种变化。

（2）说谎的人

这种人常常要用更大的谎言去圆前面所说的谎话，而谎话说久了，就会露出首尾不能兼顾的破绽，而"时间"正是检验这些谎言的利器。

（3）言行不一的人

这种人说的和做的是两回事，但通过"时间"，便可发现他的言行不一。

事实上，用"时间"可以看出任何类型的人，包括小人和君子，因为这是让对方不自觉的"检验师"，最为有效。

至于多久的时间才能看出一个人的真性情真本质，如果是许多年，这似乎长了些，但如果说只需一个月又短了些。那么到底多长的时间才算"标准"？这并不能做出规定，完全因情况而异，也就是说，有人可能第二天就被你识破，而有人两三年了却还"云深不知处"，让你摸不清楚。

因此与人交往，千万别一头热，先要后退几步，并给自己一些时间来观察，这是最起码的保护自己的方法。

识别人心的正确途径就是要经过较长时间的观察，有的人隐藏得很深，不是轻易就能被你识破的，然而，大浪淘沙ｆ，方知金子的韧性，做人要想成功，必须具备足够的耐心，在时间的长河中观察他、识别他。

4. 观其眼神，察其心思

眼睛既是心灵的窗口，也是观察别人内心的门户。通过人的眼神分辨人品，是识破人心的有效途径。

泰戈尔说得好："任何人一旦学会了眼睛的语言，表情的变化将是无穷无尽的。"

有时，眼睛也会说话，一个人的内心活动，经常会反应到他的眼睛里，眼睛所传达出来的信息，要比其他部位多得多。心之所想，透过眼睛就能表达出个大概，这是每个人都隐瞒不了的事实。观察一个人的"眼神"，是辨别一个人好坏的有效途径。眼神正其人品大致正直，眼神邪其人品大致奸邪。

经验告诉我们，人的内心隐秘、内心冲突，总是会不自觉地通过变化的眼神流露出来。

《孟子·离娄上》中有一段用眼睛判断人心善恶的论述："存乎人者，莫良于眸子。眸子不能掩其恶：胸中正，则眸子瞭焉；胸中不正，则眸子眊焉。"

眼神的状况，对于认识一个人来说是非常重要的。

眼神清的人，通常表示此人清纯、澄明、无杂念、端正、开明；眼神浊的人，往往昭示此人昏沉、驳杂、粗鲁、庸俗和鄙陋。

在希腊神话中有这样的故事，有三个姐妹，外人只要一接触其中的一位名叫梅德莎的眼光，便立刻化为石头。这个神话故事意在说明眼神的威力。人们在日常生活和工作中，假如忽略了别人的眼睛，就无法窥探对方内心世界的微妙变化。一般情况下，人们很难彻底隐瞒内心的想法，即使有人摆出一副无表情的脸孔，但刻意的做作并不能维持长久。老年人常说："听别人讲话，或对别人讲话，要注意对方的眼睛。"有的人交谈时不看对方的眼睛，多数情况下，是胆小、没有信心、怕难为情、畏缩。情侣初次相会，常常这样。

一直观察对方的眼睛，会感觉视觉的疲劳。这里所说的"看眼睛"，并非真的凝视，而是观察对方视线的活动。通过了解一个人的视线活动状况，就能大致完成与他人之间的圆满交往和心灵沟通。

一个人的视线可以通过不同的角度来了解。

（1）对方是否在看着自己，这是一个关键。

（2）对方的视线如何活动，或者是视线刚接触立刻就挪开，他的心理状态肯定是有所不同的。

（3）视线的方向，即对方观察自己时是正视还是斜视。

（4）视线的集中程度，即是否是专心致志地看自己。

（5）视线的位置，通过对方视线的方位移动，来考察他的内心动向。

三国时的诸葛亮是一个通过眼神识别人物的高手。

当时，曹操派刺客去见刘备，刺客见到刘备之后，并没有立即下手，而是与刘备讨论削弱魏国的策略，他的分析，极合刘备的意思。

不久之后，诸葛亮进来，刺客很心虚，便托词上厕所。

刘备对诸葛亮说："刚才得到一位奇士，可以帮助我们攻打曹操。"

诸葛亮却慢慢地说："这个人见我一到，神情畏惧，视线低而时时露忤逆之意，奸邪之形完全泄露出来，他一定是个刺客。"

于是，刘备连忙派人追出去，刺客已经跳墙逃走了。在瞬息之间，透过眼神的变化，看出一个人的目的和动机，固然需要先天的智能，但更多的是靠后天的努力，因为这种智能是在环境中磨炼和培养出来的。诸葛亮能够看透此人，主要是从他的眼神闪烁不定中发现破绽的。而生活中，常有些仪表不俗、气宇轩昂之辈，想一眼识破他的行径，可能就比较困难了，王莽就是这种类型的人。

王莽这个人在历史上的名声并不太好，但就他本人的才能而言，在当时也算得上是一个极其难得的人才。

新升任司空的彭宣看到王莽之后，悄悄对大儿子说："王莽神清而朗，气很足，但是眼神中带有邪狭的味道，专权后可能要坏事。我又不肯附庸他，这官不做也罢。"于是上书，称自己"昏乱遗忘，乞骸骨归乡里"。从眼神上来分析，"神清而朗"，指人聪明俊逸，不会是一般的人；眼神有邪狭之色，说明为人不正，心中藏着奸诈意图。王莽可能也感觉到了彭宣看出一些什么，但抓不到把柄，恨恨地同意了他的辞官，却又不肯赏赐养老金。

做推销工作的人如果不具备用眼睛观察对方的能力，是很难胜任这个工作的。一个成功的推销人员，在业务上往往能够游刃有余，无往而不胜。

心理学家珍·登布列在《推销员如何了解顾客的心理》一文中说道："假如一个顾客眼睛向下看，而脸转向旁边，表示你被拒绝了；如果他的嘴是放松的，没有机械式的笑容，下颌向前，他可能会考虑你的提议；假如他注视你的眼睛几秒钟，嘴角乃至鼻子的部位带着浅浅的笑意，笑意轻松，而且看起来很热心，这个买卖大概就有希望了。"

一个人的眼睛往往是他灵魂的忠实解释者，眼睛是上帝赐给人类的礼物。一个人所思所想很多时候会通过他的眼神表现出来，通过观察一个人丰富的眼睛语言，也可以在某种程度上对他有一个大致的了解和认识。而我们做人要有自己的一套，就要学会从眼睛这扇心灵的窗户去窥探一个人的内心。学会"读眼术"，对自己灵活做人是大有裨益的。

5. 识破对方心思也要用点小手段

　　当凭借单纯的观察无法揣摩出对方心思时，我们可以稍微用点小手段，刺激或者诱导对方开口或者行动，如此便可发现对方的破绽和真正意图。

　　相信有很多人都渴望有面可以照射人心的镜子，以避免人际关系中的揣摩之苦。我们都希望能够根据表情、动作，可以看穿对方心理，然而在形形色色的人中，有些人面无表情令人难以捉摸。

　　例如，专注地盯着眼前的商品把玩的顾客，到底是为了消磨时间还是真的想购买呢？此时单纯从对方的表情不大好猜透对方的心思，对这种人的了解只能是诱使他开口。然后再从对方的反应去窥探对方的真正意图。

　　当然，若要诱导人们的真心必须积极主动地出击以判断其反应，这时当然需要一点儿心理上的技巧。

　　例如，人际往来中最难以掌握的就是揣摩对方是否对自己有好感。实际上对方有否好感在反应上会有某些不同的表现。当我们无法直接观察到对方对自己有何感觉时，可以采取一点儿小手段，主动出击，比如凝视对方，故意目不转睛地盯着对方的眼睛谈话。如果对方是异性而对你有好感，当你盯着她瞧时，她也不会岔开视线，她的眼睛会一眨也不眨地凝视着你。在这个时候轻声地说些甜言蜜语，会使她的眼神变得柔和。

另外，在交谈中不妨故意拂逆对方的意见处处给予反驳。接连数次向对方表示"不"。

如果是平常对你抱有好感、赏识你的人品的人，稍微让他感到焦躁并不碍事。但若是对方的态度急速地转变，并抗议道："喂，你先听我说完吧！""和你这种人谈话真讨厌！"此时如果不是对方遇到了不顺心的事，便是对你并无多大亲近感。

采用一些小手段，刺激对方，也可以识别一个人的真心。

例如，审问犯罪嫌疑人的刑警，读心技术都相当高明。他们通常软硬兼施，有时声嘶力竭、狂然大怒；有时又优雅地点起一根烟，谆谆教诲说起道理来。如此收放自如的态度，即使再凶恶的犯人，也终会就范，伏首认罪。

犯罪者也是人，在突然听到刑警说："你的父母会如何的伤心哪！"或"你家里的妻儿，真是可怜！"时，多半也会情不自禁自言自语道："是我拖累了他们！"

但是，这是用在刑警与犯人之间特殊情形的方法，我们在平常绝少需要用到软硬兼施的手法。然而，刑警所用来对付犯罪者心理不安的方法，倒是可以广泛运用在一般的事务中。

这个方法，任何人都可在日常生活中使用。例如：责骂小孩子时，便可简单运用"再捣蛋，叫警察来把你抓走！"或"成天游玩，长大就成废物了！"等手法。但是，重要的事情，就需详加斟酌，再有效地运用。

在与商业对手往来时，也可以说："谈不妥的话，将有很大的不良影响呢。"这样的话，在无形中打击对方，高明地挑起他心理的不安。人都有心理不安、感情脆弱的通病，能破坏对方精神的平衡，使他自乱阵脚，胜利必定属于你。

另外，识别一个人的真正心思，还可以采取试探的方法。因为人都有各种欲望，而人生在世，大多以达成欲望为最大的目的。有人为达成目的，用尽所有的计策，想尽所有的办法，甚至杀人越货也在所不惜。换句话说，这种人是在追求欲望、滥用欲望，而为欲望所支配了。

对人而言，没有比欲望更有诱惑的。掩饰人的双重、三重性格或隐藏本性的假面具，便是为了满足欲望的手段。因此，了解对方的欲望，便能推测出对方的心意。例如：在商业上的往来，可因此推测出对方是否会想收到回扣或贿赂，若对方沉迷于球赛或酒馆而需要金钱时，这个方法便更有效。

任何人都多少有些欲望，从极大的野心，乃至极小的愿望，都各自存在于人心中。有的人会若无其事地将心中的欲望说出来，有的人则会暗自藏在心底，但若根据对方的行动，以及对事物的想法，便不难刺探、推测出。

例如：借机与商业对手交谈。无论是喝酒、麻将、兴趣……所有的话题，都可逐渐引出对方的兴趣。而且，又可反过来了解对方对自己的态度、容貌所持的评价。

当谈到对方的工作时……

"你大概就要升任科长了吧？"

试着刺探对方的心意。

"哦！不……"摇摇头。再看看对方的表情，好像有所暗示，由此可知，必有愿望藏在他的心中。如果对方非常郑重地表示：

"实在没有道理！以我的能力，竟无我一席之地！"

听到这类的回答，便知对方的欲望不在于此，在其他方面，而将工作的不满发泄在兴趣方面，但是，公事究竟是公事，对方即使想升任科长，也绝不会忽略他目前担任的工作。

可见，在日常生活中为人处世都要有点心机才好，当静观对方无法识别其心思时，可以主动出击，采取一些小手段，试探也好，刺激也罢，总之是从对方的反应来窥探其内心。当识别了对方真正意图时，你便可见机行事了。

6. 细心察言，灵活说话

知己知彼，百战不殆。察言观色，识别对方心思的目的
是为了自己能够更灵活的为人处世。做人要有自己的一套，
就要学会"看对方脸色行事"。

在生活中，经常听到这样的抱怨：晚辈怪长辈偏心，下属怪领导
只心疼心腹，业务员怪老板只看重主管……一味地认定是对方不能一
碗水端平，似乎很少有人会检讨一下，为什么那些人会讨人喜欢，让
人疼。其实道理很简单就是因为那些人拥有别人所没有的优势，才会
受到不一样的对待。

而这样的优势一方面与对方的能力有关，更为重要的是这些人在
领导面前很吃得开，他们能够轻易察觉领导的情绪反应，然后见机行
事、灵活应付。而有的人之所以不被领导重视，甚至得罪领导，就因
为其不会看领导脸色说话。"知己知彼，百战不殆"，说话也要认这
个理。

按常理来看，话都不是对着自己说的，那么就得看看对方脸色，
尤其是在跟领导说话的时候，细心地观察其脸色，再适当地表达，才
不会出错。当别人烦躁的时候，却凑上去嘀嘀咕咕；或是人家正兴高
采烈，却一不小心浇他一头冷水，都是太不知趣了。因此，如果要让
对方同意自己的想法，更是要看看对方的脸色，再选择合适的表达方
法。所以，看人脸色过日子没什么不对，反而是那些从来不去管别人

感觉的人，才需要好好反省一下。

乾隆时期，腰杆子一向颇直的刘墉就是一个例子，他的能力强、有原则，而且沟通起来机灵得很，让乾隆皇帝不宠爱他都不行。

有一回宰相刘墉陪乾隆皇帝聊天，乾隆很感慨地说："唉！时光过得真快，就快成了老人家喽！"

刘墉看看皇帝一脸的感伤，于是说："皇上您还年轻哩！"

"我今年45岁，属马的，不年轻啦！"乾隆摇摇头，接着看了一眼刘墉问："你今年多大岁数啦？"

刘墉毕恭毕敬地回答："回皇上，我今年45岁，是属驴的。"

乾隆听了觉得很奇怪，于是就问："我45岁属马，你45岁怎么会属驴呢？"

"回皇上，皇上属了马，为臣怎敢也属马呢？只好属驴喽！"刘墉似笑非笑地回答。

"好个伶牙俐齿的刘罗锅！"皇上抚掌大笑，一脸的阴霾尽失。

通过观察，可以洞察先机，知道对方的想法，就算觉察对方有不同的意见，心里也有数，可以在心里有所准备，事先化解；也可以针对别人的反应，妥善安排自己的进退应对，适时给予鼓励赞美，把话说在适当时机，刚好说进对方的心坎里；发现对方不悦，临时刹车，避免沟通恶化，见风转舵随机应变，事情就不会搞砸了；随时留心对方的脸色，适可而止地指责，让对方有个台阶下。这样子的沟通，一切都掌控在自己的手中，还能不顺畅吗？

那么，如何根据领导的情绪来说顺耳话呢？

和领导说话的时候，要慢半拍，仔细看看对方的表情，判断一下自己的这句话会引起什么反应。

传递坏消息时："我们似乎碰到一些状况……"你刚刚才得知一件非常重要的工作出了问题，此时，你应该以不带情绪起伏的声调，从容不迫地说，千万别慌慌张张，也别使用"问题"或"麻烦"等字眼，要让领导觉得事情并非无法解决。

领导传唤时说："我马上处理。"冷静、迅速地做出这样的回答，会令领导直觉地认为你是有效率听话的好下属。

表现出团队精神时说:"莎拉的主意真不错!"莎拉想出了一个连领导都赞赏的绝妙点子,趁着领导听到的时刻说上一句,做一个不忌妒同事的下属,会让领导觉得你本性善良、富有团队精神,因而另眼看待。

闪避你不知道的事时说:"让我再认真地想一想,三点以前给你答复好吗?"当领导问了你某个与业务有关的问题,而你不知该如何做答时,千万不可以说"不知道",可利用本句型暂时解危,不过事后可得做足功课,按时交出你的答复。

人生是复杂的,决不能把喜怒哀乐不加考虑就胡乱释放,如果表达不够适当,就有可能招来很多祸患。有些事情不用语言就可以为人所感知,你还没说话呢,就已经告诉别人你要干啥了,这等于变着法儿伤害了自己。

因此,我们为了在现实中更好地生存,就要有自己的一套,练就察言观色的本领,看对方的"脸色"行事,才能更加灵活周旋。

7. 摸透对方心思，给他设个"套"

　　做人一定要心灵眼快，在想要做成一件事而又遇阻碍的
时候，一定要摸透对方心思，不妨适时地给对方设一个
"套"，只要设计得巧妙，不怕对方不中招。

　　一个人做事，免不了遇到求人的时候，而求人办事，有时候不是
那么容易的。倘若不动点心思，说话直来直往，被人拒绝的可能性就
会非常大。如果稍微动点脑筋，看准时机，巧妙地给对方下个"套"，
往往很自然地就能达到自己的目的。做人就是要心明眼快，才能更容
易洞察对方心思。

　　第二次世界大战中期，东条英机出任日本首相。因为此事是秘密
决定的，在未获得正式消息之前，各报记者都很想探得秘密，竭力追
逐参加决定会议的大臣采访，但是这些大臣却嘴巴都很严，守口如
瓶，记者们虽然经过了很多努力，却还是一无所获。

　　有位记者这时候有心研究了大臣们的心理定势：大臣们肯定不会
说出是谁出任首相。但是如果把问题提得巧妙，即使对方不想说出答
案，还是可能会不自觉地露出某种迹象，就有可能探得秘密。于是，
他不动声色，采访一位参加会议的大臣时，并没有向其他记者那样直
接询问是谁出任新首相，而是提了这样一个问题：此次出任首相的人
是不是秃子？

　　因为当时有三名候选人：一是秃子，一是满头白发，一是半秃

顶，这位半秃顶就是东条英机。这看似无意的闲谈，这位大臣没有仔细地考察到保密的重要性，虽然他也没有直接回答出具体的答案，聪明的记者，从大臣思考的瞬间，就推断出最后的答案，因为大臣在听到问题之后，一直在思考半秃顶是否属于秃子的问题。记者从随意的闲聊中套出了他需要的独家新闻。

事例中的那位聪明的记者虽然也很想得知问题的答案，但不是如其他记者那样，喋喋不休地竭力追问，让对方一下子就看穿你的意图，拒绝回答，而是仔细分析当时的形势，不动声色的提了一个很巧妙的问题，充分利用对方的心理，给对方设了一个套子，让对方在无意间中招，最终探得了想要的秘密。

宋明是某研究所的高级工程师，和妻子两地分居10多年了，钱花了很多，礼也送了不少，可妻子就是调不过来。

这事搞得宋明筋疲力尽，但又无可奈何。此时，在他妻子调动过程中起关键作用的某局换局长了，新上任的局长是从外地来的朱局长，宋明听说这位朱局长能急人之急，为群众办真事、急事，他先了解了几个受朱局长帮助的例子，然后登门拜访。

他一开始没谈自己此行的目的，先列举了朱局长比较突出的政绩，说他是真正为人民做实事的公仆。朱局长也很谦虚，说："哪里，哪里，他们的确是有困难，有的已经分居好几年了，就是调不到一起，我只做了我应该做的事。"

到了这个关口，宋明就提出了自己的问题："朱局长，我也有点小事，需要麻烦您，我和妻子已经两地分居10多年了，一直没有得到解决，本来不打算找了，后来听大家都在说您的政绩，心中仰慕，便来请您帮帮忙。"接着宋明介绍了一下自己的情况，朱局长让他回去静候佳音。果然，一纸调令到手，宋明妻子调过来，全家团聚。

在这个事例中，宋明是有求于人的。他所求的虽是局长的分内事，并且考虑到这位局长名声较好，所以他并没有一开始就步入正题，而是先谈到对方取得的成绩，将对方置于一个很高的位置，然后适时地提出与之相关的要求。即使对方不是如局长这样真心为替人解忧的人，在这样的情况下，也往往骑虎难下，拒绝你的可能性就会非常小，你的要求被满足的几率也会最大。

现实中这样的例子可谓不胜枚举，在直接的诉求无法获得认可的情况下，聪明人往往都会开动脑筋，思考另外可行的办法。我们做人一定要具备这样的意识。社会生活中，与人交往，求人办事，耍点小脑筋是很有必要的。

当然，要想让对方按着你的要求走，就必须事先对形势有所把握，摸透对方的脾性和心思，只有这样，你才能见机行事，给对方下一个合情合理的"套"子。否则，胡乱下套，是"套"不住对方的。当然，做人要讲究原则，给人下"套"不能违背道德和法律，否则可能造成不必要的麻烦。

8. 留心他人意图并尽力满足之

弄明白一个人的想法很关键，了解一群人的心思更重要。多留心人们的意图，并尽最大的努力去满足他们的要求，那么无论是做人还是做事，都更容易获得成功。

做人不应该莽撞行事，如果你不了解人们的喜好，不知道他们心里想的是什么，做起事来就会抓瞎。而如果你能多多留心人们的想法，在办事的过程中尽量去满足他们的要求，往往能被人青睐，从来获得成功。

我们来看一下商界巨子约翰·华纳的发迹史。

华纳23岁时，在费城第六街与菜市街交接处开了一家店面，这是他有生以来开的第一家店。大家都以为在几个月之内，这家店一定会破产倒闭的。

他从14岁给别人送报起，就开始积攒资金，但他的积蓄只够和他的合伙人购办店内陈列的商品，所以，在一般人看来，约翰·华纳的资本实在是有点少，更不合时宜的是，当时正赶上国家经济萧条又面临内乱。

然而，出人意料的是，他竟取得了巨大的成功。现在，我们都知道华纳已是美国著名商人中的一员了。那么，他究竟有什么过人之处，在大家普遍不看好的经济低谷中，竟能取得惊人的成功呢？

据说，营业之初，他就抛弃了过去那种司空见惯的商业手段，而运用了一种使人备感新鲜的商业方法。之后，他发明了一种又一种全新的商业方案，几乎每次革新都受到攻击，然而，他终于引领了当时的整个营业制度。

其实，他的方法很简单：他非常注意了解顾客的心理需求，并一直尽力去寻找使顾客满意的新方法。他永远地保存着一份心思，那就是不断地研究顾客们的心理。

研究顾客心理，并尽量满足他们的要求，这就是华纳成功经营的策略。即使到如今，他的铺子已扩大到像一座百货迷宫了，我们仍旧可以发现：他每天总要抽出一段时间在自己的百货店里检视一番，他甚至还亲自去接待一些顾客，整理一些货物，倾听人们对他的商店的意见和建议，了解人们想什么，需要什么。

这样的例子还有很多，和约翰·华纳一样，地产富豪查尔斯·巴诺也费尽心机去揣测别人的心思和需要。

巴诺和他的兄弟最初只有不到4000美元的资本，但经过一番奋斗之后，他终于成了地产豪商。他成功的秘密可以说大部分都要归功于他不厌其烦地听取人们对于厅堂、门窗及房屋朝向等等琐碎问题的意见，正是在这些意见的启发之下，他对旧式套间狭长的客厅和阴暗的起居室进行改造，设计并建造了一座美观、实用的现代公寓。现代公寓不仅设备先进齐全，而且居住起来十分舒服方便。他终于建成一所打破一切华丽与昂贵记录的大公寓，那就是纽约著名的派克路270号的那座房子。巴诺自然也从该项目中收益颇丰。

从那一次冒险开始，巴诺博士就想出了一个策略：他自己去租住自己的公寓，以便由此了解顾客们的真正需要。他也像华纳一样，首先去研究顾客的需要。这样，他就能够处处赶在他的顾客前头——在他们感觉到有什么需要之前，他就已经把方便提供给他们了。

当然，了解人们的心思，也要讲究方法，要注意在平时认真观察和分析、总结。例如，被誉为"东方最伟大的人寿保险专家之一"的吉尔·布莱克就曾受到某些政府人士言论的启发。他发现这些政客常常热衷于提出反对意见，虽然这未必会有什么利益，他们还是喜欢频频发问，因此他就连带地注意到他在顾客们那里碰到的潜在的习惯性的反对意见了。他说："大人物很少发问，但这并不是说他没有疑问，事实上，他的问题与平常人一样多，只不过他把这种意见隐藏在心里罢了。所以，虽然他并不发问，但我们得设法使他满意才行。"

他因此得出结论：无论别人是否表示他的反对意见，倘若我们不关心他的感受，我们就很容易失败。如果有可能的话，我们应当尽量预先料到这种潜在的反对或不满，而想好对付的方法，这能为我们成功做事打下良好的基础。从这些成功人士的例子我们不难看出，弄清一个人的心思很关键，明白一群人的心思更加重要。只有弄明白了人们的想法，为人处世才能有的放矢，在人际交往中才能游刃有余。做人要有自己的一套，必须时刻关注眼前的形势，了解周围人们的心思，迎合他们的胃口，才能获得更多的好处。当然，在留意别人意图的时候，你还必须要准备随时去驾驭那些可能发生的意外，并使它们变得对你的计划有利，这样才能避免种种困难，而顺利地获得成功。

9. 投其所好，得其人心

嗜好是一个人的特别爱好，能彰显一个人的"真"性
情。通过对方嗜好探其心思，必要时略施手段，投其所好，
是成功为人处世所应考虑的范围。

每个人都有自己的嗜好。嗜好是一个人十分感兴趣的、发自内心
所喜欢的，比爱好的程度尤甚。

每个人的嗜好又不尽相同，有什么样的嗜好，这往往要根据一个
人的性格而定，所以通过它来观察一个人实在是最好不过的了。例
如：喜欢阅读的人多是有很强的创造力和想象力，有自己的想法的。
他们兴趣广泛，往往能够超越自己的经验来计划某一件事情，扩展自
己的生活领域。

喜欢打猎的人性格多是比较粗犷和豪爽的，很讲义气，凡事不会
和人太计较。他们深知社会之现实，优胜劣汰，适者生存，所以会努
力使自己成为一个强者，因为只有这样才能更好地生存下去，他们有
一定的勇气和胆识，很多事情都是敢作敢当，可称得上是一个顶天立
地的人。

喜欢表演的人，首先他们的性格中情感是相当细腻的，希望能够
尝试不同的角色，体验不同的生活。除此外，他们的想象力还应该特
别的丰富，这样他们才能把不同的角色揣摩到位，表演逼真。情感敏
锐、细腻，这都是喜欢表演的人的性格特征，但是这一类型的人，他

们有些富于幻想而不切合实际等等。

如果一个人的嗜好能够实现，他的内心会得到极大满足，就有可能帮你出力。因此，成功者必须具备一双慧眼，能够发现对方嗜好，必要的时候投其所好，让事情办的更顺利。

春秋时期，晋国想吞并邻近的两个小国：虞和虢。这两个国家之间关系不错。晋如袭虞，虢会出兵救援；晋若攻虢，虞也会出兵相助。

大臣荀息向晋献公献上一计。他说："要想攻占这两个国家，必须要离间他们，使他们互不支持。虞国的国君贪得无厌，我们正可以投其所好。"他建议晋献公拿出心爱的两件宝物，屈产良马和垂棘之璧，送给虞公。

献公哪里舍得？荀息说："大王放心，只不过让他暂时保管罢了，等灭了虞国，一切不都又回到你的手中了吗？"献公依计而行。

虞公得到良马美璧，高兴得嘴都合不拢。

晋国后来故意在晋、虢边境制造事端，找到了伐虢的借口。晋国要求虞国借道让晋国伐虢，虞公得到了晋国的好处，只得答应。虞国大臣宫子奇再三劝说虞公，这件事办不得的。虞虢两国，唇齿相依，虢国一亡，唇亡齿寒，晋国是不会放过虞国的，虞公却说："交一个弱朋友去得罪一个强有力的朋友，那才是傻瓜哩！"

晋大军通过虞国道路，攻打虢国，很快就取得了胜利。班师回国时，把劫夺的财产分了许多送给虞公。虞公更是大喜过望。晋军大将里克这时装病，称不能带兵回国，暂时把部队驻扎在虞国京城附近。虞公毫不怀疑。几天之后，晋献公亲率大军前去，虞公出城相迎。献公约虞公前去打猎，不一会儿，只见京城中起火，虞公赶到城外时，京城已被晋军里应外合强占了。就这样，晋国又轻而易举地灭了虞。

这就是历史上著名的"假道伐虢"的典故。嗜好有时候并不一定就是健康的爱好，虞国的国君贪得无厌，喜欢各种各样的财宝，这正是他的嗜好。荀息正是提前看到了这一点，并把它当做攻破堡垒的突破口，想出对策，建议晋献公拿出两件宝物，投其所好，让虞国国君的心理得到极大的满足，从而放松警惕，并且产生"感恩图报"的思想，同意借道，最终也落得了个亡国的下场。荀息的这条计策也被写入了三十六计之中，可见其巨大的威力。

由此可见，一个人的嗜好，包括这个人为满足自己嗜好所做出的种种行动，往往都能体现出这个人的性格。做人应该有自己的一套，具备独到的眼光，善于观察和总结，还要多用点心，从一个人的嗜好去窥见这个人的真性情，了解他的真实意图，并了然于心。当我们有求于人的时候，不妨考虑以此为突破口，用实物或者行动去满足他的嗜好，去打动对方，当对方得到实惠的时候，往往会帮你完成一些自己不能完成的事，这样会让你在成功的道路上走的更畅快。当然，我们也要时刻谨记，满足对方的嗜好要把握好一个度，违心和违法的事都不要去做。

10. 识破人心和形势，行事沉稳有心计

> 做人要善于识破对方心机，还要设身处地的考虑当前所
> 面临的形势。识先兆，才可沉稳至极臣。

人心叵测，做人必须眼明心细，善于从纷乱的形势中把握他人心思。特别是当处境不利于自己之时，更是要小心谨慎，做起事来千万不可卤莽，需沉稳应对。如果慌乱往往将事搞糟，导致自乱阵脚。

做人要有心计，学得聪明圆滑一些，识破人心和形势才能更好地生存。

李勣原本是瓦岗义军魏公李密手下将领。唐武德元年（618 年），李密被王世充用计打败，李勣随同李密一起投降了唐朝。李勣追随唐太宗多年，唐太宗对李勣恩宠有加，称他为国家的长城，他有病服药需胡须，李世民竟亲自剪自己的胡须为他和药。

但李世民临死，对李勣做了一次考验。李勣的表现将决定自己的生死。

唐太宗贞观二十三年（649 年）四月，李世民又一次行幸翠微宫（唐贞观二十一年在原太和宫基础上重行修建的离宫，地点在终南山），患了痢疾。

五月戊午（649 年 6 月 29 日），在翠微宫病重的李世民忽然下了一道诏书，命李勣离京去做迭州都督。迭州是北周时才开拓出的一个郡，因那里群山重叠而名迭州，治所在今甘肃迭部县境，离长安一千

三百多里。

他对随侍的太子李治明白交代了真正目的："李勣才智有余，然汝与之无恩，恐不能怀服。我今黜之，若其即行，俟我死，汝于后用为仆射，亲任之；若徘徊顾望，当杀之耳。"李世民突然将宠臣李勣派往这样远恶之地，其真正的用心是考验一下李勣。

李勣站到了唐太宗暗中安排的岔路口上：如果马上赴任，将来可做职位隆重的从二品官尚书仆射；如果徘徊观望，说明他心地不纯正，在帝位更迭时心怀叵测，这样的人不能留给年轻的皇帝，临死的唐太宗就要杀掉他。

李勣窥破了李世民的这种用心，接到诏命后，没有回长安家中，而是径直离开翠微宫就前往迭州赴任。结果唐高宗即位后，在三个月的时间里，李勣连连升官，最后终于升到尚书左仆射。李勣凭自己的智术识破了李世民临终对他的考验，化险为夷。三年以后，到唐高宗永徽四年（653年），李勣位至司空，正一品，即官阶达到无以复加的程度了。

到永徽六年（655年），李勣的仕途又面临一次考验。

唐高宗李治迷恋其父的"才人"武媚娘，即后来的女皇武则天。将已出家为尼的武则天迎回宫中，拜为昭仪，到这时又要废掉王皇后而拜武氏为皇后。

按当时的道德标准，唐高宗这种做法近乎荒唐。而当时的托孤重臣长孙无忌、褚遂良和侍中于志宁、司空李勣是唐高宗此举不可逾越的障碍。

长孙无忌也是李唐的开国元帅，是唐高宗李治的亲舅舅，这时已官居太尉。他对废王皇后立武则天为皇后持坚决反对的态度。

但是从朝廷整个形势上看，废王皇后立武则天为皇后已成不可逆转之局，长孙无忌等人再反对已是螳臂挡车。

永徽六年九月的一天，退朝后唐高宗李治召长孙无忌、褚遂良、李勣、于志宁入内殿。四人情知还是要谈废立皇后的事。褚遂良表示自己出头力谏，宁可自己被杀，也不能让长孙无忌和李勣被杀，因为那样会被后世认为皇帝昏庸杀了亲舅舅和大功臣。李勣在这关键时刻却借口有病躲开了。

当天因褚遂良、长孙无忌仍坚持反对意见，废立皇后之事议而未决，第二天，又议及此事，褚遂良表示宁肯不做官也反对皇上这样做，李治大怒，命人将哭拜在地的褚遂良拉出去，武则天则在帘后大声说："怎么不扑杀这个老东西！"

几天后，一次李勣入朝，李治问他道："朕欲立武昭仪为后，遂良执以为不可。遂良既顾命大臣，事当且已乎？"

李勣既不表赞同，也不明白表示同意，把球又踢给了唐高宗李治："此陛下家事，何必更问外人？"

李勣的这句话，在后世有很大影响。后来权臣往往学说此语以避免正面回答皇帝欲废立皇后太子的难题。李勣的这两句答话，实际上是表示了自己的同意态度，促使李治最后下定决心。于是，在将褚遂良贬为潭州（治所在今湖南长沙）都督后，十月己酉（655 年 11 月 16 日），唐高宗李治下诏废掉了王皇后，五天后正式立武则天为皇后。李勣被任命为册后礼使，亲手将立后册书交给武则天。此后，长孙无忌、褚遂良等反对立武则天为皇后的人，都先后被武则天害死。李勣则一直位极人臣，寿终正寝。

伴君如伴虎，李勣之所以能位极人臣，就在于他是颇有心计的一个人。他对君主的心思早有揣摩，并能在危急复杂的境况下，正确判断形势，同时又能沉稳应付。我们在现实生活中，也要学学李勣的这种心计，仔细观察，洞察人心，客观分析形势，与人交往不慌不乱，镇定自若，才能让自己处于有利的境地。

第七章

你这一套应该低调隐忍，善于隐藏以图谋

做人要想高成，先要低就。低调做人是一种进可攻，退可守的处世谋略。看似平淡，实则高深。参透其中的学问与智慧，就可做一个高明的人。低调一点，隐藏起自己意图，才能让你保存实力。切不可恃才傲物，因为忍耐方能大成。低调做人，就要不动声色，含而不露，不张扬，不炫耀，明哲保身，智而不显。只有身藏绝技，才可永为人师。低调做人，必要时还要学会伪装，变换行事风格，往往可以迷惑对方，为自己争得良机。

1. 含而不露，保存实力

自古成大事者都谨小慎微，"心机"胜人一筹，善于隐藏自己，能以静伏动，看似没有，实则充满。

孔子年轻的时候，曾经受教于老子。当时老子曾对他讲："良贾深藏若虚，君子盛德容貌若愚。"即善于做生意的商人，总是隐藏其宝货，不令人轻易见之；而君子之人，品德高尚，而容貌却显得愚笨。其深意是告诫人们，过分炫耀自己的能力，将欲望或精力不加节制地滥用，是毫无益处的。

这个世界上才能高的人很多，但有"心机"的人却不是很多，比如《三国演义》中，死于曹操手下的才高八斗之士数不胜数，如杨修、弥衡之流，皆因他们不善于隐藏自己才命丧黄泉。所以，无论才能有多高，都要善于隐匿，即表面上看似没有，实则充满，要能达到这样的境界。

曹操刚掌权不久，曾召司马懿出来做官，可出身贵族的司马懿嫌弃曹操出身低贱，不愿意去做官，就假装患了风瘫病，卧床不起，可曹操生性多疑，自然怀疑司马懿借病推托。于是就派人假装刺客，晚上去刺杀司马懿，当刺客拔刀架在司马懿身上时，他仍两眼死死地瞪着刺客，身体却纹丝不动。于是刺客收刀回府向曹操做了禀告。司马懿深知曹操的为人，知道曹操不会就此放过他。于是，一段时间之后，放风出去说风瘫病已经好了，应召担任了曹操的重要官职。魏明帝时，司马懿由于长期带兵作战，战功显赫，魏国的大部分兵权都掌握在他的手里。

魏明帝临终之际，把司马懿和皇族大臣曹爽叫到床边，嘱咐他们共同辅助太子曹芳。太子曹芳即位后，曹爽当了大将军，司马懿当了太尉。两人各领兵三千，轮流在皇宫值班。曹爽虽然说是皇族，但论能力、资格都与司马懿相差甚远。但曹爽却听信谗言，要夺回外姓司马懿所掌握的兵权。于是曹爽利用魏少帝年少无知，以其名义提升司马懿为太傅，实际上是夺去了他的兵权。随后，兵权落入曹爽之手。

曹爽得兵权后，就放宽了心，养尊处优，荒淫无度。司马懿却全当不知，一如既往。不久之后，司马懿推说有病，不能上朝。曹爽听说司马懿生病不能上朝，暗自窃喜但又不能太轻信，于是便派亲信李胜去探察实情。只见司马懿躺在床上，旁边两个丫环正在伺候他喝粥。粥顺着他的嘴角流得满衣襟都是。李胜对司马懿说："这次蒙皇上恩典，派我担任本州刺史（李胜是荆州人，所以说是本州），特地来向太傅告辞。"司马懿听后说："哦，这真委屈你啦，并州在北方，你要好好防备啊。我病得这样，只怕以后见不到你啦！"李胜说："太傅听错了，我是回荆州去，不是到并州。"此时，李胜确信司马懿确实年老昏花，不中用了，回去如实地禀报了曹爽，曹爽自然很高兴，也不再戒备司马懿了。

后来魏少帝曹芳到城外去祭扫祖先的陵墓，曹爽和他的亲信都跟去了。他们走后，"病情严重"的司马懿立马就好了，带领两个儿子占领城门和兵库，并且假传皇太后的诏令，撤销了曹爽的大将军职务。曹爽一伙人在城外得知消息后，急得乱成一团。平日只知道养尊处优的他们根本没有能力来对付司马懿，只能乖乖地交出了兵权。不久之后又被人告发谋反而入狱。最终，曹氏政权实际落入司马懿手中。

司马懿正是用这种隐而不显，深藏不露的策略，保全了实力，为日后的崛起创造了条件。如果没有他的深藏不露，他可能早被皇亲曹爽除了根，哪里还会有他的再次掌权。

执政带兵需要深藏不露，做买卖也一样。古时的店铺里是不陈放贵重物品的，他们都把贵重的物品收藏起来，有合适的顾客时，他们才会把好东西拿出来。树大招风，财多招贼，这是不变的真理。所以，真正的有钱人往往不会披金戴银，招摇过市。掩饰还来不及，哪还有心思炫耀。

不仅是商品，人的才能也是如此。俗话说"满招损，谦受益"，才华出众而喜欢自我炫耀的人，必然会招致别人的反感，吃大亏而不自知。因此，我们做人应该低调一点，该忍的时候就要忍，含而不露，保存实力。

2. 人在屋檐下，不妨低低头

> 降低姿态，低调做人，是智慧做人的体现。特别当我们
> 身处屋檐下时，更应该看清处境，能适时地弯弯腰、低低
> 头，跨过人生道路上的这道门槛。

身处屋檐下，低头又何妨？看清处境，降低姿态，是勇气和智慧的表现。如果拘于一时得失，与成功失之交臂，岂不是天大的遗憾？其中的道理，不言自明，究竟值不值，孰轻孰重，一目了然。

降低姿态，低调做人，不仅仅体现了敢于拼搏的勇气，也是个人智慧的体现。看看那些成功人士的经历就会发现，现在风光地站在人生金字塔顶的这些人，也有过坎坷和屈辱，也有过求人时的尴尬，如果他们硬是昂首挺胸而不肯低头，也许永远都跨不过成功的那道门槛，走不上人生的金字塔顶。相反，如果能适时地弯弯腰、低低头，跨过这道门槛，坦途也许就在眼前。

赵明曾经是一位大学英语教师，而且，在课堂上一直深受学生欢迎，后来还自己办了考试培训班。

经过这一阶段的磨炼，他下决心干一番属于自己的事业，于是他离开了曾经工作的大学校园，只身到北京去发展。到北京后，并不像他想象得那么容易，后来几经周折，到一家俱乐部工作。北京的俱乐部大多数为会员制，要想有所发展，必须要大力发展会员。在这家俱乐部里，衡量一个人的工作业绩，主要是看他发展会员的多少，以及

卖掉多少张会员卡。经理告诉他，在这里要想干出成绩，唯一的方法是：把会员卡卖出去，自然越多越好。

从此，赵明的生活彻底改变了，以前他是一名令人羡慕、受人尊敬的大学教师，而现在他只是一个最普通的刚入道的推销员。他没有什么关系，也不会什么推销技巧，只能采取每个推销员都用过的笨办法——扫楼。

"扫楼"是推销术语，因为大大小小的公司都聚集在写字楼里，刚入道的推销员要一家一家地跑，一家一家地问。当然，不管到哪一家公司，都要找经理以上的高级管理人员，最好是找总经理，因为，一般的白领很难接受价格不菲的会员卡。

众所周知，到这种写字楼里推销，就算是最大的礼遇，公司里的秘书小姐采用冷如冰霜的客气，可以随便找个理由将推销员拒之门外。况且，在许多公司的大门上都贴有"谢绝推销，推销人员禁止入内！"的字样，在这种情况下，推销员必须拿出一副视而不见的样子，耐心、委婉地说话。

赵明也像老推销员一样，面对冷冰冰的面孔，如数家珍般地介绍俱乐部会员卡的种种好处。起初那段时间，赵明的内心十分失落，如果自己继续留在大学教课，就不会每天遭人白眼。

后来，有一个朋友跟赵明聊起他转行的事情，当时那个朋友轻描淡写地问："扫楼是不是很威风，一层一层，挨门逐户，就像鬼子进村扫荡一样的？"赵明听完这番话，都有一种想哭的感觉。往事不堪回首，他至今还清楚地记得"扫楼"之初的那种艰难困苦。他曾经精确地统计过，他"扫楼"的最高记录是一天内跑了几栋写字楼，"扫"了几十家公司，浑身酸痛难忍，像生了一场大病，每挪动一步都很困难。在电梯间里，他感到自己的胃里正在一阵阵痉挛、抽搐，这时他才记起自己已经是一整天水米未进了。

赵明利用"扫楼"这种方式推销，持续了大约一年时间后，便开始出现在俱乐部召开的各种招待酒会上。出席这类酒会的人都是些事业有成、志得意满的公司经理或成功商人，他告诉他们，俱乐部将会给他们最为优质的服务，而购买价格昂贵的会员卡，那就是一种地位、身份和财富的象征。

在一次专为外国人举办的酒会上，赵明真正找到了英雄有"用武之地"，因为他曾经是大学里一位优秀的英语教师，有一口纯正、流利的英语，这让他一下子就与那些老外们打成了一片。他曾经一个下午同时向几个老外推销会员卡，结果竟然每人售出了一张，其中有一个人还多买了一张，是送给朋友的。要知道，每张会员卡3万美金，而每售出一张会员卡，销售人员可以从中提取15%的提成。赵明一下午的收入就很容易算出来了。

赵明已经彻底不用再去"扫楼"了，在几个俱乐部之间跳来跳去，后来，他终于在一家俱乐部安营扎寨。即使是参加招待酒会，他也不用鼓动别人去买会员卡了。他有很高的学历，良好的敬业精神和销售业绩，所以，他从销售员、销售经理、销售总监一直坐到了俱乐部副总裁的位置上。但是，有一点很显然：如果没有当年的"扫楼"经历，没有那么多次的弯腰低头，没有放下大学老师的姿态，没有去做一个遭人拒绝受人白眼的推销员，是不可能成为俱乐部副总裁的。

我们在社会中生存与生活，不可能永远都不需要别人的帮助，当有求于人的时候，当身在屋檐下的时候，特别是当遭遇困境的时候，不妨弯弯腰、低低头，也许就能成功渡过难关，发现更多的机会。

3. 恃才放旷者最是蠢

> 有才的人并不一定就是聪明之人。很多人自视甚高，不懂礼数、目无他人，殊不知枪打出头鸟，恃才放旷，往往容易给自己招惹是非。

社会生活中，不少人确实很有才能，但是某些人却往往自视甚高，目无他人，这样的心态很容易让人吃亏。那些自大自傲、自以为是、爱耍小聪明、固执己见、好大喜功、喜欢自我吹嘘的人一般都很难有所作为。

如果一味地耍小聪明，时时处处显露精明，不仅无助于取得成功，往往还会招灾引祸。三国时的杨修就是因为过于恃才放旷而为自己招来了杀身之祸。这警示我们，即使有才，也不要轻易显露，做人要低调，这是做人的智慧原则。

这个故事是这样的：刘备亲自率军攻打汉中，曹操率领 40 万大军迎战。两军在汉水一带摆开阵势，双方势均力敌，互相攻打却不分胜负。曹操屯兵时间长了，感觉进退两难，正在帅帐里皱眉苦思对策，适逢吃晚饭时间到了，厨师为他端来一碗鸡汤。曹操见碗底有块鸡肋，想到眼前的战事，不禁有感于怀，正在这时，有将士入帐禀请夜间号令。曹操随口说："鸡肋！鸡肋！"行军主簿杨修听到曹操的口令以后，就叫随行军士收拾行装，准备归程。众人大为惊讶，向杨修请教。杨修解释说："鸡肋这个东西，吃起来没有肉，扔掉呢又有些可惜。现在我们的形势是上前攻打不能取胜，退兵又害怕被人嘲笑，既然如此，在此无益，明天魏王肯定班师回朝。"大家听了以后觉得杨修说得很有道理，营中诸将便纷纷打点行李，准备回朝。曹操知道这件事情以后，怒斥杨修造谣惑众，扰乱军心，便把杨修推出辕门斩首。

第二天，曹操举兵进攻刘备，结果大败而归。想起杨修所说的话，痛悔不已，于是为杨修举行盛大的葬礼，然后班师回朝。后有人作诗感叹杨修，其中有两句是："身死因才误，非关欲退兵。"这种说法切中杨修的致命弱点。原来杨修为人聪明，素有才学，智慧过人，但是他恃才放旷，多次触犯曹操的忌讳，成了曹操心头的一块石头。

曹操曾经出兵潼关，到蓝田拜访蔡琰。蔡琰字文姬，原是卫仲道之妻，后被匈奴掳去，还为匈奴人生了两个儿子，因为思念家乡作了一首《胡笳十八拍》，传入中原。曹操很可怜她的遭遇，就派人去跟匈奴王把蔡琰赎回来了。回来以后，曹操就把蔡琰许配给董祀为妻。那天曹操去蔡琰家拜访的时候，看见屋里悬挂着一碑文图轴，上面有"黄绢幼妇，外孙杵臼"八个字。曹操问手下众谋士谁能理解这八个字的意思，众人都不知道，只有杨修说已经知道其中的含义。曹操叫杨修先不要说破，等他再思考一番。离开蔡家以后，曹操上马走了三十里，方才明白过来，原来这幅图文中包含隐语"绝妙好辞"四字，是夸奖碑文内容的，众人都赞叹杨修博学多识，曹操表面上虽然也点头称赞，但心中却不以为然。

曹操曾经建造了一个花园，建成以后曹操前去观看，什么也没有说，只取出笔来在门上写了一"活"字就走了。众人大眼瞪小眼，都不知道什么意思，就去请教杨修。杨修说："门内加一个'活'字，是阔字，丞相的意思是嫌花园大门太宽阔了。"众人听了以后觉得有理，于是重新翻修，曹操再看以后很高兴，但他听说又是杨修的看法以后，就显得很不高兴。

又有一天，有人送来一盒酥饼，曹操写了"一合酥"三个字在盒子上，然后放在桌子上。杨修进来看见以后，就直接取来和众人分着吃了。曹操问杨修为什么这样做。杨修说："你明明写'一人一口酥'在盒子上，我们怎么敢违背你的命令呢?"曹操听了以后虽然表面在笑，实际上却十分讨厌杨修。

曹操生性多疑，在董卓专权的时候，他自己曾经筹划暗杀董卓。在他执掌朝政的时候，也担心别人暗杀他，就吩咐手下人说，他在梦中经常杀人，任何人在他睡着以后都不要靠近他。有一天他睡午觉，不小心把被子蹬落在地上，跟前值班的侍卫慌忙拾起给他盖上。不料曹操突然跳起来拔剑杀了近侍，接着继续睡觉。醒来以后大家告诉他这件事情，曹操痛哭一场，命令厚葬了这个侍卫。众人都不知道，还以为真是曹操在梦中杀人，只有杨修知道曹操的心意，并一语道破天机，曹操更加不喜欢杨修。

凡此种种，杨修自恃聪明，屡屡道破曹操心机，让曹操心里很不高兴，这次抓住机会，以"扰乱军心"的罪名将杨修砍头。

杨修所作所为，足见其人确实有才，但是他不懂得收敛，多次触犯曹操忌讳，终于惹来杀身之祸。

所谓树大招风、枪打出头鸟的话并非没有道理。才能是一笔财富，关键在于怎么使用。做人应该有自己的一套，做一个既有才又聪明的人，懂得如何恰到好处地发挥自己的聪明才智。平常要低调一些，不要自以为是，更不要恃才傲物，乍看貌似平常，实则深藏不露，为的就是避免他人眼红，为自己营造更有利的生存发展空间。

4. 贴张脸谱，学会低调

> 做人低调一些，贴张脸谱，才能避免将真实意图暴露给
> 对方。做人要有自己的一套，可以采取以假乱真迷惑对方，
> 甚至不妨学学动物的保护色。

现实生活中，我们与人交往，要学会察言观色，识破对方的假面
具，洞察他的内心，与此同时，我们做人也不能太直白，有时候也得
贴张脸谱，让别人无法看穿你的心思。

有时候，在对手面前，如果彻底暴露自己才疏识浅，对维护自己
的统治地位，显然是不利的。因此，有些领导者，在需要显示才华的
时候，适当地显示一下，以便在上司或下属面前，为自己塑造一个形
象。例如，在开会时，发言尽量靠后，这样可以博采众长，巧妙归纳
大家的意见，从而显示自己比别人高明；在下属请示问题时，故作学
识广博、高深莫测的样子，十分吝啬自己的语言，以寡言来掩饰自己
的无知，以冷峻来显示自己的稳重、老练；在大庭广众面前，滔滔不
绝地背诵秘书起草的报告，让不知底细的群众，误以为自己是在作即
兴发言，从而显示自己的惊人口才；……总之，通过示"知"，来掩
饰自己的"不知"，以此为手段，不断谋取"好处"。

以假乱真，还可以通过示"弱"来蒙蔽对方，暗中积蓄力量，等
待时机，为最终战胜对方创造条件。面对势力强大或盛气凌人的对
手，表面上佯装软弱无能、奈何不得的样子，处处逆来顺受、忍气吞

声，尽量使对方低估自己，暗中却扩充势力，做好决战准备。一旦条件成熟，立即抓住对手的弱点，置对手于死地。

不仅如此，伪装和隐藏自己，我们还可以向动物学习，运用"拟态"和"保护色"。

在动物世界运用"拟态"和"保护色"往往能使动物得以更好地生存与发展。"拟态"是说动物或昆虫的形状和周围的环境很相似，让人分辨不出来。例如有一种枯叶蝶，当它停在树枝上时，褐色的身体就像一片枯叶那般。"保护色"是指身体的颜色和周围环境的颜色接近，当它在这个环境里时，它的天敌便不易找出它来，蚱蜢好吃农作物，它的身体是绿色的，看上去就像庄稼的叶子，这颜色便是它的保护色。

正是"拟态"和"保护色"的保护作用，使得大自然的许多生物才能代代繁衍，维持起码的生存空间。而一般来说，会拟态的生物往往兼具有保护色，因此又会拟态又有保护色的，生存条件较只有保护色的要好。

在人类世界中，运用"拟态"和"保护色"的例子也有很多。最具体的例子便是间谍，从事这种工作的人要隐藏自己的身份，并且要避免被人识破，他们所使用的"拟态"和"保护色"就是在角色扮演上尽量和周围人接近，让人分不出他是"外来者"。所以间谍要执行任务时，都要先模拟当地的生活，穿当地的衣服，说当地人的话，吃当地的食物，研究当地的历史、民俗，为的是把自己"变成"那里的人，以免被人辨识出来。这是人类对"拟态"和"保护色"的运用。

在现实生活中，你有必要对"拟态"和"保护色"有所了解，并且学会运用，尤其当你和周围环境比较，呈现明显的"弱势"时，更应该好好运用这两种大自然赋予生物的本能。

比如初到一个新单位，应尽量入乡随俗，认同这个单位的文化，随着这个单位的脉搏呼吸，也就是说，遵守这个单位的"规矩"和价值观念。这是寻找"保护色"，避免自己成为与周围环境格格不入的鲜明目标，否则会造成别人对你的排挤。如果你特立独行，自以为是，那么苦日子必定跟着你。当你的"颜色"和周围环境取得协调后，你也已成为这个环境中的一分子，而达到"拟态"的效果。到了这个地步，起码的生存环境就已经营造完成，不致发生问题了。

"拟态"的优点在于与常物静而不动。有保护色，又静止不动，那么谁也奈何不了你。因此我们在社会生活中生存，特别是为了避免不必要的灾祸，必须有自己的一套手段，恪守"静止不动"的原则，不显露你的企图，不结党结派，好让人对你"视而不见"，那么就可以把危险降到最低程度。

5. 不动声色，让别人无法看穿你

当今社会，人们都善于察言观色，所以你要时刻警惕，别让自己的喜怒哀乐成为看穿你的窗子。如果你不想被别人控制，就得先控制自己的情绪，做到不动声色，让别人无法摸透你的心思。

人们脸上的表情，对于善于察言观色的人来说，无疑是看透你心思的窗口。

因此，聪明者往往不把喜怒哀乐表现在脸上，不轻易表露自己的观点、见解。不让别人窥出自己的底细和实力，这样对手就难以钻空子了，否则就容易暴露自己的真实面目。

我们做人应该学会把喜怒哀乐从情绪中抽离，更理性、冷静地看待它，思索它对你的意义，并进而训练自己对喜怒哀乐的控制，做到该喜则喜，不该喜则绝不喜的地步。把喜怒哀乐放在口袋里就是不随便表现这些情绪，以免为别人窥破弱点，予人以可乘之机。

唐代奸相李林甫就习惯于隐藏自己的真实情绪，城府极深。许多大奸大恶之人怕他怕得要死。

唐玄宗宠信重用藩将安禄山，此人大奸似忠，貌似粗犷，内有计谋。表面上给人一种憨厚忠直的印象，骨子里却狡诈多端。安禄山想方设法讨取了唐玄宗和杨贵妃的欢心，权位日高，架子也大了起来，渐渐不把朝臣们放在眼里。除了在玄宗面前假装恭顺以外，对其他人

都傲慢无礼。这种情况早被李林甫看在眼里。

一天，李林甫召见安禄山。安禄山到李宅之后，长揖拜见，端坐在客位上，显露出一种盛气凌人的架势。李林甫也不动声色，只是用两只小眼睛一动不动地看着他，一句话也没说。安禄山见李林甫目光深邃，咄咄逼人，感到有些不自然，盛气顿时减了一半。这时，李林甫转身告诉下人，有事去找王珙大夫进见。王珙进屋之后，刷刷刷地迈着小碎步走上前，规规矩矩地向李林甫大礼参拜，十分谨慎小心，诚惶诚恐，好像很怕说错一个字，迈错一条腿似的。当时王珙在朝廷中的实际地位是仅次于李林甫的第二号人物，从来都和安禄山平起平坐。安禄山见王珙对李林甫如此敬重畏惧，不由自主地感到有些窘迫，虽然没去补拜大礼，也立刻恭谨起来，不敢出大气。王珙走后，李林甫才和安禄山说话。他把安禄山所作所为的意图和心理活动都说得十分透辟，全说到安禄山的心里去了，安禄山大吃一惊，想不到自己心灵深处的隐私也让李林甫含而不露地点出来，立时汗流浃背，衬衣湿得粘在身上。这时，李林甫脱下自己穿着的袍子给安禄山披上，用好话安慰他一番。从此，安禄山虽然经常侮慢别的朝廷大臣，却非常惧怕李林甫。每次来京城，他都要小心谨慎地拜谒李林甫，每次交谈，李林甫都能洞察他的心扉，使他面容改色，汗流浃背。在范阳时，每当有使者从京城归来，安禄山问的第一句话就是李林甫说他什么了，如果有褒扬他的话就满心欢喜，如果有警告他的话就用手摸着额头说："哦，我可得多加小心，不然，大祸就要临头了。"安禄山怕李林甫竟怕到这种程度。李林甫也看出安禄山已蓄反心，但觉得自己死前可保无忧，反正安禄山不能取代自己的相位。只要生前能享受荣华富贵，至于唐朝江山如何，哪还顾得上管它呢？所以安禄山在李林甫死前始终未敢作乱。

事实上，喜怒哀乐是人的基本情绪，这世界上心如止水，没有喜怒哀乐的人只能是"植物人"。没有喜怒哀乐，这才是人的可怕之处，因为你不知道他对某件事的反应、对某个人的观感，面对他时，有不知如何应对的慌乱。也正是因为李林甫对待安禄山能不动声色，让其猜不透心思，才会畏惧他。

现实生活也是如此，人们多多少少都练就了点察言观色的本事，他们会根据你的喜怒哀乐去猜测你的内心想法，然后调整与你的交往方式，为自己谋取利益。也许你在不知不觉中就落入了对方的掌控。

因此，做人要想掌握主动权，就要有自己的一套，与人交往时不管你心里有多大的波澜，都不要轻易表现出来，都要藏在心里。在生活中，喜怒不形于色的人是能够成大事的。能做到不动声色的人，并非卑躬屈膝的小人，没有一定的知识和阅历，是很难做到的。自古以来，凡是成功者很少有因外界的事物而亦喜亦忧的。做人尽量不喜形于色，当你失意或得意时，都能泰然自若，不表现出不悦之色或骄矜之色，不给人发现自己弱点的机会。

6. 身藏绝技，方可永为人师

> 深藏你的拿手绝技，你才可能永为人师。因此，做人应该讲究策略，不能把看家本领通盘托出，这样你才可长享盛名，使别人永远惟你是依，同时也是给自己留了条后路。

做人要懂得含蓄节制，身藏绝技，方可永为人师。因此，当你演示妙术时，必须讲究策略，不可把看家本领通盘托出，特别是在指导或帮助那些有求于你的人时，你应激发他们对你的崇拜心理，要点点滴滴地展示你的造诣。只有有自己的一套"小九九"，凡事给自己留条后路，才能立于不败。

其实，很多人在生活中做人做事，都会不自觉地留一手，给自己留条后路，当然这种不自觉，可能会搀杂人性自私的成分。

一位刚从医学院毕业、服完兵役的年轻医师，在他父母亲前往欧洲旅行时，替父亲看管家中的诊所，也代为行医。

这个医师的父亲人缘不错，所以病人总是一个个上门，生意应接不暇。

当父亲外出回来以后，问他儿子："我不在时，医院里有没有发生什么特殊的事情？"

"都还好啦！一切都很顺利！"儿子医师随后得意地告诉父亲："哦，对了！有一个比较特殊的是，我把你一个患了十年胃病的病患，一次就给他医好了！怎么样，我的医术不错吧？"

父亲一听，满脸不高兴地说："你觉得自己的医术很棒，是不是？你以为你读七年医学院的学费是怎么来的？"

也有一个修理钟表的学徒，和师父学修表已经有五年了，他每天修理好几个大大小小的钟表，修得又快、又准，技术很不错，可是，他师父就是不让他出师。

有一天，这学徒就向师父抱怨："师父啊，比我晚来的师弟们，都一个个出师到外面去开业了，而我已经跟您学了五年，怎么还不能出师呢？到底我还要学多久啊？"

师父看了看徒弟，叹了一口气说："你还要继续学呀！等你学会修好顾客指定要修的地方，又能神不知鬼不觉地弄松其他小零件，你就可以出师自己开业了！"

的确，当老板、当师父，都要有一套不为人知的招数和伎俩，他们这些招数都给自己留了条后路，并且秘不可宣。否则怎么和别人竞争？怎么存活？

当然，上面举到的给自己留条后路显得有点自私，比较自我中心主义，并着重现实价值。但是，做人有时候留一手，则是我们不得不为之的。"猫收老虎做弟子——留一手"的故事想必大家都听说过。

很久以前的大森林里，当大王的并不是老虎，但老虎一心想当大王。有一回，一只老鼠坏了事，可他怎么也捉不到它，后来还好有猫在，用它精练的技巧捉住了老鼠，老虎看到了这一切，当天，老虎到了猫的家，要拜它为师。

但是这只猫没有马上答应，它仔细瞅了瞅这只老虎，虽然四肢发达，但是心计不少，它担心日后会成为大患，但盛情难却，猫还是答应了。

日子一天一天，老虎几乎学会了猫的所有的本领，但是猫也给自己留了一条后路。

直到有一天，老虎觉得自己学的差不多了，凶相毕露地说："小猫咪，我好久没吃肉了……"猫一听，大事不妙，一溜烟爬到了树顶上，可老虎怎么也上不了树，这时老虎才知道猫留了一手爬树的绝活没教给自己。

后来，这被编成了歇后语——"猫教老虎——留一手"。

深藏绝技，方可永为人师，说的就是凡事要给自己留条后路。大家读过《三国演义》后可能注意到，刘备死后，诸葛亮好像没有什么大的作为了，不像刘备在世时那样运筹帷幄、满腹经纶、锋芒毕露了。这是因为，在刘备这样的贤明君主手下，诸葛亮是不用担心被猜忌的，并且刘备也离不开他，因此，他可以尽力发挥自己的才华，辅助刘备，三分天下而有其一。刘备死前，当着群臣的面，对诸葛亮说："如果刘禅这小子可以辅助，就好好辅助他，如果他不是当君主的材料，你就自立为君算了。"诸葛亮顿时冒了虚汗，手足无措，哭着跪拜于地说："臣怎么能不竭尽全力，尽忠贞之节，一直到死而不松懈呢？"说完，叩头流血。

大家想一想，刘备再仁义，也不至于把国家让给诸葛亮，他说让诸葛亮为君，其实是话里有话，聪明的诸葛亮怎么可能不知道这层意思呢？刘备的这招果然奏效，诸葛亮此后常年征战在外，以免授人以"挟制"的把柄。在这里，君臣都是聪明人，互相留了一手。

事情就是这样，如果和盘托出，往往是自掘坟墓。做人应该有点心机，给自己留一条后路，身藏绝技，方可永为人师。

7. 变换行事风格，迷惑对手

> 狡兔三窟，做人也要有城府。既要不动声色，还要根据周围形势不断变换自己的行事风格，放放烟幕弹，这样往往可以迷惑对手，让形势变得对你更有利。

狡兔三窟的意思是说狡猾的兔子有多处洞穴，用来掩蔽和保护自己。多处洞穴中当然会有其真正藏身之所，其他的窝不过是用来迷惑对方的烟幕弹。

做人也应该有点心机，特别是与对手竞争的过程中，不妨学学兔子的做窝技巧，多做几个像模像样的窝，多放几处掩盖真实的烟幕弹，虚虚实实，让对手无从下手，这样才能脱颖而出，成为最后的胜利者。

在 20 世纪 70 年代中期的一场"世纪工程"夺标大战中，韩国企业家郑周永就采用虚虚实实，巧用"烟幕弹"的办法在夺标过程中大获全胜，让我们来看看这位精明的韩国企业家是怎么做的。

1975 年，石油富国沙特阿拉伯对外宣布了一个惊人的决定：沙特将在东部杜拜兴建大型油港，预算总额为 10 亿至 15 亿美元，并向全世界各大承建公司公开招标。

这项工程投资十分庞大，在当时堪称"世纪工程"。这个惊人消息立即传遍世界各国，引起了世界顶级建筑商们的关注，其中跃跃欲试者有之，望而却步者也有之。

这时，号称"欧洲五大建筑公司"的联邦德国"莫力浦·霍斯曼"、"朱柏林"、"包斯卡力斯"，英国的"塔马"，荷兰的"史蒂芬"，已早早踏上了这个海湾国家，企图打败竞争对手，夺标取胜。另外，美国、法国、日本等国家的头号建筑公司也匆匆从远道赶来，决意参与这场大角逐。

最后一个到来的，是韩国郑周永率领的现代建设集团。尽管这是个姗姗来迟的插队者，但他却是竞争中的强者。

"世纪工程"的招标还未正式开始，各路英雄豪杰都在暗暗地使用技巧，施展法术。

一天，郑周永的好友、大韩航空公司社长赵重勋突然来找郑周永。

好友重逢，显得十分热情。赵重勋盛情邀请郑周永去喝酒叙旧，郑周永再三推辞不过，只好应邀赴宴。

他们找到一间幽静的小单间，边喝边聊起来。酒过三杯，赵重勋突然对郑周永说："郑兄，这桩工程可是块难啃的骨头呵！""就是再难啃，我也有把握把它啃下来！"郑周永胸有成竹地说。

"唉，你何苦非要冒这个险呢！"接着，赵重勋压低嗓门说，"只要你肯退出来，你还可以不劳而获，得到一笔可观的意外之财，何乐而不为呢？"

郑周永暗吃一惊，这才知道老友的意思，却不动声色地问："有这样的好事？"

赵重勋以为对方动心，便干脆把话挑明："不瞒老兄，是法国斯比塔诺尔公司委托我来劝你的。他们说，只要你不参加竞标，他们立刻付给你1000万美金。"

郑周永暗暗冷笑："法国人也太小瞧我了，这点小钱就想打发我退出！"他沉吟了一阵，想出了一条妙计。

"赵兄的好意，小弟心领了。但这桩工程我还是争定了。"

"唉，两头都是朋友，我也是为你们着想。"赵重勋不免有点失望的说道。

这时，郑周永举杯一饮而尽，抱歉地说："赵兄，失陪了。我还有件紧急的事要办。"

"什么紧急的事？我能帮你吗？"

"唉，还不是为那 1000 万保证金……"郑周永故意把话"闸"住，于是他满怀气愤地告别老友。

法国人得知这一来之不易的"情报"后，就开始在郑周永的投标报价上做文章，按照投标规定，中标者需要预交工程投标价格的 2% 的保证金。由此，他们便判定郑周永的现代建设集团的投际报价可能在 20 亿美元左右，最少也在 16 亿美元以上。

在此期间，郑周永频频利用"假情报"向其他竞争者施放烟幕弹，设置假象，来扰乱对手的阵脚。

在郑周永的那间封闭保密的会议室，灯火通明，气氛紧张。郑周永正在为他的决战做最后准备。

在报价问题上，郑周永甚是煞费心机，他倚仗着自己旗下的现代重工业及造船厂等大企业能够提供前线大量廉价的装备和建材，倚仗着自己建立起来的"桥头堡"，决心使出杀手锏"倾销价格"，来力排群雄，在竞争中大获全胜。

起初，他经过分析和借鉴国外建设工程价目表，初步拟定了总体工程报价为 12 亿美元。尔后，经过再三考虑后，郑周永对初始报价 12 亿美元先后进行了 25% 和 5% 的两次削减，最后定价为 8.7 亿美元。

对此，他的高级助手田甲源持反对态度，认为削减到 25%，即 9.3114 亿美元就可以了。但是郑周永却坚定不移，他认为在投标报价问题上，不同于比赛，它只有第一名，没有第二名，要想取胜，报价必须通过强烈的竞争，尤其是在大型项目上更要有十拿九稳的把握。

现代建设集团的投标代表是田甲源，然而这位肩负重担的田甲源先生却在关键性的最后一刻钟里自行其事，在投标价格表上填上 9.3114 亿美元。填完报价数目后，田甲源怀着胜利的信心走进工程投标最高审决办公室。

那里的工作人员紧张地忙碌着，整个办公室里就像一张巨大的针毡，田甲源坐也不是，站也不是，当他听到主持人说美国布朗埃德鲁特公司报价9.044亿美元时，刹那间他脸色惨白，踉跄地走到郑周永面前，含含糊糊地说：

"郑董事长的决定是对的，我……我没有照你的办，结果比美国人多……多了300万美元。我们失败啦！"

郑周永看到田甲源难受的样子，感到中标已经没有希望了，他真想给田甲源一记响亮的耳光，然而这里毕竟不是韩国，而是"世纪工程"的招标会议室。

正当他拔腿想要离开会议室的一瞬间，另一个助手郑文涛激动万分地从仲裁室跑到郑周永面前大声地喊道：

"董事长，我们胜利了！我们成功了！"

郑文涛的消息使现代建设集团的所有在场的人员都像木偶似的。他们不知所措，到底是田甲源错了，还是郑文涛对了？真让人大惑不解。

原来，美国布朗埃德鲁公司的报价是分两部分进行的，仅上部分就是9.044亿美元。相比之下，田甲源填的9.3114亿美元的报价是最低报价。

当沙特阿拉伯杜拜海湾油港招标仲裁委员会最后宣布现代建设集团以9.3114亿美元的报价摘取这项本世纪最大工程的招标桂冠时，在场者都像中了什么法术似的，个个呈现一副惊呆之状，郑周永对自己也不敢相信，更何况田甲源呢？

对于这个报价，西方的所有强劲对手都惊愕不已，他们觉得受了郑周永的骗。尤其是那些法国佬，他们恼羞成怒地骂他是"骗子"、"土匪"、"强盗"。其实骂则骂矣，到头来他们还是不得不佩服郑周永的胆略。

常言道："水至清则无鱼"，水太清了，鱼儿就都被抓走了。我们做人也是一样，如果城府太浅，那么很容易被人一眼看透，也就失去了与别人周旋的机会。要想在社会生活中更好的立足，特别是遇到

"险恶"的环境，要想更好的生存下来，就要有点城府，要像狡兔那样多做几个窝，变换自己的行事风格，不时给对方放点烟幕弹，让对方看不透你，摸不着门路，你也就掌握了主动权。

8. "体弱"就要韬光养晦

> 韬光养晦是为了掩饰自己的目标和动机,"藏之胸臆,秘而不宣",同时,还必须具备忍耐的品质,而且往往是一个长期的忍耐过程。做人韬光养晦的目的则是厚积薄发。

常言道:"要想人前显贵,须得背后受罪。"没有背后的忍耐与低调历练,没有暗中的努力与等待,是不可能实现厚积薄发的。

在很多情况下,当自身"体弱"的时候,就需要把自己的实力和意图隐蔽起来,等待机会,可以麻痹对手或者转移对手的注意力,有效地隐蔽自己、保护自己,同时,也使对手骄傲轻敌,以为自己软弱无能,其实自己在暗中使劲,然后趁其不备,出其不意,进行反攻,使对手措手不及。这就是所说的韬光养晦。

西汉初年,匈奴首领冒顿自立为王,草原为之震动,这给它的邻邦东胡形成了一种震慑。为了扼制匈奴的势力,东胡向匈奴不断地发起挑衅,企图灭掉匈奴。匈奴人生活在西北部的草原上,个个强悍、善骑。匈奴人有一匹千里马,皮毛油黑发亮,全身上下没有一根杂毛。此马日行千里,曾为匈奴立下过汗马功劳,被视为宝马。东胡听说此马后,便派使者到匈奴索要这匹宝马,对于东胡的无理要求,匈奴人一致反对。

冒顿明白东胡的挑衅用意,但他并没有将自己的想法表露出来。他知道,"舍不得孩子打不着狼,"于是决定忍痛割爱,将宝马献给东胡。他对臣下说:"东胡之所以向我们要宝马,是因为与我们是友好邻邦。区区一匹千里马又算得上什么?如果拒绝东胡的要求,这样有失邻邦和睦。"于是,他就把宝马拱手送给了东胡。

虽然冒顿表面上不与东胡做对,但暗地里他却在偷偷地壮大实力,明修政治,养精蓄锐,等待有朝一日能够灭掉东胡。

东胡王得到千里马以后,非常高兴,他认为冒顿胆小怕事,于是更加狂妄。冒顿的妻子年轻貌美、端庄贤淑,深得民心。东胡王听说后,心生邪念,派人去匈奴说要纳冒顿之妻为妃。

匈奴群臣闻此消息后,无不感到羞辱与愤怒,大家发誓要与东胡决一死战。

冒顿非常气愤,他连自己的妻子都保护不了,感到非常屈辱。但是他明白东胡三番五次向自己发起挑衅,是因为东胡的力量强大,如果双方一旦发生战争,实力悬殊,匈奴必会战败。

于是,他强作笑颜,劝告群臣说:"天下女子多的是,而东胡却只有一个,怎能因为区区一个女人而伤害与邻邦的友谊?"他又把爱妻送给了东胡王。随后,他召集群臣,指明东胡气焰嚣张的原因,分析了当时的形势,鼓励大臣们内修实力,外修政治。群臣听冒顿分析,都按照冒顿的要求兢兢业业地工作,以图日后报仇雪恨。

东胡王轻而易举地得到了千里马与美女,他认为冒顿懦弱胆小,于是更加骄奢淫逸,整日灯红酒绿,寻欢作乐,不理朝政,导致实力日益衰弱。而此时的匈奴经过冒顿及其群臣精心治理,政治清明,兵精粮足,其实力已经相当雄厚,远远超过了东胡。

东胡王更加放肆,第三次派人前往匈奴,索要两邦交界处方圆千里的土地。东胡的使臣来到匈奴后,冒顿召集群臣商议对策。大臣们联想到以往两次的事,不明白这次他将采取何种态度,都低头沉默,

有人试探地说:"邻邦友谊可能重于一切,我们就把千里土地送给他们吧。"

冒顿听此提议,怒发冲冠,拍案而起,义愤填膺地说道:"土地乃社稷之根本,岂可割予他人!东胡王霸我皇后,索我土地,抢我千

里马，实在是欺人太甚！现在天赐良机，我们要灭掉东胡，以雪国耻。"于是，他亲自披挂上阵，众人同仇敌忾，在东胡毫无防备之时，一举将其消灭。

冒顿将屈辱视为一种磨炼，把忍耐当做一种与敌人斗争和周旋的策略，通过曾经所受到过的耻辱刺激群臣、鼓励群臣和百姓卧薪尝胆、发愤图强，先壮大自己，然后再与敌人作战。

如果冒顿当时被夺马霸妻之后，一味地意气用事，凭着自己弱小的实力与东胡对抗，很可能会全军覆没，导致自己的政权被推翻。但是冒顿没有这样做，他韬光养晦，暗中蓄积力量，最后灭掉了东胡。

人生在世，有时可能会受到强势的压迫，韬光养晦便是发愤图强的内在动力。面对冷遇或者强势而不能马上作出反抗或者回击时，不妨先收起自己战斗的武器，韬光养晦，这样才会取得更大的进步。

在现实生活中，韬光养晦的意义还不仅仅可以看作是一种生存策略，有时也体现出一个人的谦卑做人原则，往往能够得到人们的尊重与爱戴。做人应有自己的一套，应该放低调一些，学会隐藏自己的真实意图，还要耐得住长久寂寞的等待，韬光养晦需要的正是这样的一种韧性和坚持。

第八章

你这一套一定要能"难得糊涂"，不妨"傻"一点"笨"一点

鲁迅先生说过："所谓'难得糊涂'实际上是最清醒不过了。正因为看得太明白、太清楚、太透彻，出于某种原因，不得不装起糊涂来……"生活中，凡是有大成功的人，都是有绝顶聪明而肯作笨功夫的人。而那些总是处处要小聪明算计别人的人，却往往搬起石头砸了自己的脚。我们做人不妨"傻"一点，"笨"一点，愚钝和笨拙往往为你赢得更好的发展良机。当然，我们还要做到小事糊涂，大事不糊涂。糊涂不是真傻，而是精明做人的一种谋略与智慧。

1. 大智若愚，做人要难得糊涂

> 糊涂做人也是人生的一门艺术和智慧，是一种很难把握的做人技巧，所谓花要半开，酒要微醉。聪明的人在生活中都善于糊涂，乐于糊涂。

人生本来就是真实与虚幻、感性与理性的结合体，人生之所以美妙就是因为既有朦胧之美，又有清晰之美。正因为朦胧也是一种美，因此糊涂做人也是一门艺术和智慧。

人生是一个和谐而矛盾的统一体，要紧张也要松弛，要聪明也要愚笨。美好人生，更是离不开聪明和智慧，但聪明与智慧有时却是要通过"糊涂"来体现。俗话说："水至清则无鱼，人至清则无友。"说的就是要把目标放在大事上，对那些小事不能太过于"认真"，要留一半清醒，留一半醉，最好能做到糊涂做人，精明做事，这样才能在亲友间、邻里间、同事间如鱼得水，生活也变得轻松而愉快。这时候的糊涂反而是一种聪明。

鲁迅先生说过："所谓'难得糊涂'实际上是最清醒不过了。正因为看得太明白、太清楚、太透彻，出于某种原因，不得不装起糊涂来……"可见，糊涂有时才是具备大智慧的表现。糊涂是"留一半清醒，留一半醉"的人生境界。我们做人，要善于糊涂，乐于糊涂。

聪明做人，再好不过，但真正聪明的人，不会处处显示自己比别人有能耐，特别是关键时刻，他都会故意装傻，以避树大招风，麻烦事缠身，这就是做人的"心机"。

在我们的周围，有些人是很聪明，但更喜欢抬杠，以显示自己是个有想法且聪明胜于别人的人，搭上话就针锋相对，无论别人说什么，他总要加以反驳，其实他自己一点主见也没有。不过当你说"是"时，他一定要说"否"，当你说"否"的时候，他又说"是"了。事事要占上风，纯粹是没有"心机"的失败者。

古时候，一个老人领着小孙子去吃饭，进了一个由没念多少书的人开的小饭馆。一进门，老板就拿着一个字问他们念什么，老人连连摇头说不认识。小孙子很奇怪，因为那是个很好认的字，就顺口的说了那个字念"真"。老板突然变得很生气，大骂他是个无知的小孩，什么都不懂就在那里乱说，就把他们赶了出去。

看来孩子太小，还不知道生活中很多事情是不能太认"真"的。做人就要像老人那样，做一个大智若愚的"粗人"。而现实生活中，很多人都是遇到一点小事，就要剑拔弩张，不给一种说法就不罢休。结果是大家都不好收场，彼此成为仇人。

本来两个人家相处得很好，一次街道办检查卫生发现两家中间的走廊里有一小包垃圾，两家都死不认账，后来争吵到了白炽化的程度，不仅两家都被罚了款，两家多年的邻里关系也因此破裂了。

不过是一包垃圾，扔垃圾的不承认我们说他没有公德心，如果没扔垃圾的装点小糊涂承认了，这事也就解决了，没准这还会让对方不好意思，从而两家的关系更好。看来生活中无关紧要的小事最好能闭一只眼就闭一只眼。

故意装糊涂有时也是聪明的表现。那些能把糊涂的智慧玩的很高明的人，外人是看不出真假的，就像有的人说的那样："一个人小聪明大糊涂是真糊涂假智慧，而大聪明小糊涂乃假糊涂真智慧。"

因此，那些糊涂的聪明人大都把大智若愚作为处理小事情的妙法。例如生活中，很多领导就能做到难得糊涂，他们往往心胸开阔，不计较个人的得与失，为人慷慨大方，特别遇到人际纷争时，能使大事化小，小事化了，就可以时时处处有好人缘，还会给人一种可敬可亲可爱的感觉，从而赢得下属的好感和信任，更有利于自己的工作的开展。

可见，人生难得糊涂，能够做到糊涂，也是一种大聪明。糊涂并非自我欺骗，或自我麻醉，而是有意的装傻。该糊涂的时候，就不要顾忌自己的面子、自己的学识、自己的地位、自己的权势，一定要糊涂。

就像阿雷蒂诺说的："人不会装糊涂，就不懂得如何生活……"是的，会生活的人都会在合适的时候放下自己的"精明"，装装傻，充充愣。

大智若愚，这实在是做人的一种极高境界，我们做人要有自己的一套，在现实生活中，就要向着这个目标提升自己，如此，必可左右逢源，不为烦恼所扰，不为人事所累，这样便会有一个幸福、快乐、成功的人生。难得糊涂、贵在糊涂、乐在糊涂，不会装糊涂，就不会真正做人，不懂得如何生活。

2. 聪明反被聪明误，竹篮打水一场空

有句话说得好：机关算尽太聪明，反误了卿卿性命。一个总爱算计别人的人最终只会算到自己头上。俗语云："搬起石头砸自己的脚"说的就是这个道理。

做人要难得糊涂，如果什么事都表现的那么聪明，特别是喜欢玩弄手段，爱算计别人，那么往往到头来是"聪明反被聪明误"，竹篮打水一场空，即使计划再周详，往往也是算计到自己头上。

培根指出"生活中有许多人徒然具有一副聪明的外貌，但却没有聪明的实质。"他们的聪明不过是小聪明，让我们看看这种人是怎样机关算尽，最终自掘坟墓的。

吕不韦，可以说在中国历史上是一位颇有影响的人物，他虽是商人出身，但所为早已超过了商人的内涵，这是他的绝大智慧，他做成了中国历史上第一笔政治生意，买下了一个王朝，殊不知，物极必反，盛极必衰，结果反而是算来算去害自己。

嬴政在位第十年，曾免除吕不韦的相国职务，令他离开都城咸阳，回到自己的封地反省。他不甘心就此结束其政治生涯，要尽一切可能东山再起。他对复出是有信心的。

怎样达到复出的目的？吕不韦早已成竹在胸，在去洛阳的途中就谋划好了。其基本方针有二：

一是继续广招宾客，大造舆论，扩大社会基础。缪毒集团覆灭

时，自己之所以没有被诛连，宾客的游说劝谏是立了大功的。否则，按照秦国法律，他吕不韦功劳再大，也不会仅仅免相完事。对此，吕不韦十分清楚，故而回到洛阳之后，不仅和朝廷宾客往来频繁，更利用洛阳的地势之利，吸纳六国士人，在很短的时间内，洛阳成为六国士人向往之地，门客之多，超过以往。

其二是借外以制内，就是借助六国势力迫使秦王嬴政让步，恢复其相国职位。招徕宾客，不仅仅是让他们游说秦廷，也让他们游说列国，让各国聘请他为相，从而威胁秦王，迫使秦王重新起用他。这在历史上是有过成功的先例的，孟尝君田文就通过这一手段成功地使自己复登相位。

但是，虽然吕不韦事无巨细都谋定而后动，处处周详、事事小心，可他忘记了"韬光养晦"这个原则，他错误地估计了形势。

秦王不需要吕不韦这样指手划脚的老臣，国家的头顶上不需要这个专权仲父。嬴政亲政以后，选择了一批少年俊杰，加上王翦、蒙恬、李斯等文臣武将为心腹，更是如虎添翼。形成了以秦王嬴政为首的新的年轻的统治核心。秦王嬴政对吕不韦并不放心，他知道吕不韦在朝野的影响并不会因"就国河南"而消失，故而在吕不韦回到洛阳时，秦王嬴政的密探早已等候多时，吕不韦的一举一动、一言一行都处在秦王嬴政的掌握之中。

随着吕不韦和六国交往的日益频繁，秦王嬴政的警惕性也越来越高。吕不韦究竟想干什么？身为文信侯，食洛阳 10 万户，又称"仲父"，以戴罪之身归国河南却不念王恩浩荡闭门思过，交通诸侯，和各国使者打得火热，尽管还没有答应各国的聘请，说不定这是待价而沽，看来这位昔日的相国，现在的"仲父"真要图谋不轨了。这时，秦王嬴政不由得将吕不韦和苏秦联在了一起。苏秦也是东周洛阳人，拜鬼谷子为师，研习纵横之术。游说六国联合抗秦，身佩六国相印，迫使秦国 15 年不敢开关东进。

难道吕不韦真的要效法苏秦？即使吕不韦不像苏秦那样游说六国合纵抗秦，随便到哪一个国家去做相国，对秦国都极为危险。秦王嬴政绝对不能允许这一幕的出现，必须防患于未然。

但是，在如何处置吕不韦的问题上，秦王嬴政倒颇费些思量。经过反复思考，秦王嬴政乃决定采用釜底抽薪的方式，剥夺吕不韦的封户，把吕不韦迁离洛阳，于秦王嬴政十二年（公元前235年）仲春，命特使驰赴洛阳，将吕不韦迁往蜀地。

读着秦王的手谕，吕不韦一下子清醒过来了。他明白自己的政治生命就此完结。他后悔，后悔没有看透嬴政的为人，后悔自己过于自信，后悔一年多以来大张旗鼓地招徕宾客、交通诸侯，后悔自己熟习帝王之术而忽略了如何使用帝王术来保护自己。如果在这一年中能继续韬光养晦，像在咸阳时闲居那样，不这样招摇，也许不会招致秦王的忌恨，也许还能继续做个洛阳主人。现在一切都晚了，等待自己的只能是屈辱的流放生活。

吕不韦死了，这个濮阳富商、奇计买国的一代权臣，终因功高震主，用自己的神算了却了自己的一生。

机关算尽太聪明，反误了卿卿性命，道理就是这么简单，却又深奥无比。一个处处表现自己小聪明的人实在是一个傻瓜，一个机关算尽的人最终只会算到自己头上。俗语云："搬起石头砸自己的脚"，正好是"聪明反被聪明误"的绝好写照。

《红楼梦》里的王熙凤做人可谓精明，依仗贾母的宠爱和自家背景，上欺下压、左右逢源。"机关算尽太聪明"，最后令众人生厌，郁郁而死。可见，我们做人不能不精明，但也不要精明过头，不要搬起石头砸了自己的脚。到时后悔可就来不及了。

3. 巧诈不如拙诚

生活中，很多时候聪明还不如笨一点，傻的可爱，笨的真诚，往往可以为你赢得更好的生存和发展机会。"巧诈不如拙诚"说的就是做人的这个道理。

做人应该具备极强的耐性，有极强的生存能力和自我保护能力。要善于在艰苦的环境中寻找机会求得发展，在为人处世上，不要显得太聪明，有时不妨傻一点、笨一点，傻的可爱，笨的可爱，别人会减少对你的警惕，甚至把你当成是傻瓜，你就可以在别人没有提防时更好的生存和发展。

巧诈不如拙诚，虽然这样一来少了一些壮美和超越的色彩，但对于"成功"来说，却很有实用价值。

这是什么"实用价值呢"？也就是说，机会只会给有准备的人，"成功"只会给那些善于自我保护的人！糊涂不是真糊涂，而是假糊涂，糊涂是为了求生，这样的糊涂本身也就成了一种隐秘的心机。

例如与领导交往最重要的技巧就是适时"装傻"：不露自己的高明，更不能纠正对方的错误。人际交往，装傻可以为人遮羞，自找台阶；可以故作不知达成幽默，反唇相讥；可以假痴不癫迷惑对手。你必须有好演技，才能傻得可爱，"疯"得恰到好处。

让我们来看看小米的拙劣生存之术吧。

苏拉新到公司时，第一次看到小米，觉得有点奇怪，小米与整个公司似乎格格不入。小米穿得很土气，说话乡音未改，而且她得理从来不饶人，直率得让人受不了。

某天，小米看到苏拉放在皮夹里的照片，直叫："呀，你那时候怎么比现在还老？"把苏拉噎得连一声礼貌的"是吗？"都挤不出来。那张照片是她5年前拍的，那声"还"把她的昨天和今天都否定了，她过去有那么老吗？她今天真的老了吗？苏拉不难看，也不过28岁，当面有人说她老这还是第一次。苏拉想，像小米这样在哪家公司都不会有立足之地的，这样说话，谁受得了啊？不过，也许只是因为她单纯、不懂事，苏拉这样想想也就释怀了。

小米在公司果然没什么人缘，同事们不常和她来往，可是领导们看起来蛮喜欢小米，她年纪轻轻几乎就是公司的元老级人物了，虽然从前台做到人事部的普通职员，就没再往上升，可是，苏拉发现所有的领导对这个土气、执拗、直率的小妞似乎都挺满意的。

隔了几天，苏拉偶尔看到小米一脸献媚地在称赞总经理的秘书小林："呵，你这件衣服比昨天那件更漂亮了。"小林听了，虽然不以为然地撇了一下嘴，但看到有人这么笨拙努力地巴结自己，到底还是一件愉快的事。

时间长了，苏拉发现小米的智慧和语言表达能力都有限，但非常知道在紧要处使力，虽然她说出来的话通常很伤人，但她这样伤人的话她是看人说的，而对于她认为是重要人物的对象，她说出来的好话和拼命展示出来的笑容虽然勉强，但很卖力。

小米处世的原则简单到极致，总结起来就是六个字：见高拜，见低踩。拜得非常刻意，踩得非常随意。可她的高明之处在于：被踩的人觉得她踩得拙劣，觉得她不过是个不会说话的小丫头，懒得理她，懒得为她伤神；被拜的人虽然觉得她的马屁拍得拙劣，但她一脸诚实忠厚的样子，又弄得你非常不忍心笑她。

所以，简简单单笨笨拙拙的小米，生命力特别顽强。办事常常出错，也没人逮着她不放，公司出去旅游，常常是时间到了，小米还没到集合地点，她到了之后又忠厚又诚心地道歉，说发现了一株非常漂亮的植物，她不知不觉就"误入藕花深处"，还采了几棵，就忘了时间。大家看到她手里其丑无比的草，觉得责怪这个热爱大自然的傻女孩有点不忍，再说比起那些时髦的，会斗心计的女孩子，小米多么淳朴。出错的时候她总能找到借口推卸给别人，而别人与她理论的时候，旁观者又觉得她才是个被欺负的老实人。

换了三任领导，谁都不认可小米的能力，但谁都被她笨拙的忠诚所感动。没有背景、没有靠山、没有能力，又俗气又简单的小米就这样站在领导面前：一副我就是想讨好你，我就是想让你高兴的老实忠诚相。仿佛一个女人面对心爱的男人，笨拙和出错只是因为爱得厉害，那个男人稍微有点同情心就不忍心抛弃她。小米就是这样站住了脚跟。

苏拉最近升了经理助理。果然，小米像讨好小林一样来夸奖她的衣服首饰和容貌了。对小米这样的人，看不起归看不起，但是恨她和害她都觉得不值得。公司领导层几度变迁，上上下下的员工动了几层，小米的位置仍然固若金汤。小米梳着她的洋葱头，穿着她颜色俗气的套装，在办公楼里顽强地生存着……

小米能够生存靠的就是可笑又可爱的傻气，很多人对此不以为然。殊不知这傻气傻的恰到好处、傻的真诚、傻的没有心机，才为她赢得了生存空间。其实，也许小米是刻意装傻的呢，这种心思除了她自己，又有谁能猜透呢。巧诈不如拙诚，我们前面说过，机关算尽，有时会竹篮打水一场空，那么何不学学小米的拙劣生存之术呢。

4. 小事糊涂，大事不糊涂

有句俗语"吕端大事不糊涂"，说的正是生活中在对待
小事的时候要糊涂点，不要小聪明，而在关键时刻，才表现
出大智大谋。

我们说做人要难得糊涂，不是说让你时时糊涂、处处糊涂，做人
该精明的时候还是要精明一些。精明和糊涂都是相对来说的，同为做
人的手段和技巧。涉及大是大非的地方，就要有自己的明确态度，所
谓吕端小事糊涂，大事不糊涂的例子就能很好地体现这一点。

吕端，字易直（公元935～1000年），幽州安次（今北京西）人，
祖父吕兖，曾为晋朝沧州判官，父亲吕琦，后晋时官至兵部侍郎。吕
端20多岁以父荫补官，历任国子主簿、太仆寺丞秘书郎、直弘文馆
等职。公元960年1月，赵匡胤发动陈桥兵变建立北宋王朝后，吕端
历任成都知府、蔡州知州、枢密直学士，后官至宰相。毛泽东评价吕
端大事不糊涂，缘于公元995年即太宗至道元年的一件事。当时，太
宗赵光义欲立吕端为相，此时当朝宰相为吕蒙正。宋太宗和吕蒙正商
量，吕蒙正说，吕端为人糊涂，不能为相。宋太宗回答："端小事糊
涂，大事不糊涂。"决意让吕端为相，并在一次皇宫宴会上作《钓鱼
诗》云："欲饵金钩深未达，石番溪须问钓鱼人。"以表明自己决意让
吕端为相的想法。几天之后，吕蒙正便不得不交出相位，让位于吕
端。吕端在任上果然为官持重，识大体，并屡屡在大是大非面前坚持

自己的主张，常常让宋太宗"犹恨任用之晚"。

说吕端大事不糊涂，从两件事上可窥一斑：一是献策安抚西夏。当时李继迁割据西夏，屡犯边境，宋军在反攻时擒获其母。宋太宗与寇准密商，决定诛杀其母以惩其犯边之罪。吕端探知当即面谏太宗："凡举大事者不顾其亲，杀其母只能结怨记仇，反而更加坚定其叛乱之心。'并建议'善养之，以招继迁，虽不能降，亦可系其心。"太宗采纳了他的意见。后继迁及其母亲相继去世，其子归降。

二是坚立太子赵恒为帝。太宗病危时，宦官王继恩惧太子英明，与李皇后密谋，欲废太子而另立楚王元佐为帝。吕端知事有变，立即软禁王继恩，遂对皇后晓以大义，终立太子赵恒为帝，是为真宗。如果不是吕端在国家存亡的紧急关头，明辨事非，行动果决，势必造成边境战乱和皇子争帝的宫变。吕端所为，不失为"大事不糊涂"之举。

那么，在小事上他是否真糊涂呢？史载：吕端举止端庄，气量豁达，处事谨慎。正如宰辅赵普所说："我见吕公奏事，得嘉奖未见其喜，受挫折未见其惧，喜愠不形于色，真有台辅大臣气度。"正是吕端的品格高尚，在为人处世上多采取宽厚态度，反被世人视为"糊涂"。史书多处记载了他的"糊涂"事例，从中不难看出他在所谓的小事上也并不糊涂。

如他不擅权力，善与人交。寇准擢升为参知政事，吕端主动提出愿居寇准之下。他勤于政务，不私其家。吕端轻财好施，不蓄私产，不问家事。他历任州府，高居相位多年，三个儿子却生活"贫匮"，急应生计，甚至把住宅也典当出去了，在"三年清知府，十万雪花银"的封建社会，他这样清廉洁守，确实"糊涂"得可以。

不过，吕蒙正说吕端为人糊涂、宋太宗说吕端小事糊涂也的确事出有因。而吕端能够任蔡州知州，多多少少还得益于他的"小事糊涂"。

雍熙元年，宋太宗的二儿子魏王赵廷美有位府亲找到当时在魏王手下为官的吕端，希望他能利用关系帮助他们私贩些竹木以获取利益。吕端原本就与魏王不错，又是魏王的属下，碍于面子就答应了，给这些私自贩卖竹木的人开了一次绿灯。按当时的大宋律，私贩竹木为严重违法行为。此事不久东窗事发，遂牵扯到了吕端。吕端被贬为商州司马参军，继又移至汝州，复为太常丞、判寺事，不久，又让他出任蔡州知州。

可见，我们说的做人要傻一点、笨一点，善于隐藏以求生存和发展，并不是说在任何情况下都要装傻充楞。小事糊涂，大事不可糊涂，既要糊涂，也要精明。特别是生活中，对于一些原则性的问题，要保持头脑清醒，毫不含糊，对于其他的该糊涂就糊涂。

5. 忍耐也是一种聪明的"糊涂"

忍耐也是一种聪明的"糊涂"。好汉不吃眼前亏。人生的路上，难免被人误会，甚至遭人怨恨。做人要想所成，必须认清形势，能忍则忍。

每个人都难免有被人误会的时候，有的人可能因此感到心灰意冷，备受打击，或是在未看清复杂的形势的情况下，极力为自己辩解，结果是百口难辩，徒劳无益。

而有心机的人，在面对委屈的时候，往往慧眼独具，能看清纷乱的形势，先忍耐一时，以求自保，然后谋求东山再起。大丈夫能屈能伸，为了长远的利益可以舍弃一时的安逸。

能忍住一时的委屈，才会有将来的成绩。如果说忍耐也是糊涂的话，那无疑是聪明的糊涂。

唐代武则天专权时，为了给自己当皇帝扫清道路，先后重用了武三思、武承嗣、来俊臣、周兴等一批酷吏。她以严刑厉法、奖励告密等手段，实行高压统治，对抱有反抗意图的李唐宗室、贵族和官僚进行严厉的镇压，先后杀害李唐宗室贵族数百人，接着又杀了大臣数百家，至于所杀的中下层官吏，更是无法统计。武则天曾下令在都城洛阳四门设置"瓯"（即意见箱）接受告密文书。对于告密者，任何官员都不得询问，告密核实后，对告密者封官赐禄；告密失实，并不追究其责任。这样一来，告密之风大兴，不幸被株连者上千万，朝野上下，人人自危。

一次，来俊臣诬陷平章事狄仁杰等人有谋反行为。来俊臣先将狄仁杰逮捕入狱，没给他留下一点反击的机会。然后上书武则天，建议武则天降旨诱供，说什么如果罪犯承认谋反，可以减刑免死。狄仁杰突然遭到监禁，既来不及与家里人通气，也没有机会面见武则天，说明事实，心中自然是焦急万分。审讯的日子到了，来俊臣在大堂上读武后的诏书，就见狄仁杰已伏地告饶。他趴在地上一个劲地磕头，嘴里还不停地求饶说："罪臣该死，罪臣该死！大周革命使得万物更新，我仍坚持做唐室的旧臣，理应受诛。"狄仁杰不打自招的这一手，反倒使来俊臣弄不懂他到底唱的是哪一出戏了。既然狄仁杰已经招供，来俊臣将计就计，判他个"谋反是实"，免去死罪，听候发落。

来俊臣退堂后，坐在一旁的判官王德寿悄悄地对狄仁杰说："你也要再诬告几个人，如把平章事杨执柔等几个人牵扯进来，就可以减轻自己的罪行。"狄仁杰听后，感慨地说："皇天在上，后土在下，我既没有干这样的事，更与别人无关，怎能再加害他人？"说完奋力地向大堂中央的顶柱撞去，一时间血流满面。王德寿见状，赶忙上前将狄仁杰扶起，送到旁边的厢房里休息，又赶紧处理柱子上和地上的血渍。狄仁杰见王德寿出去了，急忙从袖中抽出手绢，蘸着身上的血，将自己的冤屈都写在上面，写好后，又将棉衣撕开，把状子藏了进去。一会儿，王德寿进来了，见狄仁杰没有什么异常情况，这才放下心来。

狄仁杰对王德寿说："天气这么热了，烦请您将我的这件棉衣带出去，交给我家里人，让他们将棉絮拆了洗洗，再给我送来。"王德寿答应了他的要求。狄仁杰的儿子接到棉衣，听到父亲要他将棉絮拆了，就知道这里面一定有文章。他送走王德寿后，急忙将棉衣拆开，看了血书，才知道父亲遭人诬陷。他几经周折，托人将状子递到武则天那里，武则天看后，弄不清到底是怎么回事，就派人把来俊臣叫来询问。来俊臣做贼心虚，一听说太后要召见他，知道事情不好，急忙找人伪造了一张狄仁杰的"谢死表"奏上，并编造了一大堆谎话，好不容易将武则天应付过去。

又过了一段时间，曾被来俊臣妄杀的平章事乐思晦的儿子也出来替父伸冤，并得到武则天的召见。他在回答武则天的询问后说："现在我父亲已死了，人死不能复生，但可惜的是太后的法律却被来俊臣等人给玩弄了。如果太后不相信我说的话，可以吩咐一个忠厚清廉，你平时信赖的朝臣假造一篇某人谋反的状子，交给来俊臣处理，我敢担保，经过他的残酷刑讯，相信没有谁不会承认。"武则天听了这话，才明白过来，不由想起狄仁杰一案，忙把狄仁杰召来，不解地问道："你既然有冤，为何又承认谋反呢？"狄仁杰回答说："我若不承认，可能早死于严刑酷法了。"武则天又问："那你为什么又写'谢死表'上奏呢？"狄仁杰断然否认说："根本没这事，请太后明察。"武则天拿出"谢死表"与狄仁杰的笔迹进行了核对，发觉完全不同，才知道是来俊臣从中做了手脚，于是，下令将狄仁杰释放。

这个例子非常典型，狄仁杰于艰难的环境中并没有慌乱，他洞察到了当时敌强我弱的形势，不硬碰硬地与对手正面交锋。但同时他又没有被环境所吓倒，委屈和磨难没有击垮他，他先忍耐住刚强的性格与对手周旋，以图解救自己。这种忍耐无疑是一种聪明的糊涂。

忍耐说到底就是要不冲动，不为眼前而放弃长远的利益。忍耐从当时来说，可能让人觉得你是个糊涂蛋，好赖不分，其实这是迷惑敌人的一种手段。一个人无论是做人还是做事，都应以此为鉴，学会耐住委屈，做人要懂得以退为进的道理。当然忍耐也非易事，需要足够的勇气和毅力，还要有信心才成。

6. 小聪明不要随便耍

人可以有点小聪明，有点小花招，这本无大碍。但在为
人处世过程中，小聪明又不可随便耍，否则往往弄巧成拙，
偷鸡不成反蚀把米。

小聪明往往是难以立足的。聪明做人，再好不过，但真正聪明的
人，不会处处显示自己的能耐，这不仅是处世的方法，也是做人的原
则。如果卖弄自己的小聪明，到头来只会弄巧成拙，偷鸡不成反蚀把
米。因此，做人还不如糊涂一点好，不要总想着投机取巧。

正所谓"聪明一世，糊涂一时"，很多人就是因为爱耍小聪明，
结果作茧自缚。清朝大商人胡雪岩就是因为耍小聪明栽了个大跟头。

胡雪岩决定为母亲办寿。生日在三月初八，"浩治桃觞，恭请光
临"的请帖却在年前就发出去了。到了二月中旬，京中及各省送礼的
专差，络绎来到杭州，胡府上派有专人接待，送的礼都是物轻意重，
因为胡雪岩既有"财神"之号，送任何贵重之物，都等于"白搭"，
唯有具官衔的联幛寿序，才是可使寿堂生色的。

寿堂共设七处，最主要的一处，不在元宝街，而是在灵隐的云林
寺。铺设这处寿堂时，胡雪岩带着清客，亲自主持，正中上方高悬一
方红地金书的匾额："淑德彰间"，上铭一方御玺："慈禧皇太后之
宝"，款书："赐正一品封典布政使衔东西候补道胡光墉之母朱氏"。
匾额之下，应该挂谁送的联幛，却费斟酌了。

事情本该完美，可在这个地方，胡雪岩却不该耍了个小聪明，他为了恭维自己的靠山左宗棠，力主在寿堂上设寿联时，压李鸿章一头，最终想出了一个主意：加上爵位，论爵位，左宗棠比李鸿章高，这样一来才算趁了胡雪岩的意。

这个聪明却显示了胡雪岩政治上的幼稚。一来，左宗棠并不一定非要压李鸿章一头，这样显得他太没气度，而胡雪岩完全是曲意逢迎；二来他耍的这点小聪明，谁看不出来，办寿时人多嘴杂，李鸿章岂能不知？

不仅如此，胡雪岩还帮左宗棠奚落李鸿章。

一次，李鸿章告别左宗棠回京途中，正行路时，军中一阵骚动，耳听得后面传来马蹄声。

"慌什么？兵来将挡，水来土掩，列阵。"李鸿章带领诸将到了阵前。

少顷，一支人马奔到近前。胡雪岩跨下一匹骄骢，跑在最前面。"李大人慢走，浙江候补道胡光墉给大人送行来了。"飞身下马，三步并作两步，跪在地上，"李大人，左大人派末道来给大人送行。"磕了三个响头。

"胡大人请起。"有道是礼尚往来，李鸿章问道，"左大人的酒可醒了？"

"回大人，左大人早晨方醒，听说李大人已经走了，追悔莫及，无奈军务在身，不敢或离，便差末道来了。"说着，两个军士各托一个盘子，跪送奉上。李鸿章打开来看，里面各有一颗卵子大小的明珠，叫人收了，打个哈哈道，"转告直亮兄，让他费心思了。"

"是。"胡雪岩又施一礼，道，"李大人，末道还有公务在身，告退了。"回身上了战马。

这一支人马不足百人，却显得煞有声势。李鸿章仔细看了看，忽地明了，原来都是百里挑一的精壮大汉，盔明甲亮，连胯下的战马都是精心挑选的。胡雪岩在马上一抱拳，带着这彪人马，一阵风似的去了。

"左宗棠有个胡光墉成了多少事。"李鸿章叹口气，道，"过河。"

一声令下，淮军陆续前进。李鸿章叫来盛宣怀道："杏荪，左宗棠派人来是什么意思，你可知道？""大约是觉得对不起大人了，补过来了。"

李鸿章哈哈一笑，道："送珠子的人恭敬不假，但让我想起一个成语，举案齐眉。"盛宣怀心道："这里有什么文章？"只听李鸿章道："案字是谐音，通暗字，岂不正说明珠投暗。"冷笑两声道："两颗珠子用两个军士送，取的是双数，珠子也是货，货通祸，是谐音，解释为祸不单行。左宗棠的谜语连起来就是明珠投暗，祸不单行。"说得不无道理。

本来李鸿章就因为左宗棠生闷气，如今胡雪岩又耍了一手小聪明，不免使得李鸿章更加记恨胡雪岩，满心盘算寻个适当时机，必欲除之而后快。

可见，聪明人也会犯错误，耍点小聪明，到头来给自己制造麻烦。小聪明之所以被称为"小"，就是因为登不得大雅之堂，往往是心虚自私的表现，不能光明正大的公之于众。虽然，我们提倡做人要有心思，有点小聪明并不过分，但切不可随便耍给别人看。小聪明可能有时奏效，但大部分难以达到效果，还可能会弄巧成拙。因此我们做人一定要有点原则，不要随便耍小聪明。

7. 做人要学会装聋作哑，装傻充楞

> 俗话说的好，看透别说透，才是好朋友。糊涂是做人的智慧，而故意装聋作哑，装傻充楞更是将糊涂做人发展到了一种很高水平。

如果你具备了察言观色的能力，能够发现事情的玄机，那这再好不过了。但是当我们知道了别人都不晓得的事，难免会产生一种优越感，很多人更是迫不及待地把秘密说透，这样做的结果往往是暴露自己，让别人对你加强戒备，对你本身也没什么好处，因此，这是很不明智的做法。

做人要糊涂一些，对于这种旁人不及的优点，我们应该善于隐藏起来，看透别人的心思，也不要轻易声张，不妨故意装聋作哑、装傻充楞，这样往往能保全自己，以免招祸。

容易说透秘密的人，往往都善于夸耀自己，爱表现，这里就有一个因为夸耀自己有先见之明而导致失败的故事。

魏王的异母兄弟信陵君，在当时名列"四公子"之一，知名度极高，因仰慕信陵君之名而前往的门客达 3000 人之多。

有一天，信陵君正和魏王在宫中下棋消遣，忽然接到报告，说是北方国境升起了狼烟，可能是敌人来袭的信号。魏王一听到这个消息，立刻放下棋子，打算召集群臣共商应敌事宜。坐在一旁的信陵君，不慌不忙地阻止魏王，说道："先别着急，或许是邻国君主行围猎，我们的边境哨兵一时看错，误以为敌人来袭，所以升起烟火，以示警戒。"

过了一会儿，又有报告说，刚才升起狼烟报告敌人来袭是错误的，事实上是邻国君主在打猎。

于是魏王很惊讶地问信陵君："你怎么知道这件事情？"信陵君很得意地回答："我在邻国布有眼线，所以早就知道邻国君王今天会去打猎。"

从此，魏王对信陵君逐渐地疏远了。后来，信陵君受到别人的诬陷，失去了魏王的信赖，晚年沉溺于酒色，终致病死。

可见，有先见之明，能顺利地看透对方的本意本没有错，往往可以为你赢得先机，那么是否看透了对方就算完了呢？其实双方的斗智这时才真正开始。能透视对方的内心，只不过使你得到一种有利武器罢了，更重要的是，你应该如何使用抓在手中的这把利器？如果不懂得使用的方法，只知道手拿利器乱挥乱舞，不但不能击中别人，相反的很有可能伤害到自己，因此切勿乱用这把容易伤人的利器。而正确使用它的方法就是做人要能认清形势，糊涂一点，该装傻的时候绝不表现出聪明，不该开口的时候绝不开口。

还有一个和信陵君情形刚好相反的故事，故事的主人公就是因为虽然看透对方心思，但却故意装傻充楞，不予理睬，结果反倒保全了自己。

齐国一位名叫隰斯弥的官员，住宅正巧和齐国权贵田常的官邸相邻。田常为人深具野心，后来欺君叛国，挟持君王，自任宰相执掌大权。隰斯弥虽然怀疑田常居心叵测，不过依然保持常态，丝毫不露声色。

一天，隰斯弥前往田常府第进行礼节性的拜访，以表示敬意。田常依照常礼接待他之后，破例带他到邸中的高楼上观赏风光。隰斯弥站在高楼上向四面眩望，东、西、北三面的景致都能够一览无遗，唯独南面视线被隰斯弥院中的大树所阻碍，于是隰斯弥明白了田常带他上高楼的用意。

隰斯弥回到家中，立刻命人砍掉那棵阻碍视线的大树。

正当工人开始砍伐大树的时候，隰斯弥突又命令工人立刻停止砍树。家人感觉奇怪，于是请问究竟。隰斯弥回答道：

"俗话说'知渊中鱼者不祥'，意思就是能看透别人的秘密，并不是好事。现在田常正在图谋大事，就怕别人看穿他的意图，如果我按照田常的暗示，砍掉那棵树，只会让田常感觉我机智过人，对我自身的安危有害而无益。不砍树的话，他顶多对我有些埋怨，嫌我不能善解人意，但还不致招来杀身大祸，所以，我还是装着不明不白，以求保全性命。"

俗话说：看透别说透，才是好朋友。有时，说透了不仅仅是伤和气的事，还有可能招来意想不到的祸患。

不要让对方发觉你已经知道了他的秘密，否则完全失去了透视人心的意义。做人应该学会装傻充愣，不该看的不看，即使看到了猜到了，也要分析形势，不要轻易说出口。糊涂一点，总没有错。

8. 傻人有傻福，
"愚钝"可以帮你赢得机会

傻人的想法看似简单，不会去追求所谓幸福的东西。然而正是因为傻人只做该做的事，而且把该做的事竭力做好，才使他们做人更加成功。

人们常说傻人有傻福，金庸武侠小说《射雕英雄传》里的郭靖可谓傻人有傻福的典范。虽然郭靖是个木讷且愚钝的傻小子，但他却赢得了两个女人对他痴心的爱，并且因为忠厚老实的性格学到了一身上乘的功夫。

电影《阿甘正传》里的阿甘同样是个"傻"人，他先天弱智，智商只有75，但他热爱生活，面对别人的嘲笑，阿甘总是喜欢这样回答别人，他承认自己的傻，但他却从不向命运低头，最终不仅成了百万富翁还收获了令人羡慕的爱情。

傻人之所以有傻福，正是因为他们具备一种对生活的坦然处之的态度，这是一种珍惜热爱生活的态度，是最能带来快乐的态度。

不仅小说和电影里的傻人往往有傻福，现实中也有不少这样的例子。

杨丽毕业那年，就业形势已经严峻到连大学生都人人自危的程度。在撒下了几十份求职信后，好不容易有一家公司有了回应，可是当杨丽兴冲冲地去面试的时候，却发现已经有40多人揣着本科学历和各种证书聚集在公司门前，竞争几乎激烈到了短兵相接的地步。闯过了初试和面试，杨丽进入了最后一轮考察：在人力资源部实习三天。部长留给了杨丽一个任务，将公司去年的部分文件整理归类并在微机里建档保存。

然而，就在杨丽忙碌了一天之后，下班前传来了坏消息，总公司紧急通知暂停招聘新员工。"这不是耍我们吗！"参加实习的其他学生纷纷跑到部长办公室表示不满。直到下班前，焦头烂额的部长才送走了最后一个愤愤不平的学生，回到办公室，却发现杨丽还在成堆的文件里忙碌着。

部长很客气地说："真不好意思，白让你忙活了一天。没办法，这是总公司临时的决定……下班了，快回家吧，你明天就不用来了。"

杨丽站起身来，说："没什么，只是这些文件我都整理了一半了，如果换成别人又要从头开始。活儿没干完心里不踏实，我明天再来，一个上午就足够了。"

同学们都说杨丽傻，与其给人家白白出力，还不如抓紧时间找别的工作。杨丽只是微微一笑，第二天中午离开的时候，留下的是一排排装订好的文件夹和一间整洁的档案室。

两个月后，求职屡屡碰壁，只能在小店打零工的杨丽接到了一个电话，是那位部长打来的，说现在公司有职位邀请她前去应聘。原来，部长在向公司经理汇报招聘情况的时候，特别提到了杨丽的表现。经理对这个"最傻的求职者"印象很深，指示部长留下了她的联系方式。当公司完成调整，重新招聘员工的时候，部长第一个电话就打给了杨丽。就这样，在同学羡慕的目光里，杨丽重新迈入了这家公司的大门。

初入公司，学历最低又没有经验的杨丽被安排去做前台接待。在大家眼里，这是公司里最"垃圾"的岗位，平时接听电话，做个来客登记，从来没人干到两年以上，选择这样的职位，毫无前途可言。

杨丽毫无怨言，微笑着去迎接自己的第一份工作，用她的话说："前途不是选出来的，而是做出来的。"上班第一天，她就换掉了那本破破烂烂的登记簿，扯下了脏兮兮的部门电话联系表，取而代之的是16开的大本，封面是自己打印的公司简介，至于联系电话，她连续几个晚上熬到十一点也就熟记在心了。有人不理解，说花上十秒钟查查通讯录不就知道了，何必犯傻去死记硬背。杨丽说自己的工作就要"问不倒，答得快"，不光是电话和房间号，有关公司的一切都要心中有数。

一次，几个新加坡客户来洽谈合作，杨丽安排他们在大厅稍等。客户们坐在一起，谈到对这个新合作伙伴的业绩不太了解，杨丽主动走上前去很有礼貌地说："如果可以的话，占用各位一点时间，我可以简单介绍一下。"在众人惊讶的目光中，杨丽把公司近几年的销售业绩、市场份额、运行情况说得有条有理。等到销售经理来迎接的时候，客户们赞不绝口："你们公司了不得，一个普通员工对自己公司的业绩都能脱口而出，这是多么强烈的责任心和自豪感啊！我们对这样的企业很有信心……"事后，经理问杨丽怎么记住那一长串数字的，杨丽回答："公司年会和每次的例会，我把各个部门的情况作了详细的记录。"经理不由得对她刮目相看。

很快，这个热情而细心的前台成了公司一道亮丽的风景。其实，杨丽的做法当初被很多同事嘲笑为傻帽。比如为了保证电话铃响三声就接通，杨丽从来不带杯子到公司，最大程度减少上厕所的次数，大家说公司不是上甘岭，而杨丽相信，每一个未知的来电都可能是一个潜在的客户，也许百万元生意就开始于一次及时而热情的接听。再比如，午餐之后杨丽总要把大厅打扫一遍。有人说别傻了，公司付钱给物业公司了。杨丽说："物业公司的清扫时间比公司下午上班晚半个小时，中午时间进出的员工很多，地板上满是脚印，如果来了客户，肯定会影响他对公司的第一印象。"

老天不负有心人，一年之后，优秀员工的称号和额外奖金破天荒第一次落在了杨丽这个"最傻"的前台接待员头上。

傻人的想法看似简单，好像他们并没有什么追求。然而正是因为傻人只做该做的事，而且把该做的事竭力做好，才使他们做人更加成功。

聪明而不露，才有任重道远的力量。这就是所谓"藏巧守拙，用晦如明"。人们不管本身是机巧奸猾还是忠直厚道，几乎都喜欢傻呵呵不会弄巧的人，这并不以人的性情为转移，所以，要达到自己的目标没有机巧权变是不行的，既然傻人有傻福，我们做人何不学会装傻，腾下心来，一心一意去对待生活，去做自己喜欢的事呢。

第九章

谨慎能捕千秋蝉，小心驶得万年船。做人必须具备风险意识，做任何事都要留心，不能蛮干。与陌生人打交道要多加提防，就是与熟人交往也要多长个心眼，特别是不要去招惹小人。在做事之前，应该有所计划，为了保险起见，可以先行试探，看看水深水浅，然后再行动。要说的话也要先在脑子过一遍，不要口无遮拦。也就是要做到三思而后言，还要三思而后行。做人还应细心，善于把握细节。害人之心不可有，防人之心不可无。做人谨慎不是小家子气，而是一种安身立命必须适应的生存法则。

1. 投石问路，进退有依据

　　　　谨慎的人在作出决定之前，往往先进行一番试探，这样
　　心里才会有底，不至于盲目行事，否则风险太大。试探的方
　　式很多，其中投石问路便是行之有效的手段之一。

　　回答一个问题、提出一个建议、做出一个决定，这都是有技巧
的，不能鲁莽行事。一个建议是不是会被接受，特别是当自己对这个
建议都还抱着怀疑态度的时候，你不妨放出风声试探一下。谨慎的人
往往都善于投石探路，做起事来才有依据。

　　有这样一个小故事。有一个走江湖的相士，一日，忽蒙县官召
见。见面时县官对他说："坐在身旁的三人当中，一位是我的夫人，
其余是她的婢女。你若能指认哪一位是夫人，就可免你无罪。否则，
你再在本县摆相命摊，我必将惩处你！"

　　相士将衣饰发型一致、年龄相仿、同样面无表情的三位女子打量
一眼，就对县官说："这么简单的事，我徒弟都办得到！"他的徒弟应
师父之命，将三位并排端坐的女孩子从左往右看，从右往左看，看了
半天，仍然一头雾水。他满脸迷惘地对相士说："师父你没有教过
我啊？"

　　相士一巴掌拍在徒弟的脑袋上，然后顺手一指其中一位女子说：
"这位就是夫人！"

　　在场之人全部傻住了，没错，这人还真会看相。

其实事情的真相是：相士一巴掌拍在徒弟脑袋上时，师徒二人的模样颇为滑稽。少见世面的两个丫环忍不住掩口而笑。那位依然端坐，面无表情的女子当然是见过世面又有教养的夫人啦。

相士这招投石问路的方法果然够绝。另外，投石问路还是谨慎的商家惯用的手法。"新产品少进试销"这条商业原则，隐含的就是投石问路的意思。这不仅适用于经营者，也适用于生产者。市场是一个难以捉摸的精灵，即使采用全面调查的方式，运用现代化的分析手段，也未必能完全了解市场，何况，在投资不是太大的情况下，采用这种全成本的市场调查分析法，是得不偿失的。但是，在新产品上市前，如果不进行必要的调查分析，仅凭经验判断进行决策，一旦失误，就可能造成严重的损失。因此，以"试销"的方式了解市场，不失为一种降低成本、减少风险的好方法。

1982 年，在亚柯卡的领导下，濒临破产的美国第三汽车制造公司克莱斯特，终于走出了连续 4 年亏损的低谷，这以后，如何重振昔日的雄风，是亚柯卡考虑的首要问题。他根据克莱斯特当时的情况，决定出奇制胜，把"赌注"押在敞蓬汽车上。

美国汽车制造业停止生产敞蓬小汽车已经 10 年了，因为时髦的空气调节器和立体声收录机对于没有车顶的敞蓬汽车来说是毫无意义的，再加上其他原因，使敞蓬小汽车销声匿迹了。

虽然预计敞蓬小汽车的重新问市会激起老一辈驾车人对它的怀念，也会引起年轻一代驾车人的好奇，但克莱斯特大病初愈，再也经不起折腾，为保险起见，亚柯卡采取了"投石问路"的策略。

亚柯卡指挥工人用手工制造了一辆色彩新颖、造型奇特的敞蓬小汽车。当时正值夏天，亚柯卡亲自驾驶着这辆敞蓬小汽车在繁华的汽车主干道上行驶。

在形形色色的有顶轿车的洪流中，敞蓬小汽车仿佛来自外星球上的怪物，吸引了一长串汽车紧随其后。几辆高级轿车利用其速度快的优势，终于把亚柯卡的敞蓬小汽车逼停在路旁，这正是亚柯卡所希望的。

追随者围住坐在敞蓬小汽车里的亚柯卡，提出一连串问题：

"这是什么牌子的汽车？"

"是哪家公司制造的？"

"这种汽车一辆多少钱？"

亚柯卡面带微笑地一一回答，心里满意极了，看来情况良好，自己的预计是对的。

为了进一步验证，亚柯卡又把敞蓬小汽车开往购物中心、超级市场和娱乐中心等地，每到一处，就吸引了一大群人的围观，道路旁的情景在那里又一次次重现。

经过几次"投石问路"，亚柯卡心里有了底。不久，克莱斯特公司正式宣布将生产男爵型敞蓬汽车。消息发布出去后，美国各地都有大量的爱好者预付定金，其中还有一些女骑士！结果，第一年敞蓬汽车就销售了23000辆，是原来预计的7倍多。克莱斯特公司大获其利，实力扶摇直上，再次跻身于美国几大汽车制造公司之列。

可见，我们做人必须谨慎。在提出要求、需求或做决定的时候，先进行必要的试探。这种做法不仅常常叫你取得好的结果，而且还可以给你提供是继续干下去还是及早撤退的理由。

2. 做人要细心，把握细节

千里之堤，溃于蚁穴。细心者常常可以旗开得胜，粗心大意者则常因忽略细节而功败垂成。成功者都是注意防微杜渐，善于在细节上做文章的谨慎之人。

有这样一个故事：两个国家打仗的时候，一个马夫正在给国王的马匹钉掌，这时候过来一个侍卫说国王急需用马，马夫说，差了一个钉子，马掌会掉下来的，需要时间打一个钉子。侍卫说，都什么时候了，不用管那么多了，于是牵着马上了战场。国王骑马冲锋，正在交战激烈的时候，马掌掉了下来，马摔倒了，国王也被敌人抓住。国王最后感叹道，一个国家的覆灭就因为一个小小的钉子。

这就是一个钉子毁灭一个国家的故事，告诉我们任何一件小事都有着关系胜败的力量，不能忽视小事情。生活中我们做人若谨慎，也应该重视细节，小事处理得好，往往可以帮你获得成功的机会。细节决定成败。

一个大学毕业生去广州想靠打工闯出一番事业。但很不幸，一下火车，他的钱包就被偷了，钱和身份证都没了。在受冻挨饿了两天后，他决定开始拾垃圾——虽然受白眼，但至少能解决吃饭问题。一天，他正低头拾垃圾时，忽然觉得背后有人注视自己。回头一看，发现有个中年人正站在他背后。中年人拿出一张名片说："这家公司正有招聘，你可以去试试。"

那是一个很热闹的场面——五六十个人同在一个大厅里，其中很多人都西装革履，他有点儿自惭形秽，想退下来，但最终还是等在了那里。当他一递上名片，小姐就伸出手来："恭喜你，你已经被录取了。这是我们总经理的名片，他曾吩咐，有个青年会拿着名片来应聘，只要他来了，就成为我们公司的一员！"就这样，没有经过任何面试，他进入了这家公司。后来，由于个人努力，他成为了副总经理。"你为什么会选择我？"闲聊时他都会问总经理这个问题。"因为我会看相，知道你是栋梁之材。"每次，总经理都神秘兮兮地一笑。

　　又过了两三年，公司业务越做越大，总经理要去新的城市进行投资。临走时，将这个城市的所有业务都委托给了他。送行那天，他和总经理在贵宾候机室面对面坐着。"你肯定一直都很想知道，我为什么会选择你。那次我偶然看见你在拾垃圾，就观察了你很久，你每次都把有用的东西拣出来，将剩下的垃圾归整好再放回垃圾箱。当时我想，如果一个人在这样不利的环境下还能够注意到这种细节，那么无论他是什么学历、什么背景，我都应该给他一个机会。而且，连这种小事都可以做到一丝不苟的人，不可能不成功。"

　　我们再来看另外一个例子。刘强与用人单位约好下午 14:05 面试的，可他直至 14:12 才到。前台小姐把他带去面试时，面试的经理还没问什么呢，他就开始解释说路上车堵了好长时间，真没办法。面试刚开始三分钟，动听的手机音乐响起来了，刘强习惯性地接听了电话，像是旁若无人。只听他说"这件事不是跟您说多少次了？你直接问总经理就行了……"谈到一个专业问题时，面试官问这样操作可行吗？刘强答曰："我说这样做就肯定没问题的，这方面我有十几年工作经验了。"结果，虽然对方对于他的业务能力表示认可，但因其不注重细节，谁敢邀其加盟？

　　由此可见，细节可以使人失去一份触手可及的工作，也可以使人获得一份连自己都不敢奢求的工作。一些企业在抓产品或服务质量时只注重大处，却忽视了细微之处，对不起眼的小毛病不以为然，结果吃了大亏。江南一家名牌袜厂曾向日本出口袜子，尽管产品质量优异，式样新颖，可就是登不了大雅之堂，只能降格摆在小摊上廉价出售，且少有问津者。其症结就在于袜子的商标贴歪了。在日本顾客看来，连商标都贴不规则的企业，怎能让人相信产品会是优等品呢？一个小小的瑕疵败坏了名牌的形象，厂家因此失去了市场。

谨小慎微，并非小气，做人有自己的一套，必须重视细节，在细微之处做文章。人们有理由相信，一个真心实意地在细节上下工夫的人必定是一个真挚的人，从而也更乐意与你交往。

3. 做人要有心机，防人之心不可无

生活复杂，人心难测，懂得防人总没有错。在待人接物中，多点防人之心，不麻痹，不大意，往往可以避免遭遇不测。为了生活的平安，为了事业的顺利，一定得多点防人之心。

"害人之心不可有，防人之心不可无"，待人接物中，有点儿防人之心并不为过，成大事者往往都是谨慎之人，他们做人随时保持高度警醒，因为他们明白麻痹大意或者过分相信别人，往往容易被人利用，给自己造成不必要的伤害。

某机关一位姓王的局长在这方面就曾有过沉痛的教训。大概是5年前，他们局分配来一个名牌大学毕业的大学生，王局长是个非常爱才的人，便对他另眼相看，那大学生也对王局长极尽奉承、巴结和讨好。时间一长，两人几乎成了推心置腹的朋友。王局长什么事都不瞒他，甚至连自己和副局长之间的不和也和盘托出。

后来王局长渐渐感到，副局长与自己的矛盾日益加深，关系越来越僵，甚至时常当面出语顶撞，眼看两人实在无法共事，上级只好把二人调开完事。

本来，两个人的矛盾就是因工作而起，既然不在同一个部门工作了，矛盾自然就少了许多。日子一长，两人渐渐消除旧怨，重新搭话，王局长意外地发现副局长当初对他敌意陡增、态度突变，全是因为那个大学生在中间传话捣的鬼。他把局长批评副局长的话全都一五一十地告诉了副局长，还附带说了许多批评王局长的话。

王局长如梦初醒，大呼上当，愤然去找那位大学生。谁知，大学生却说道："我既没有造谣，也没有诽谤。我是人，总有表达我自己观点的权利吧？你可以想想，我在你面前是否说过副局长的坏话，如果没有，那就不是挑拨离间。"王局长哑然无语。

痛定思痛，王局长发现自己犯了无防人之心的做人大忌。同样，当你在领导岗位上时，别人对你总有几分敬畏。你说话时，别人常会诺诺连声，但千万不能据此认为别人和你的想法是一致的。尤其是不该让下属知道的事，即使关系相当好，也决不透露半个字。

其实，又何止是当领导的需要有防人之心，任何人都不可失去防人之心。因为，在待人处世中，因为你需要打交道的很可能就是个精明者，毫无疑问，你需要防止被此类人所暗算。即使对方心计的修炼不如你高，或者根本就与你不在同一水平上，那么，也需要多点防人之心。否则，说不定什么时候，就会被对方"黑"一下。

三国时期，曹植与曹丕争做太子。曹植才华横溢，人们敬服，曹操也对他另眼相看，内心暗暗打算把王位传给曹植。当曹植封侯的时候，曹丕在军中还不过只混到郎官，比起曹植，太不起眼了。但精明的曹丕却知道如何去打败曹植。

曹操带兵出征，曹丕与曹植都到路边送行。曹植充分发挥其才能，称颂父王功德，出口成章，引人注目，曹操也大为高兴。曹丕则反其道而行，不能出口成章，就装得很含蓄，假惺惺地哭拜在地上，曹操及他左右的人，都很感动，认为曹植有的只是华丽的辞藻，只有曹丕才是真正的忠诚厚道，是真实的情感。在这种情况下，曹植继续其文人的做派，我行我素，不肯用心计，这样正中曹丕下怀。曹丕进一步使用手段，掩饰真情。于是王宫中的人及曹操身边人都为他说话，终于被立为太子。曹植的日子，从此便一天天难过了。时间不长，不懂防人之道的曹植，终于被曹丕所害，送了性命。

此外，还有一些人内心虚荣，对别人的奉承拍马飘飘然，毫无防备地钻进了圈套，中了别人的圈套。战国时期著名的军事家孙膑被魏惠王请出山，按说该是他半生学业开花结果的时候。但他做梦也没想到自己的老同学庞涓会害他，以至于受到挖去两个膝盖骨的酷刑，差一点连小命都丢了。韩非的遭遇更坏，秦始皇读了他的书，恨不得立刻见到他，派人把韩非请到咸阳，一度交谈，相见恨晚，韩非的学业成功和将来的一番大事业似乎指日可待了。然而就在此时，韩非也断然没有想到，他的老同学李斯会在秦始皇面前进谗言，置他于死地。这两例，无论是孙膑膑足，还是韩非被害，对二人来说，都是防不胜防。正是因为这个原因，才见出防范预谋之必要。

做人需有自己的一套，在待人接物中，多点防人之心，不麻痹、不大意，往往可以避免遭遇不测，使自己处于大体不至于失败的地位。人在任何情况下都不能毫无防备地说话做事，虽然说人们不一定非得虚伪不可，但绝对需要防人。因此，为了生活的平安，为了事业顺利，一定要多点防人之心。

4. 练就"火眼金睛"，
假"馅饼"原是真"陷阱"

> 做人要善于把握机遇，往往可以事半功倍。但天上不会
> 掉馅饼，谨慎一些，练就一双"火眼金睛"，认清机遇中的
> 陷阱，不要被假机遇所迷惑。

机遇是良好的契机，需要我们去发现和捕捉，但机遇绝不等同于天上掉下的"馅饼"。所谓一分耕耘一分收获，我们无论是为人还是处事，都要把眼光落到实处。机遇青睐于有能力的人，而不是总想着守株待兔的懒汉。

天上不会掉馅饼。很多人因为太想成功，总想不劳而获，把好事情占尽，他们看不到天上掉下的"馅饼"往往就是陷阱，一味地往里跳，有的人甚至为了利益不惜铤而走险。这样的人被假机遇所迷惑，下场往往也是很可悲的。

1987 年 10 月，在广交会期间，深圳市某进出口贸易集团公司总经理叶振忠通过下属海外经济贸易公司经理李某认识了陈某。听李某一番介绍，叶总决定聘用"能人"陈某，以扭转海外公司不景气现状。

1988 年 1 月，来海外公司报到上班的陈某得知公司去年曾从澳大利亚进口 2 万多吨氧化铝，眼下正交与国内某铝厂加工成铝锭，以便出口，当即向李某建议："这批铝锭应该拿到国际期货市场买卖，能

起到保值作用。""什么是保值？期货是怎么回事？"不懂此道的李某、叶振忠等初闻此言，便反复向陈某讨教。为此，陈某专程去香港请来一位港商对他们进行"期货交易"的启蒙教育。在陈某的鼓舞下，叶总、李某渐渐头脑发热，早已把国家禁止国有企业擅自参与国际期货交易的规定忘得一干二净。叶振忠、李某等共同拍板定案：国际期货交易，可以干！

1988年2月，经陈某策划，一个秘密的冒险计划开始实施：即刻以叶、李、陈三人组成一个国际期货运转操作小组，先用该进口公司的名义与美国P公司签订了参与期货交易的有关文件，随即在美国纽约某银行建立账户。经商议决定：动用该账户的期货保证金要由叶、李、陈三人中的两人同时签字方能生效。至于其他经营业务，可以由陈一人独自决策。案发后，查阅叶、李、陈三人订立的《转移资金授权书》，发现一个极容易钻的空子：交易所"在任何时候，无须事先通知就可将资金从调节商品账户转移到其他账户，具体可以事后用书面通知李、陈两人。"

经过短时间的"精心准备"，叶振忠听从李、陈的谋划，在1988年4月，将那批铝锭投进国际期货市场。为使此项工作能较顺利开展，叶振忠奔走于深圳市经济发展局、外汇管理局和其他相关政府部门，很快便办理好了参与期货交易所必需的文件和手续。5月5日，叶振忠拿着外汇管理局的批复，从中国银行深圳分行分批付出贷款200万美元作为期货保证金存入公司在海外炒期货的账户上。

尽管市外汇管理局在办理该进出口公司和海外公司的批复时强调："汇出的外汇必须专款专用。"此笔款项"只限于用作复出口铝锭期货交易保值，交易完毕后，要及时将资金调回国内"，"不宜搞专门买空卖空的期货交易活动"。但叶、李、陈等人却是"将在外，君令有所不受"。他们凭着自己的胆大，毫无顾忌地跨过了前述规定：他们手中仅有1825吨铝锭，却在期货市场中卖出26000吨，由此造成的虚位空锭多达24175吨。由于到期供不出实际现货，叶振忠等人只好用保证金作冲抵赔偿。因上阵决定草率，第一笔期货交易便给公司造成 300 多万美元的亏损。

眼见第一笔期货交易白白丢失 300 多万美元，叶振忠为迅速弥补损失，在陈某的鼓动下，同意扩大经营范围，空炒铝、铜、锌、金银、外汇、棉花、大豆、石油、食糖等多个品种的期货。

可是，再次出师不利，仅 1989 年春节期间为一桩铜材的期货交易，叶总的公司又损失掉 800 万美元。这犹似一次大赌博，越输越想赢回。叶总再次听从陈某建议，在缺乏铝锭现货的情况下，干脆"以锌换铝"。可是期货市场进入者须得先交保证金。这笔钱从哪里来？一急之下，叶总想到了自己的妻子，向她借钱救急。

叶总之妻黄美贤是深圳市免税商品供应公司的总经理，一见叶总呼救，她便立即伸出救援之手。为了避违纪嫌疑。她先让自己属下公司与丈夫属下海外公司签订合伙经营期货生意的假"协议书"，然后便以免税公司进货为名，利用开具给免税公司的假发票，蒙骗市外汇管理局，轻易将 500 万美元汇出境外。资金一到境外，黄美贤即刻便将其中的 400 万美元转到他丈夫在美国炒卖期货的公司账户上。然而，这一着也未能圆叶振忠的美梦。到 1989 年 8 月，不到 3 个月的时间，黄美贤为救丈夫划出的 400 万美元已全部亏空流失。而她自己留的那 100 万美元，也因使用不当，同样流失干净。

在 1988 年 5 月至 1989 年 8 月期间，叶振忠属下的海外公司先后 21 次向美国纽约化学银行汇出期货保证金，总计达 3066.62 万美元，以上款项除已经汇回中行深圳分行 1222.94 万美元以外，截止 1991 年 9 月为止，期货账户上仅有余额 1.2 万美元，也就是说有 1842.48 万美元，加上银行利息 521 万美元，总计 2636.48 万美元，经叶振忠等人的国际期货买卖折腾，竟像打水漂似的在短短的时间内便消失得无影无踪。叶振忠以为天上有馅饼掉，上了陈某等人的大当。

可见，做人千万不要轻易相信凭空从天上掉下的馅饼，这些所谓的馅饼，因为极具诱惑，所以被很多人误以为是人生的东风和发展的良机。殊不知，这些表面上看起来很有发展前途的"机遇"，其背后也许就隐藏着巨大的凶险，是等着你去跳的陷阱。一个人要想在这个社会更好的生存，就要有自己的一套，首先态度上要端正，不轻易相信飞来的横福，平时还要练就一双"火眼金睛"，分清楚哪些是"陷阱"，哪些才是真正的机遇，把握机遇也要谨慎，不要被表面现象所迷惑。

5. 处夹缝而如履薄冰

人生在世，难免遭遇困境和危厄。在人生的夹缝中生存，有时会身不由己，处夹缝中就更要小心谨慎，处处如履薄冰，克制自己，保全自己。

人生不可能是一帆风顺的，总会出现不如意的事情，当我们面对坎坷与障碍的时候，总会有一种身不由己，身处夹缝中的感觉。处在夹缝中，不同的态度和为人处世原则往往给你带来不同的结果。善良的人以为天下人都同自己一样善良，于是仍然以善良待人，结果成为邪恶的牺牲品。他们不懂得在夹缝中需谨慎生存的原则，结果被淘汰出局。

而那些能够在夹缝中求得生存的人，往往具有非凡的韧劲与谨小慎微的忍耐力，经过在夹缝中的历练，终归可以得大成，成大器，至大尊。

北宋丁谓担任宰相时，把持朝政，不允许同僚在退朝后单独留下来向皇上奏事。许多大臣不服他的命令，故意在退朝之后向皇上奏事，结果遭到他的打击与报复。面对皇上的权威、丁谓的压迫，大臣们虽屡次努力，但还是束手无策，而王曾从没有违背丁谓的意图，丁谓也没有为难他。

一天，王曾对丁谓说："我膝下无子，老来孤苦，现在我想把亲弟弟的一个儿子过继到我家，为我传宗接代。我不想当面乞求皇上的恩泽，但又不敢在退朝后向皇上启奏。"丁谓听后，对他说："那就按照你说的去办吧。"

于是，王曾在征得丁谓同意的情况下，在退朝之后单独拜见皇上，并且趁机迅速地向皇上提交了一卷文书，揭发了丁谓的罪行。过后，丁谓后悔不已，但是为时已晚。不久，宋仁宗上朝，丁谓被贬崖州。

王曾之所以能够顺服丁谓的苛求，最终实现揭发丁谓的目的，是因为他懂得如何在险象环生的夹缝中求生，如何保全自己，如何寻找机会达到自己的目的，这才是克敌制胜的关键。如果一个人不懂得伏藏，即使能力再强，智商再高，也会在夹缝中被压迫、利用，甚至被挤压窒息。

俗话说"夹着尾巴好做人"，若想在夹缝中保全自己，就要夹着尾巴，事事小心谨慎。

对于明王朝的建立，"指挥皆上将，谈笑半儒生"的徐达功不可没。他有勇有谋，用兵持重，在其戎马一生中，为明朝的创建立下了赫赫战功，是中国历史上著名的谋将帅才，深得朱元璋的宠爱。

伴君如伴虎，徐达的为人处世原则体现了高人自有高招。历史上几乎每个皇权都是倚仗文臣武将的运筹帷幄、决胜千里确立的。在中国历史上，开国功臣成为权臣后，往往会夺取皇权或挟天子以令诸侯，甚至皇袍加身。因此，历代皇帝巩固政权后，都把功臣视为最大的威胁，会不惜一切代价收回其权力，"狡兔死，走狗烹；飞鸟尽，良弓藏；敌国破，谋臣亡"是皇权统治下残酷现实的写照。

在朱元璋登基后，为了维护他的政权统治，被杀的功臣、官僚、将领共达几万人。这种残酷的手段是强化其统治的方法，也是统治阶级内部残酷斗争的结果。徐达与朱元璋从小就在一起，他明白"伴君如伴虎"的道理，如果稍有不慎，随时都有人头落地的危险。在这种缝隙中若想安然无恙，就要处处小心谨慎，低调做人，如果居功自傲，无异于引火烧身。所以，徐达明白在夹缝中生存的危险与要诀，谨慎行事是他保全自己的良策。

　　与徐达的做人相反的另一位官员吏部给事中王朴，他不懂得隐藏自己的锋芒，不懂得谨慎言行，最后遭受杀身之祸。

　　他因多次直言进谏，触犯了龙颜而被罢官回家，后来又被起用做御史，他又老毛病再犯，在朝廷之上，多次与朱元璋争辩是非，不肯屈服。有一次，因一事又与朱元璋发生争辩，他的言语尖锐，激怒了朱元璋，朱元璋下令要杀他。临刑走到街上，朱元璋想给他一次反悔的机会，又把他召回来，问他：“你改变自己的主意了吗？”王朴义正词严地回答说：“陛下不认为我是无用之人，提拔我担任御史，为何现在将我摧残污辱到这个地步？假如我没有罪，怎么能杀我？有罪何必又让我活下去？我今天只求速死！”听到他这一番铁骨铮铮的话，朱元璋大怒，赶紧催促左右立即执行死刑。

　　生性耿直自有其好处，但是在封建统治的高度集权之下，在一言九鼎的皇帝面前，如果不能小心谨慎地控制自己的傲气犟劲，依然一副心高气傲的表现，不懂一点点处世策略，只能毫无价值地送了自己的小命。

　　人生在世，不如意之事十之八九，有时处在夹缝中，会面临左右不定、进退两难的局面。做人要有自己的一套，当我们遇到困境和危厄时，必须小心谨慎，“战战兢兢”，才能在夹缝中求得生存和发展的机会。

6. 言多必失，不要做口无遮拦的人

俗语说：病从口入，祸从口出。一个人说话也要谨慎，不要想起什么来就说什么，一定要考虑说话的后果，三思而后言，不要做口无遮拦的人，谨慎一些没坏处。

人长了嘴巴，说话自然是很正常的，但我们说话也应三思而后言。如果话说的不恰当，往往将好事变坏事，若话说的好，却能达到扭转乾坤的效用。

有人曾经这么描写道："害人的舌头比魔鬼还要厉害，上天意识到了这一点，特地在舌头外面筑起一排牙齿，两片嘴唇，目的就是要让人们讲话通过大脑，深思熟虑后再说，避免出口伤人。"在现实生活中，我们每个人都要谨慎小心，尽可能地避免信口雌黄、自吹自擂，说话不走脑子。生活中很多人就因为说话口无遮拦，滔滔不绝，结果是言多必失，给自己造成了不必要的麻烦。

有位电讯公司的基层职员平日里工作认真、踏实勤奋，业绩也名列公司前茅，公司本来将其作为重点培养对象，准备调升其为部门领导。只因他以前说话不小心，无意中透露了自己一个很重要的秘密，而被竞争对手击败，没有被重用，失去了一个大好机会。

这位年轻人素来好交朋友，跟公司的同事关系处得很好，尤其是跟一位男同事，更是称兄道弟，常在一起喝酒聊天。一个周末，他准备了一些酒菜约了那位同事在屋里喝酒谈天。两人酒越喝越多，话也

越说越投机。喝得半醉的他向那位同事说了一件本不该告诉别人的事。

"我中专毕业后没找到工作,有一段时间没事干,闷得心里发慌。有一次和朋友一起出去喝酒,回家时看见路边停着几辆自行车,看见四周无人,朋友就撬开锁,然后我们把车给偷走了,接着几个月里,又偷盗了几次。后来,那位朋友盗窃时被警察逮住,送进了派出所,他供出了我,结果我也被判了刑。进了监狱我才如梦初醒,但是世界上没有后悔药可卖,于是改头换面,好好做人。刑满释放后我四处找工作,但是谁肯要一个盗窃犯啊?后来经朋友介绍我才来到这里。这里待我们不错,现在咱得好好珍惜,得给公司好好干。"

在公司一年多后,因为他确实够努力,而且表现极为突出,公司根据他的表现和业绩,把他和那位同事确定为销售部经理候选人。总经理找他谈话时,他表示一定加倍努力,不辜负领导的厚望。谁知道没过两天,公司人事部突然宣布那位同事任经理,给他另外安排了一个工作岗位,当然这个岗位不但和销售部经理不能比,甚至在一些方面还不如做业务员。

事后,他才了解到一切都是那位同事从中搞鬼。原来,在部门经理候选人名单确定后,那位同事便找到总经理,向总经理谈了他曾被判坐牢的往事。不难想象,一个曾经犯法坐过牢的人,公司怎么会重用呢?知道事情真相后,他又气又恨却又无可奈何,事情是自己说出去的,那位同事虽然不厚道,但是要是他自己不说,不就没什么事情了。既然秘密是自己的,那就无论如何也不能对同事讲。如果讲给了别人,情况就不一样了,说不定什么时候被别人以此为把柄反过来攻击,使自己哑巴吃黄连——有口难言。

这样的例子生活中很常见,也警示我们无论是在与人应酬时的必要交谈,还是有表达自己观点的欲望时,都不要口无遮拦,要把话说的有分寸,才会在与人交往的过程中一帆风顺。做人应该谨慎一些,想说什么话,先在脑子里过一遍,做到心里有数。不然,也许别人并未给你设圈套,你却给自己挖了个陷阱往里跳,等吃亏的时候再后悔就来不及了。

不仅如此，我们在生活中与他人的矛盾纠纷也大多都是说话不慎引起的。说出去的话，泼出去的水，造谣中伤，搬弄是非等容易引起麻烦的话千万要打住，一定不能让他溜出口。

俗语说：病从口入，祸从口出。做人要有自己的一套，一定要管好自己的嘴巴，在说话的时候都要慎重，拿捏好分寸，说最恰到好处的话，特别是不要轻易将自己的隐私暴露给别人，在与人交往时确保既能说服别人，也不给自己带来麻烦，这是成功做人的必修课。

7. 决策要大胆，但行动需谨慎

> 富贵险中求，成功细中取。做人要有点冒险精神，但冒
> 险不等于盲目和蛮干，只有目光谨慎，提前做好准备，三思
> 而后行，才能最大程度地降低风险。

做人需谨慎，不仅要三思而后言，还要三思而后行。大哲学家培根说过："我们要时时注意，勇气常常是盲目的，因为它没有看见隐伏在暗中的危险与困难，因此，勇气不利于思考，但却有利于实干。所以对于有勇无谋的人，只能让他们做帮手，而绝不能当领袖。"

善于冒险者，绝不会把两只脚一起踏到水里试探水的深浅，他们会先伸出一只脚试试，一发现情况不妙，迅速把脚抽回。非洲有句俗语说："只有傻瓜才会同时用两只脚去探测水深。"

做人就是要有点冒险精神，火中取栗才能摘得更香甜的栗子，但冒险绝对不等于傻大胆，不等于蛮干。冒险也要考虑多方因素，现实社会中有许多人都因盲目冒险而遭致严重的损失。

18 世纪后半叶，欧洲探险家来到澳大利亚，发现了这块广袤千里、丰浇富足的"新大陆"。随后，白人殖民者蜂拥而至，为抢占土地展开了激烈的角逐。1802 年，英国派弗林达斯船长率双桅帆船驶向澳大利亚。与此同时，法国统治者拿破仑也命阿梅兰船长驾驶三桅船鼓帆而往。经过一番航海较量。法国先进的三桅船捷足先登，抵达并抢占了澳大利亚的维多利亚州，并将该地命名为"拿破仑领地"。欣

喜之余，好奇的法国人发现了当地特有的一种珍贵蝴蝶，为了捕捉这种色彩斑斓的珍蝶，他们忘记了肩负的使命，全体出动一直追到澳大利亚腹地。这时，英国人的双桅船也开到了，他们看到了停泊在那里的三桅船，沮丧之际他们惊喜地发现先期到达的法国人却无影无踪了。于是，弗林达斯船长立即命令手下人安营扎寨。等到法国人兴高采烈地带着蝴蝶回来时，这块面积相当于英国大小的土地，已经掌握在英国人手中了，而留给法国人的只是深深的懊悔。成功没有彩排的机会，错失良机本身就意味着将本该属于自己的东西拱手送给他人。

从这个故事中可以看出，盲目的冒险行动往往得不偿失，只有向着既定的目标，冒正确的风险才能获得成功。这就要求我们在作出冒险决定之时目光一定要谨慎，做任何事都要三思而后行。一个人应积极培养自己的超前意识，为冒险行动提前做好各种准备。

《三国演义》中诸葛亮"草船借箭"的故事大家都耳熟能详了，这个故事就是不仅具备冒险精神，而且小心谨慎，三思而后行的成功典范。东吴都督周瑜，嫉恨诸葛亮足智多谋，因而设下圈套，命诸葛亮 10 天之内造出 10 万枝箭，否则以军法论处。而诸葛亮却立军令状，允诺 3 天之内交出 10 万枝箭，否则甘当重罚。然而，诸葛亮并不组织工匠造箭，而是让他们准备小船，并在上面蒙上稻草，扎上草人。离交箭的期限越来越近了，还看不到一枝箭的影子。人们都为他担心，他本人却成竹在胸，利用一晚江上大雾的时机，率船队驶向敌营。多疑的曹操以为是吴军来偷袭，下令放箭抵御，却全部射到了草船上。诸葛亮带着 10 万枝箭向周瑜交差，令周瑜心悦诚服。

诸葛亮足智多谋，他之所以敢向周瑜立下军令状，就是因为他事先已经考虑周密，布置妥当，才敢冒险行动，利用大雾的机会成功"借箭"。诸葛亮向周瑜立军令状，这本身就是一个冒险行为，如果他没有提前考虑周全，是不会信心十足地向周瑜打保票的，因为就算再给他 30 天时间，他也不可能自己造出 10 万枝箭向周瑜交差。而他向曹操草船"借箭"，这又是一个冒险行动，在行动之前，他会事先考虑到当天是"大雾天气"，还要考虑到多长时间才能收够 10 万枝箭。

可见，一次冒险是需要顾及到很多方面的，如果有一个细节没有考虑到，就可能前功尽弃。这也告诉我们，想要通过冒险获得成功，一定要目光谨慎，才可能最大程度地降低风险。

十拿九稳的事也就无需决策，正因为有风险的事不会十拿九稳，所以才要谨慎决策。要把风险化成效益决不能蛮干。"实施强攻无节制"，就会失败。在客观条件限度内，能动地争取经营的胜利，充分地发挥自觉的经营能动性，是化险为夷的可能所在。勇气和胆略要建立在对客观实际的科学分析上，顺应客观规律，加上主观努力，就能从风险中获得利益。除了在一项决策付诸实施前，制订一定的回避风险、减少风险和转移风险的措施外，就算在一项决策实施过程中出现或即将出现随机因素而导致决策实施呈现不稳定状态时，也要力争夷险，使损失减至最小程度。

比尔·盖茨可称之为世界首富。他也是一个善于冒险的人，"只要是有利可图，适合自己口味，能为社会作些贡献又能促进社会进步的东西，我都可以做。"但他寻找的目标是符合自己投资条件的产业，盖茨的每次重大决策中都有着很严格慎重的考察阶段，对市场调查分析，对将来经济环境趋向等各项有关的课题，他都要做细致的研讨论证。正因为这样，在比尔·盖茨的经营理念上，不许有任何的盲目投资。

可见，做人必须有自己的一套，要有点冒险精神，敢于在风险中把握住机遇，但同时更要目光谨慎，善于进行科学的分析，制定周密的计划，无论是在冒险行动之前还是在冒险行动过程中，都要合理性思考，避免盲目行事，把风险降低到最小程度，另外，还应注意，该冒风险时不回避，不该冒的风险不强求。唯有目光谨慎，才能让你更好的做一个成功之人。

8. 不谋全局者，不足谋一域

目光短浅者往往忽视潜在的危机，因得意而忘形。有长远目光的人却常常能考虑到事情最坏的结局，因知足而常乐。所谓不谋全局者，不足谋一域，做人就要长怀悠远之心。

许多人，一心只往好处想，等到时运不济时，就开始怨天尤人，一副可怜状。殊不知，之所以造成自己不能接受的后果，往往与先前自己目光短浅，对事情把握不够有关。

自古以来，不考虑长远利益的，就不能够谋划好当前的问题。正所谓人无远虑，必有近忧。要想成功的路走得长远，就要谨慎持重，从长远计划来布阵。

凡事都得提前考虑，早作打算，否则忧愁可能马上就会来到，说得更严重一点，一点小事没考虑周全，甚至引发灾难，这并非耸人听闻，千里之堤毁于蚁穴，历史上这样的教训太多了。小问题能造成大损失、大灾难。能提早做好准备，有远见卓识，也不是每个人都能做到的，虽说每个人在做事情前，都会在脑子里有一个计划，但有的人考虑的远，有的人只看眼前。这就像下象棋，好棋手能看到几步之后的走法，而初学者只看到眼前的棋子。

《黄帝内经》里有个小故事，战国时期，魏文王问名医扁鹊："你家兄弟三人，都精于医术，到底哪一位最好呢？"扁鹊回答说："长兄最佳，中兄次之，我最差。"文王又问道："那为什么你最出名呢？"扁鹊说："长兄治病，于病情发作之前，一般人不知道他事先能铲除病因，所以他的名气无法传出去；中兄治病，于病情初起时，一般人以为他只能治轻微的小病，所以他的名气只及本乡里；而我是治病于病情严重之时，一般人看到我下针放血、用药，都以为我医术高明，因此名气响遍全国。"这个小故事实际上道出了医术的三种境界："上医治未病，中医治欲病，下医治已病。""治欲病"、"治已病"固属不易，但最高的境界也是最难做到的莫过于"治未病"，大概相当于现代的疾病防控，是一项很大的工程。

谋深计远，还需要居安思危，防患未然。在胜利的时候，保持清醒的头脑，准备应付可能发生的危险和困难。老子说："祸兮福之所倚，福兮祸之所伏。"任何事物都可能向相反的方面转化。胜利，只是暂时较量的结局，不是恒久永固的，一旦力量对比发生变化，就会胜转为败，强化为弱。

因此，聪明的人总是十分注意保持高度警惕，"既胜若否"，以忧远之心以防万一。

武则天当政时期，有一个负责传递消息的舍人叫元行冲，学问渊博，狄仁杰很器重他。元行冲数次规劝狄仁杰说："凡是举家过日子，必须有所储备。肉干、酒是用来食用的，参、术是用来治病的。明公之门，山珍海味，一定多得不得了。但我元行冲恳请您一定要储备药物。"狄仁杰笑着说道："我药笼中的药，怎么可以一天没有呢？"

这是一段暗语，"药物"是指发病即遇到意外伤害时的应对措施，是防患未然之法。当时，狄仁杰深得武则天的信任，可谓志得意满，但他懂得这也是随时可以失去的，应该防患于未然，准备应付失宠，这就是政治家的胸怀。

做人谨慎，有长远顾虑，往往可防患于未然。1985 年，美国牛津大学发生了一件"学校大事"。校方在工程检查后发现，有 350 年历史的学校大礼堂的安全性已经出了问题，20 根由巨大橡木制成的横梁已经风干朽化，失去了支撑力，必须得更换才行。

校方请人估算了更换横梁的价格，由于那么巨大的橡木已经很稀少了，预估每根横梁要花 25 万美元，但也没有把握能找到那么大的橡树。巨额预算一出来，校方焦头烂额。若不募款，恐怕没有办法进行修缮。

　　这时，一个天降的好消息化解了危机，园艺所负责人前来报告：350 年前，设计大礼堂的建筑师已经想到后代将要面临的困境，所以，早早请园艺工人在学校的土地上种植了一片橡树林。现在，每一棵橡树的尺寸都超过了横梁所需。不知名的建筑师墓园已荒芜，但在 350 年后，他的用心让人肃然起敬，这才是真正的远见卓识。

　　自古不谋万世者，不足谋一时；不谋全局者，不足谋一域。做人有自己的一套，不仅当下要谨慎，注意照顾好眼前的利益，还体现在常怀悠远之心，防患于未然，在事情有了苗头或者尚未发生动静时，就能科学预测和准确把握，只有这样，才能高枕无忧。

9. 与陌生人打交道要谨慎

> 人们与陌生人交往，都会自发的有一种防范心理，但还
> 是有很多人因为警惕不够而上当受骗。因此，与陌生人打交
> 道，更需打起十二分的小心。

现实生活中，我们会跟很多人交往，包括彼此相熟的人，但有时也少不了与陌生人交往。

因为对对方的底细不了解，所以在与之打交道时，就要多长个心眼，不要轻易将自己的情况和盘托出，对方说的话也不要轻易相信。唯有小心方能驶得万年船。如果轻易相信陌生人的话，很可能会成为骗子的猎物。

据报载，一位待业女青年乘车去南方某地探亲，与一位很富态的中年男士坐在一起。那男子十分热情和蔼，言称自己是广东某中外合资企业的中方经理，到内地招工，并拿出名片给她看。姑娘眼下正为待业而焦急，当即表示愿前往报考。中年男子允诺荐举她当秘书。听罢此言，姑娘感激不尽，遂跟他下车，住进一家旅店。就在这天夜里，姑娘被强暴了。原来这位自称经理的人是个流氓诈骗犯。

你看，就凭一张名片、一通胡吹、一声许诺就深信不疑，跟着人家走，结果吞下了人生的苦酒。可见，在与陌生人交往时，一定要有心机，过于天真、过于轻信是要不得的。

大部分骗子都是"心理专家"，他们十分注意研究人们的心理，

并善于利用其心理弱点，如爱慕虚荣、急功近利、贪图享乐等，采取投其所好的伎俩把自己伪装成事业的强者、职位上的优者、经济上的阔者，以唬人的名片、风雅的谈吐、诱人的许诺，借以构成心理上的"障眼法"，巧妙地解除人们的心理防卫体系，为行骗成功扫清道路。因此，我们说，麻痹轻信是骗子们成功行骗的心理助手和帮凶。

俗话说"害人之心不可有，防人之心不可无"。在社会上还存在着不法之徒的情况下，"防人之心"是少不得的。特别是涉世不深的青少年更应保持警觉，完善自己的积极心理防卫机制。具体说来起码应注意以下几点：

（1）不要被迷人的外表所蒙蔽

在同陌生人打交道时，人们习惯于从外表来判断人，对风度潇洒、仪表堂堂的人易于产生好感。骗子们就善于利用人们这种贪慕虚荣、追求美貌的心理而精心用华美庄重的服饰包装自己，借以蒙蔽他人，诱使你上当。因此，在同陌生人打交道时，要提高警惕，绝不要被其外表所蒙骗。

（2）不要为莫名的殷勤所动心

殷勤的言行易于使人感动。骗子们自然也懂得这一点。他们善献殷勤、套近乎，以图骗取信任和好感，使你把他们当成自己人，最终落入圈套。特别是当人们处于困境或苦闷孤独时，最希望得到同情、关怀和帮助，此时也正是骗子们得手之时。所以，在此时尤其要提高警觉，在殷勤面前不妨多长一个心眼儿，对献殷勤者保持一定距离。

（3）不要为轻率的许诺所诱惑

人们还容易对他人的承诺表示感激，产生信赖感。这时，也是防卫心理失效的当口。本文开头记述的那位姑娘就是如此。因此，对于自己并不了解的人的承诺，要有所警惕。一般情况下，萍水相逢之人张口就承诺往往是靠不住的，如果轻信，就可能成为骗子们的猎物。

我们这个社会，从古至今，各类人都有，有好人，也有坏人。对我们来说，与陌生人交往，要了解一下陌生人的大概，以便决定这个陌生人是否好交，是否同一类人。正因为彼此陌生，互不相识，所以在打交道时要多留一手。与陌生人交往多个心眼，并不是庸俗的处事哲学，其实有很强的警世意义。

做人有自己的一套，不轻易相信别人，而是一种为人处世的正确态度。当然，我们说加强积极防卫心理，在与陌生人打交道时多长个心眼，并不是要人们把自己封闭起来拒绝与人交往，也不能风声鹤唳，草木皆兵，闹到"谈虎色变"、谨小慎微的地步。只要我们在与陌生人打交道时，头脑中装上防骗这根弦，做到热情而不失控，真诚而不轻信，那么形形色色的骗局在你面前都将无法得逞。

10. 与熟人交往也要多长个"心眼"

朋友是人生的一部分，也是人们生活的中心之一。但"我最爱的人伤我却是最深"，与熟人交往也要多长个心眼，要能看透虚情和假意。

与陌生人打交道需多加小心，与熟人交往也要多长个心眼。熟人的伤害，最让人刻骨铭心。正因为熟人对你很了解，所以往往能伤害到你最脆弱的地方。

现代的社会，充满竞争，有的人不一定是非跟你过不去，但却有意无意地排挤你，你的努力工作被认为是表现欲强，你对别人的关心被认为是虚情假意，同时还有意无意在周围人中间散布一些小道消息来攻击你。在这种"暗算"之下，你的心理情绪自然会受到影响，怎么应对就成了当务之急，特别是当它来自你最亲近的朋友。

刘霞是陈露大学的校友，比陈露早两年进公司，因为部里就她们两个年轻人，又是校友，她一直很照顾陈露。平常有项目她经常带陈露一起做，让陈露积累经验并教了她许多应付各种难题的技巧。仅仅三年，陈露就做到了经理助理的职位，成了部里升职最快的新人。就在陈露庆幸自己运气好，遇到这样一个肯提携新人的师姐时，陈露却收到了刘霞送到的意外之"礼"。

那次陈露和刘霞负责共同筹办一个美国客户在北京的产品发布会。因为事前对客户提供的新产品资料做了详尽了解，陈露提出的方案得到美方客户的赞赏并被采纳。陈露虽然隐隐感觉到刘霞的尴尬与不悦，仍安慰自己："师姐是个好人，她应该能够理解。"

当晚，就发布会的细节问题她们又和客户谈了很久。因时间紧迫，客户要求陈露连夜随他们去酒店布置会场。当听到自己不在布置会场的工作人员之列，刘霞的脸色当场就变了。不过到底是多年的"好姐妹"，在发现陈露手机没电，四处找电话通知男友时，她又恢复了当初大姐姐的姿态，主动说："快去吧，你男朋友那里，我帮你通知吧。"甚至在陈露临走前，她还满脸堆笑、关心体贴地让陈露多加件衣服出去。天真的陈露着实为有这样一个情深意重的"好姐姐"感动了一番，直到看见男朋友红着张脸、气急败坏地冲进酒店将陈露大骂一通时，陈露才明白那笑容背后的含义。

原来在陈露走后，刘霞打电话到她家，紧张兮兮地问："陈露在吗？我们都很担心她啊！听同事说她晚上跟个美国客户进了酒店，怎么直到现在她还没回来呀？"于是乎，就出现了先前上演的那出"闹剧"。而那则陈露跟客户去酒店彻夜不归，引得男朋友与客户争风吃醋，两人在酒店大打出手的谣言在办公室盛传了一个多月后才渐渐平息。虽然事后大家明白事情的真相，但这则故事还是被当做花边新闻成为同事们无聊时的谈资。

因为熟人的"暗算"，还可能走上违法犯罪的道路，从而使自己的前程、理想事业全部化为乌有。某法制报以《一个企业家的毁灭》为题刊载了这样个故事：某建筑安装工程有限责任公司经理赵某，因业务往来的原因，结交了很多朋友，自认为到了很相熟的地步。一天，一个朋友和他一起吃喝玩乐后把他带到宾馆的一间豪华房间，神秘地递给他一支香烟。赵某毫不介意地抽了起来，不一会儿，赵某感到异样，这时，朋友告诉他，香烟中放了毒品。赵某当时十分气愤，转身就离去，但初次吸毒的体验却使赵某产生了这样的想法：再吸一次。于是，他再次找到那位朋友，又要了一些毒品。从此，赵某一发而不可收，一个月过后，他已经成了一个十足的瘾君子。公司业务没心思过问，妻子也不去关心，他只是不断地动用自己的积蓄，花费巨资用来购买毒品，而向他提供毒品的，正是勾引他第一次吸毒的那位"朋友"。短短两年时间，赵某就花掉了几十万元的积蓄，妻子多次规劝，赵某自己也曾多次痛下决心戒毒，两次进戒毒所，但都无济于事，妻子失望之余弃他而去，赵某悔恨不已。在月末的一天，赵某上了公司正在承建的一座十二层楼房的楼顶，然后跳了下去，结束了自己的生命。一个颇有前途的企业领导人，就因为交友不慎，被骗吸毒，最后竟丧失了自己的生命。

将心比心，尽可能善待所有朋友，但要跟熟人保持适当的距离，不要毫无心机、毫无保留地把自己交给任何一个人。因为最熟悉，最亲近的人给予的伤害往往是最深也最难防的。做人有自己的一套，必须学会谨慎细心，懂得防人用人。当然，与和陌生人交往时所需注意的一样，小心谨慎并不是拒绝，看透虚情假意也不是弄到草木皆兵的地步，朋友相交贵以诚。

11. 注意！千万不要得罪小人

> 宁得罪君子，也不失于小人。所谓小人，就是那种人品
> 差，气量小，不择手段、损人利己之恶徒。不要去得罪小
> 人，以防小人背后捅刀陷害你。

小人并非小人物，而是一伙偷机钻营，居心险恶且又手段毒辣的奸邪之徒。他们动辄溜须拍马、挑拨离间、造谣生事、结仇记恨、落井下石。对待这种人，最好的方法就是避而远之。

余秋雨先生在一篇散文中曾提到"小人"的问题，他的意思是，英雄们在临终的时候，觉得最为痛恨的人不是自己的劲敌，他们往往从牙缝里挤出两个字：小人。看来，"小人"不小，他们的能量大着呢！他们可以做汉奸、叛徒、流氓，他们可能做出种种可怜的样子，以博得你的帮助，当你失去利用价值的时候，他们还可能反过来咬你一口。

在待人接物中，谁都不愿意与小人打交道，可不管你愿意还是不愿意，都不可避免地会碰到小人，所以在与小人打交道时，千万要小心，不要轻易得罪小人，因为小人得罪不起，得罪了他们，本来美好的一生，会被他陷害得坎坷狼藉。因为那些生活在我们身边的鼠辈小人，他们的眼睛牢牢地盯着我们周围所有大大小小的利益，随时准备多捞一份，为此甚至不惜一切代价准备用各种手段来算计别人，真是令人防不胜防，说不定什么时候就会在背后给你一刀。

李林甫是唐玄宗手下常伴随其身边的一个奸臣，心胸极端狭窄，容不得别人得到唐玄宗的宠爱。唐玄宗有个喜好，他比较喜欢外表漂亮、一表人才、气宇轩昂的武将。有一天，唐玄宗在李林甫的陪同下正在花园里散步，远远看见一个相貌堂堂、身材魁武的武将走过去，便感叹了一句："这位将军真漂亮！"并随口问身边的李林甫那位将军是谁，李林甫支吾着说不知道。此时他心里很慌张，生怕唐玄宗喜欢上那位将军。事后，李林甫暗地里指使人把那位受到唐玄宗赞扬了一句的将军调到一个非常边远的地方，使他再也没有机会接触到唐玄宗，当然也就永远丧失了升迁的机会。从这里也可以看出，小人的行为真是让人莫名其妙，其心眼极小，为一点小荣辱都会不惜一切，干出损人利己的事来。

小人是琢磨别人的专家，敢于为芝麻粒大的小恩怨付出一切代价，因此在为人处世中如何与小人打交道，必须要谨慎。如果你既不想把自己降低到与小人同等的地步，也不想与小人两败俱伤的话，那就把脸皮磨厚点，或者睁只眼闭只眼，不理了事；或者惹不起躲得起，尽量不与小人发生正面冲突。一句话，如果不是非有必要，那就别得罪小人。

为大唐中兴立下赫赫战功的唐朝名将郭子仪，不仅在战场上战胜攻取，得心应手，而且在为人处世中，还是一个特别善于对付小人的处世高手。郭子仪与小人打交道的秘诀，就是"宁得罪君子，不得罪小人。"

"安史之乱"平定后，立下大功并且身居高位的郭子仪并不居功自傲，为防小人嫉妒，他反而比原来更加小心。有一次，郭子仪正在生病，有个叫卢杞的官员前来拜访。此人乃是中国历史上声名狼藉的奸诈小人，相貌奇丑，生就一副铁青脸，脸形宽短，鼻子扁平，两个鼻孔朝天，眼睛小得出奇，世人都把他看成是个活鬼。正因为如此，一般妇女看到他这副尊容都不免掩口失笑。郭子仪听到门人的报告，马上下令左右姬妾都退到后堂去，不要露面，他独自凭几等待。卢杞走后，姬妾们又回到病榻前问郭子仪："许多官员都来探望您的病，你从来不让我们躲避，为什么此人前来就让我们都躲起来呢？"郭子仪微笑着说："你们有所不知，这个人相貌极为丑陋而内心又十分阴险。你们看到他万一忍不住失声发笑，那么他一定会忌恨在心，如果此人将来掌权，我们的家族就要遭殃了。"郭子仪对这个官员太了解了，在与他打交道时做到小心谨慎。后来，这个卢杞当了宰相，极尽报复之能事，把所有以前得罪过他的人统统陷害掉，唯独对郭子仪比较尊重，没有动他一根毫毛。这件事充分反映了郭子仪对待小人的办法既周密又老练。

在人生的舞台上，时刻都有小人的存在，他们在各种环境中挖空心思地寻找漏洞。因此，在为人处世中，不要轻易得罪小人，他会陷你一生于坎坷中，我们平时与他们相处，还是不要同他们一般见识为好，和他们保持距离，也不必嫉恶如仇地和他们划清界线，他们最需要的是自认为的自尊和面子。宁得罪君子，也不失于小人，做人必须有这样的一套才吃得开。

第十章

你这一套一定要有良好的心态与习惯，勇于做生活的主人

我们常说，好的心态是做人成功的一半。确实如此，拥有良好的习惯，积极的心态，往往更容易获得成功。做人应该乐观与积极，勇于进取，养成学习和创新的好习惯，学会观察和思考，多总结，把反省当成鞭策自己向上的动力。做人还要有韧性，勤勤恳恳，踏踏实实，做事不要拖拉，更不要轻言放弃，把坚持也当成一种习惯。观念决定成败，拥有一颗平常心，不被名利所累，微笑面对生活，善于从生活中寻找乐趣。唯有如此，我们才能成为生活的主人。

1. 多总结——君子不贰过，蠢事不重犯

做人要善于总结。孟子云：一日三省吾身。一个人只有懂得时刻反省自己，才能不断进步。而那些不能及时反省自己的人，往往错事重犯，原地踏步不前。

君子不贰过，蠢事不重犯。只有多总结，才会有进步。人都是随着时间的推移而改变的，不仅形体如此，心智也是如此。10 年前你也许认为金钱是万能的，只要有了金钱就算是拥有了世界。5 年前你可能认为唯有事业成功这一生才算没有白过。现在呢？或许你会觉得只有心境愉快才是生命的最终意义。不管这 10 年或者 5 年来你观点如何改变，你都得好好反省自己，这样你至少知道你自己是个什么样的人，也会了解为什么会发生这样的变化。

大多数人就是因为缺乏反省能力，不晓得自己这些年来的转变，才会看不清楚自己的本质。而一个不晓得自身变化的人，也就无法由过去的经验来思考自己的未来，只能当一天和尚撞一天钟，过一天算一天。

再者，我们的一切作为都和环境息息相关，过去的变化以及未来的动向都是和环境互动的结果。要是不能以正确的看法来解读外在环境的话，当然也无从定位自己所处的立场。

另一方面，世界上的每个人都不是完美的，都有说错话做错事的时候。如果不反省便不会知道自己的缺点和过失，不悔悟就无从改

进。如果能随时反复诘问自己过去的转变，就可以找出以往看待事物的观点是对是错，若是正确，则可以继续以此眼光面对这个世界，万一是错的，也可以及时加以修正。那么，就可以帮助你今后以正确的观点去看待周遭的事物。

因此，要把反省自己当成一种习惯，用以鞭策自己积极向上。

著名作家李奥·巴斯卡力，写了大量关于爱与人际关系方面的书籍，对很多人的生活起到了指点作用。据说，他之所以有这样卓越的成就，完全得力于小时候父亲对他的教育。每当晚饭过后，他的父亲就会问他："李奥，你今天学了些什么？"这时李奥就会把在学校学到的东西原原本本地告诉父亲。如果实在没什么好说的，他就会跑进书房拿出百科全书学一点东西，然后再向父亲汇报所学到的知识，父亲赞同后才上床睡觉。这个习惯一直到今天还维持着，每天晚上他就会拿10年前父亲问他的那句话来问自己，若当天没学到什么东西，绝对不会上床休息的。这个习惯时时激励他不断地吸取新的知识、产生新的思想、促使他不断进步。

无独有偶，在另一位作家的书房里，赫然醒目地挂着一张条幅："在飞逝的今天，你为生活留下了什么？"而且问号写得特别大。他说："这张条幅像悬在我脊梁上的一条鞭子，问号像一把锋利的剑，直刺我的心灵。"他认为，善待每一天是成功人生的真实写照。每一天都是描绘人生画卷的一笔，人们必须认真地画好每一笔。人生好比一卷长长的胶片，每一格胶片记录着每天的生活态势。所谓反省，就是反过来省察自己，检讨自己的言行，看一看有没有要改进的地方。

反省是自我认识水平进步的动力。反省是对自我言行进行客观的评价，认识自我存在的问题，修正偏离的行进航线。

孟子云：一日三省吾身。有空多想想吧。随时进行自我反省，因为良好的心态有益于健康。反省的目的在于建立一种监督自我的内在反馈机制。通过这种机制，人们可以及时知晓自己的不足，及时更正不当的人生态度。良好的反省机制是自我心灵中的一种"自动清洁系统"或"自动纠偏系统"。反省是砥砺自我人品的最好磨石，它能使人的想象力更敏锐，使你真正认识自我。

当然，自省不是要你一味沉浸在往日的失意里悲叹生命的不公，自省中你必须保持乐观的情绪。你在工作中因一时疏忽而挨了领导的批评，上班时发现自行车的气门芯被人拔掉……人生中常有一些让人心烦的琐事。所以，反省自己还要善于调节自己的心态。

做人若想比别人更成功，就要时常检视自己一下自己的内心，善于总结、善于反省，点亮一盏心灯，"一日三省吾身"，并时时叮嘱自己"一路走好。"

时刻反省自己能让你坦然面对现实，把压力当做是一种挑战；时刻反省自己能帮你抛弃怨恨，学会原谅别人，同时也学会原谅自己；时刻反省自己，可以让你更加热爱生活，学会宣泄感情，消除平时的紧张情绪；时刻反省自己会让你拥有更多的爱心，让你结交更多志同道合的朋友。

2. 活到老学到老

> 学习永无止境。做人应该有点不满足的精神，学习别人
> 的长处，学习最新的知识。要想比别人更容易成功，就要不
> 断学习，学习，再学习。

现实中，很多人抱怨自己不能获得成功是因为上天不给机会，没
有好的机遇，或者没有好的生活环境。这些人往往不思进取，得过且
过，他们忽略了学习对于人生的重要性。

那些成功者做人之所以能取得成功，就在于他们在生活中始终都
在用一种最积极的态度去学习，以最乐观的态度去思考，用思考和学
习的经验去控制和支配自己的人生。而失败者则相反，他们并不把过
去的失败作为一个学习的过程，不懂得从失败中汲取教训，而是消极
地怨天尤人、不思进取。

同时我们应该看到，在社会生活中的学习，不同于在学校里的课
堂上照本宣科地学习，生活中的学习的概念是很广泛的。首先，我们
在生活中的学习机会是十分多的，包括你在生活中走的每一步都有可
学的东西。要从生活中学到东西，就要具备一种谦虚的学习态度和良
好的心理悟性。俗话说："水满则溢。"以一种空杯归零的态度，你还
能有什么学悟不到的呢？孔子说："三人行，必有我师。"如果你想
学，在乞丐那里都有值得你学的东西，不想学的话，即使在哲人面
前，你也会有副不可一世的傲气。因此，学习的过程，应是一种永不

满足的求学过程。

所以，人永远不要有自满的情绪，在这个知识爆炸的时代里，你今天觉得很实用的学问在明天一觉醒来时可能就被淘汰了，在日新月异的知识更新过程里，任何自满情绪都是导致失败的不良因素，必须戒除这种不良心态，营造一种永远渴求新知识的积极学习心态，才是正确的态度。

李嘉诚是在任何情况下都不忘记读书的人。他的思维不是求学问，而是抢学问。李嘉诚 12 岁来香港即负起赚钱养家的重任。但他上进心极强，工作余时同事打麻将玩乐，他就捧着书埋头苦读，天天如此，一本《辞海》都被他翻烂了。如今，李嘉诚已经七十多岁了，但他仍旧爱书如命。他最爱科技、经济、哲学、历史方面的书，每晚睡前都要看一会儿。现在资讯科技的发展如日中天，他也跟着天天更新知识。他形容自己不是求学问，而是抢学问。

李嘉诚从不看小说，也不看娱乐新闻，从不睡午觉，挤出来的时间，他用来吸收最新的知识。每天早上 8 时 30 分，他的下属就会把当天有关他的业务的剪报放在他的办公桌上。他的哲学是：不但要跟随社会进步，还要比社会跑得快一点。从他跳出塑胶花厂到发展地产，再搞电讯、港口、网络、投资等都可见一斑。李嘉诚说："我要建立的不仅是中国人感到骄傲的企业，而且是让外国人也看得起的企业。"

苦读英文使李嘉诚与其他早期从内地来香港的企业家有所不同。早在他办塑胶厂时，他已订阅英文塑胶杂志，了解世界最新的塑胶行业动态。当年，懂英文的华人在香港社会是"稀有动物"。懂得英文，使他可以直接飞往欧美，参加各种展销会，直接谈生意，使他可以与外籍投资顾问杜辉廉及汇丰银行的大班们打交道。后来，他还收购了"和黄"，成了洋人的老板。一天工作 10 多个小时的李嘉诚是怎样学英文的呢？原来，他早年专门聘请了一个私人教师每天早上 7 点半上课。他上完课又马不停蹄地赶去上班，天天如此。

成功的路上，没有止境，但永远存在险境。在这个世界上，谁都在为自己的成功拼搏，谁都想站在成功的颠峰上风光一下。但很多的实例说明，成功的路只有一条，那就是学习。而这条路的确挤得很。在这条路上，没有以文化知识、实践知识、修养素质以及各种自我条件组合的能力和基本功的话，就很容易在路窄的时候被人挤下去。在这条路上，人们都行迹匆匆，有很多人就是在稍一回首品味成就的时候被别人超越的。

从自身来讲，学习也是对精神的充实，在学的过程中，我们会思考，在思考的过程中，人性会得到升华。我们在人生的道路上就要时刻认识到自身的不足，谦虚好学，这是做人的良好心态，养成不断学习的好习惯，才能永不落后。

3. 做人要有平常心，
学会控制和调节情绪

笑一笑十年少，愁一愁白了头。做人要养成良好的心态，学会控制和调节自己的情绪，不要被坏情绪所累，在人生道路上才能轻装前进。

人的一生，谁都不可能一帆风顺，有的人遇到一点刺激，就暴跳如雷，想挥拳头。这是不能正视生活，不会控制和调节自己情绪的表现。做人只有善于控制和调节自己的情绪，才能让生活更加美好。

马克思说："一种美好的心情，比十副良药更能解除生理上的疲惫和痛楚。"愉快的、稳定的情绪是一个人健康的重要心理条件，也是获得成功的重要因素，而不良的情绪不仅可以影响成功，郁积时间久了还可能导致身心疾病。因此，要想成功，应该首先学会控制和调节自己的情绪。比如，当怒气涌上心头时，不妨赶快冷静一下，默默地从一数到十，利用这个间隙想一想，认识到发怒实在不值得，只会给自己带来更多的苦恼；也可以看看书报杂志、听听音乐、眺望远处的景色等；或通过咬咬牙齿、紧闭嘴唇、作深呼吸等小动作，藉以转移注意力，求得暂时的缓冲。

关于如何控制自己的情绪，林肯给我们上了很好的一课。一天，陆军部长斯坦顿来到林肯那里，气呼呼地对他说一位少将用侮辱的话指责他偏袒一些人。林肯建议斯坦顿写一封内容尖刻的信回敬那家伙。

"可以狠狠地骂他一顿。"林肯说。

斯坦顿立刻写了一封措辞强烈的信，然后拿给总结看。

"对了，对了。"林肯高声叫好，"要的就是这个！好好训他一顿，真写绝了，斯坦顿。"

但是当斯坦顿把信叠好装进信封里时，林肯却叫住他，问道："你干什么？"

"寄出去呀。"斯坦顿有些摸不着头脑了。

"不要胡闹。"林肯大声说，"这封信不能发，快把它扔到炉子里去。凡是生气时写的信，我都是这么处理的。这封信写得好，写的时候你已经解了气，现在感觉好多了吧，那么就请你把它烧掉，再写第二封信吧。"

有时候，挫折也会导致不良情绪的产生，有的人遇到一点小挫折，就丧失信心、萎靡不振，放弃了努力，甚至自怨自艾、自暴自弃。

面对挫折，保持良好情绪的最好办法就是始终保持乐观的积极的心态。德国天文学家开普勒，从童年开始便多灾多难，在母腹中只呆了七个月就早早来到了人间。后来，天花又把他变成了麻子，猩红热又弄坏了他的眼睛。但他凭着顽强、坚毅的品德发愤读书，学习成绩遥遥领先于他的同伴。后来因父亲欠债使他失去了读书的机会，他就边自学边研究天文学。在以后的生活中，他又经历了多病、良师去世、妻子去世等一连串的打击，但他仍未停下天文学研究，终于在59岁时发现了天体运行的三大定律。

开普勒在困难和挫折面前，始终保持乐观的心态，那些因一系列打击而产生的不良情绪也随之烟消云散。自我解嘲有时也是调节情绪的一剂良药。美国著名演说家罗伯特秃得很厉害，在他头顶上很难找到几根头发。他过60岁生日那天，有许多朋友来给他庆祝生日，妻子悄悄劝他戴顶帽子。他却大声说："我夫人劝我今天戴顶帽子，可是你们不知道光着秃头有多好，我是第一个知道下雨的人！"这句自嘲的话，不仅调节了自己情绪还使聚会的气氛变得轻松起来。

现实生活中，抱怨的人总是比乐观的人多，这也是为什么平庸者比成功者多的原因。做人成功者往往都能控制和调节好自己的情绪，遇到刺激，沉着冷静，不慌不怒；遇到压力，懂得宣泄，淡化和减轻不良情绪；遇到挫折，懂得正确看待，始终保持乐观心态。正是因为如此，他们的每一天都充满幸福和欢乐，都在通过成功的道路上愉快地奋斗着。

如果每天清晨你醒来，包围你的都是悲伤、失望的情绪，你自己就已经打败了自己，又何谈成功呢？所以，我们做人若想让自己的生活更美好，必须学会控制和调节自己的情绪。认清自己，正视人生，需要眼睛足够明亮，心胸要足够开阔，让良好的心情始终陪伴着你，才能在人生的道路上轻松前行。

4. 换位思考也是做人的好习惯

> 做人应该尝试从别人的角度考虑问题，或许会看到一片不一样的天空。如果仅仅从自身角度出发，则容易钻牛角尖，引起诸多矛盾。

站在他人立场分析问题在人际交往中十分重要。我们在与他人交往时，难免会产生一些意见不一致的情况，此时如果死钻牛角尖，固执己见，只考虑自己的感受，那么眼睛很可能就会被当时的现象所蒙蔽，也势必会影响双方的感情。而如果我们站在对方角度去看待这些分歧，或许会发现对方身上的可取之处。

站在对方角度看待问题，也就是换位思考，这也是我们做人应该养成的一个良好的习惯。我们都知道在生活中结识一个人并不难，但要真正理解一个人的内心却不是一件容易的事。如果我们能经常站在对方的角度，替别人设身处地地想一想，就会更容易了解对方，也会更加体谅对方。养成换位思考的习惯，这是每一个人都可以做到的，同时这也显示了做人豁达的品质。

生活中时不时会发生这种情形：对方或许完全错了，但他仍不以为然。在这种情况下，不要指责他人，因为这是愚人的做法。你应该了解他，而只有聪明、宽容的人才会这样去做。

我们应该时常对自己说："如果我处在他的困难中，我将有何感受，有何反应？"这样你就能消除许多烦恼，也可以掌握许多处理人际关系的技巧。

多年来，卡耐基常到离家不远的公园中散步、骑马，以此作为消遣，像古时高尔人的传教士一样。

他很喜欢橡树，所以每当他看见一些小树及灌木被人为烧掉时，就非常痛心。这些火不是由粗心的吸烟者所致，它们大多都是由到园中野炊的孩子们引起的。有时这些火蔓延得很凶，以致必须叫来消防队员才能扑灭。

公园边上有一块布告牌，上面写道，凡引火者应受罚款及拘禁。但这布告竖在偏僻的地方，很少有人能看见它。有一位骑马的警察在照看这一公园，但他对自己的工作不大认真，火仍然时有发生。

有一次，卡耐基跑到一个警察身边，告诉他一场火正急速在园中蔓延着，要他通知消防队。警察却冷漠地回答说，那不是他的事，因为那一片不在他的管辖范围内。

卡耐基急了，所以从那时起，卡耐基自愿承担起保护公共场所的责任。最初，他没有试着从儿童的角度来对待这件事。当他看见树下起火时就非常不快，急于想做出正当的举动来阻止他们。他上前警告他们，用威严的声调命令他们将火扑灭。而且如果他们拒绝，他就恫吓要将他们交给警察。这只是在发泄情感，而没有考虑孩子们的观点。

结果呢？那些儿童遵从了——怀着一种反感的情绪遵从了。但当他离开以后，他们又重新生火，并恨不得烧尽公园。

多年以后，卡耐基增长了一些有关人际关系学的知识，于是自己不再发布命令，甚至威吓他们，而是走到火前，向他们说道："孩子们，这样很惬意，是吗？你们在做什么晚餐？……当我是一个孩童时，我也喜欢生火——我现在也很喜欢。但你们应该知道在这公园中生火是极危险的，我知道你们不是故意的，但别的孩子们不会这样小心，他们过来见你们生了火，也就会学着生火，回家的时候也不扑灭，以致使火焰在干树叶中蔓延，烧毁了树木。如果我们再不小心，这里就会没有树林。因为生火，你们可能被拘捕入狱。我不干涉你们的快乐，我喜欢看到你们快乐地成长。但请你们即刻将所有的树叶扒得离火远些——在你们离开以前，要小心用土盖起来，下次你们取乐时，请你们在山丘那边沙滩中生火好吗？那里不会有危险。多谢了，孩子们。祝你们快乐。"

这种说法产生的效果就不同了，它使孩子们产生了一种同你合作的欲望，没有怨恨、没有反感。他们没有被强制服从命令，保全了面子。他们觉得好，当然，卡耐基也感觉很好，因为他在处理这件事情时，考虑了孩子们的想法。

换位思考其实也是做人能够包容的表现，对方为什么会有那样的思想和行为，其中自有一定的原因。探寻出其中隐藏的原因来，你便会得到了解他人行为或人格的钥匙。而要找到这种钥匙，就必须诚实地将自己放在对方的立场上。

我们做人，如果养成站在他人角度看问题的习惯，习惯站在他人角度看待问题，就更容易与人融洽相处，也更容易获得成功。

5. 慧眼独具，做人要善于观察和思考

> 天下事必做于细。很多人之所以能够成功，就是因为他
> 们具备一双慧眼，在日常生活中对事物观察细致入微，同时
> 又善于思考和总结的结果。

注意观察，才能发现细节处的机遇。做人只有善于思考，才能把
事情办得更加完善。

生活中的很多事，我们每个人都能去做，但往往大家做出来的结
果却不一样，有的人成功了，有的人却始终停留在平庸的阶段，原因
就在于成功者慧眼独具，留心观察生活，并进行广泛深入的思考，他
们精神高度专著，往往会成为一个行业里的佼佼者。

有一次，日本索尼公司名誉董事长井深大到理发店去理发，他一
边理发一边看电视，由于他躺在理发椅上，所以他看到的电视图像只
能是反的。就是这样很小的一个场景，让他突然灵机一动。心想：
"如果能制造出反画面的电视机，那么即使躺着也能从镜子里看到正
常画面的电视节目。"有了这些想法，他回到索尼公司之后就组织力
量研制和生产了反画面的电视机，并把自己研制出来的电视机投放到
市场上去销售。果然这种电视机受到了理发店、医院等许多特殊用户
的普遍欢迎，因而取得了成功。

人们之所以能从生活小事上获得灵感，往往是因为他们心中面临
着一个需要解决的问题，正因为精力集中，往往才能将两者有机联系

在一起，从而在一些不引人注意的小事上发现奇迹。

琴纳原来是英国的一位乡村医生，他长期生活在乡村，对民间疾苦有深切的了解。当时，英国的一些地方发生了天花病，夺走了成千上万儿童的生命。

当时还没有治天花的特效药。琴纳亲眼看到许多活泼可爱的儿童染上天花，不治而亡，他心里十分痛苦，自己作为一名救死扶伤的医生，眼睁睁看着这些染病的儿童死去，深感内疚，于是心里便萌生了要制服天花的强烈愿望，时刻留心寻找对付天花的办法。

有一次，琴纳到了一个奶牛场，发现有一位挤奶女工因为从牛那里传染得过牛瘟病以后就从来没有得过天花，她护理天花病人，也没有受到传染。琴纳像发现了新大陆一样，兴奋不已，他联想到这样一个问题：可能感染过牛痘的人，对天花具有免疫力。琴纳思索到此，不禁连声问自己，"为什么感染过牛痘的人就不会得天花？牛痘和天花之间究竟有什么关系？"他进一步大胆设想："如果我用人工种牛痘的方法，能不能预防天花？"琴纳隐约感觉到自己已经找到了解决问题的突破口了。

沿着这条思路，琴纳开始了大胆的试验，他先在一些动物身上进行种牛痘的试验，效果十分理想。然后他打算在人身上接种牛痘，这是前人没有做过的事，谁也不敢保证不出问题，因此要冒很大的风险，那么，到底选谁来做第一个实验呢？琴纳在这关键时刻表现出可贵的牺牲精神，做试验的人必须是儿童，琴纳自己不合要求了，便要自己的亲生儿子来充当第一个试验者，他为了让那成千上万的儿童不再受天花之灾，顶住一切压力，在当时还只有一岁半的儿子身上接种了牛痘。

接种过后，儿子反应正常，但是为了要证明小孩是否已经产生了免疫力，还要再给孩子接种天花病毒。如果孩子身上还没有产生免疫力，那么琴纳亲生的小儿子也许就会被天花夺去生命！但是为了世上千千万万儿童健康成长，琴纳把一切都豁出去了。两个月后，他又把天花病人的脓浆接种到儿子身上。幸好孩子仍然安然无恙，没有感染上天花。这说明孩子接种牛痘后，对天花具有免疫力，试验终于成功了。

从此以后，接种牛痘防治天花之风从英国迅速传播到世界各地，肆虐的天花遇到了克星，到 1979 年，天花病就在地球上绝迹了。琴纳——这位普通平凡的乡村医生的发明，拯救了千千万万人的生命，18 世纪末，在法国巴黎，无限感激他的人们为他立了塑像，上面雕刻着人们发自内心的颂词："向母亲、孩子、人民的恩人致敬！"

琴纳是个有心人，能留意到生活中的一件细微之事，而这件细微之事向他传递了一个有价值的信息：得过牛瘟病以后不会得天花。这种合理的逻辑推理往往也是产生灵感的前提。灵感不是没来由的产生，也需要思考。

日常生活中的每一条信息或者每一件小事都可能蕴涵着丰富的信息。正因为如此，我们做人才要养成勤于观察和思考的习惯，善于从小事中发现机遇，捕捉灵感，在小处书写出大文章。

6. 更新观念，善于从工作中寻到快乐

> 做人不要活的太累，不要把工作当做单纯的谋生手段，要知道工作也可以成为日常生活中最愉快的事之一，从现在开始，摒弃旧观念，从工作中寻找乐趣。

每个人都有自己的眼光，而一个人的眼光如何，往往决定着他对周围事物的看法。如果一个人眼光总是停留在旧有的状态，那他往往也不会对事物得出恰当的评价。特别是当我们只将自己的工作当做一种谋生的手段，是一件不得不做的苦差事时，那我们肯定不会去喜欢它、热爱它。

在现代社会中，无论是自己创业还是给别人打工，大部分人都是通过"工作"来维系自己的生存和发展。而如今越来越快的工作节奏，却让很多人产生了厌烦的情绪。这个矛盾如果处理不好便会成为人生的一种负担。而一个人如果转变自己的工作观念，在心灵深处将工作看作是深化、拓宽我们自身阅历的一种途径，看成是一种能体现我们自身价值的生活方式的话，那么，我们往往就能从心底里喜欢上它，而当你主动积极工作的时候，你也会从工作中寻找到许多乐趣。

日本有位叫清水龟之助的邮差，工作了 25 年，已成为当地屈指可数的老邮差。凡是接触过清水龟之助的居民都十分喜欢他，因为感觉他每天都很快乐，居民从他手中得到信件和报刊的时候，也得到一份他带来的快乐。

曾有记者采访清水龟之助，问他如何这样快乐地做如此枯燥的工作，清水龟之助说了一个故事，有一个孩子，随母亲到寺院进香，看到方丈在洗桃子，孩子站定了不想离去。方丈便把洗好的桃子递给孩子，但孩子的母亲觉得这样不好，不让孩子伸手，并对方丈说："师父还是自己留着吃吧，桃子若是给孩子，你就少了一个！"方丈听后便笑了："我少吃一个桃，却多了一个吃桃获得快乐的人。"于是方丈便把鲜桃塞到孩子手中，飘然而去。

　　清水龟之助说那个孩子就是他，从此以后，他就知道快乐是可以相互传递的。他因生活所需成为邮差，最初感觉很苦闷，但他不想把自己的苦恼传染给别人，他在工作时始终保持微笑。当他看到那么多人接到他送的信时露出微笑，那份快乐又传递给了自己，他觉得自己的工作是最有意义的。

　　可见枯燥的工作也可能构筑快乐的情绪，而且快乐不仅是自己的感受，只要能随时保持快乐的心情，同样也能影响到身边的人。试问，如果一个工作团队，每个人整天都是愁眉苦脸，那整个团队也将是一个没有"生命力"的团队。而假如某个人或某几个人情绪乐观，往往就能带动大家的乐观，团队也必将充满活力。

　　我们平常可能都有过这样的感觉，当一个人做自己喜欢的事情时，不仅不会感到疲倦，往往还能从看似枯燥的情况下获得乐趣。比如，有人喜欢钓鱼，那么在钓鱼的时候，也许他已在湖边一动不动地整整坐了十几个小时，但他也一点都不觉得累，还能从钓鱼中享受到乐趣。原因就在于钓鱼是其兴趣所在。一个人只有对自己的工作感兴趣，才能保持心情愉快。

　　有一位心理学家曾经做过一个实验。他把 20 个人分成两个小组，每组 10 人，让第一组的人从事他们感兴趣的工作，第二组人从事他们不感兴趣的工作。结果发现，第二组的人很快就开始出现小动作，而后就是抱怨头痛、背痛，而第一组人正积极乐观地忙碌着。这个实验提示人们：人们疲倦的原因往往不是工作本身，而是工作中的乏味、焦虑，这些东西消磨了人对工作的活力与积极性。

一个人能于工作中寻得快乐，往往在于他不仅仅将工作看成一种谋生的手段，而是将其当成一种实现自我价值的方式。将自己的兴趣与工作结合起来，这种观念往往让他们甘愿付出。

甘洛县乌史大桥乡二坪村，是凉山北部峡谷绝壁上的彝寨，村民上下绝壁都要攀爬5架木制的云梯，进出极为艰难，村民一年难得下绝壁一次。就是在如此艰险的环境下，从汉族地区来的李桂林、陆建芬夫妻在这里扎根已经20余年，把知识的种子播种在彝寨，为村民走出彝寨架起"云梯"。1990年，李桂林夫妻来到这里，村民的落后与贫苦深深地震撼了这对彝族夫妻。强烈的同情心和民族感使李桂林坚定了扎根二坪搞教育的信心，得到了妻子的大力支持。他与妻子20年如一日地教书育人，无怨无悔，培养出了很多优秀学生，其中有不少人是从外村慕名而来的。二坪村——这个过去的"文盲村穷山村"，现在成了"文化村"。昔日的知识荒地到今天的精神巨变，与这两位老师付出的心血是分不开的。他们为偏远山区的教育事业撑起了一片蓝天，在平凡的工作中实现了自己的人生价值。

很多人之所以能够在自己平凡的岗位上默默奋斗，就是因为他们能认清自身的意义，工作即是他们的兴趣所在，他们甚至已经把自己的生命融入到了工作之中，工作中的每一次进步，都让他们欢欣鼓舞，信心倍增。

林肯说："只要心里想快乐，绝大部分人都能如愿以偿。"只要我们愿意，生活中很多时候，往往都能寻找到乐趣。工作也是如此，工作意味着一种责任，不管你是否愿意，现代社会，工作已经悄然成为我们生活的一部分，既然如此，我们更应该重视它，不能整天重复简单无聊的日子。我们做人应该拥有积极的心态，一方面可以寻找自己感兴趣的工作，另一方面还要积极转变工作观念，枯燥也可变为愉悦，让生活变得更充实有意义。

7. 做人要淡泊一点，不要过分看重名利

　　求名利并非坏事，但过分看重名利则没有多大好处，只有小人才忙忙碌碌，穷年累月挣扎在功名利禄的路上。做人若淡泊一些，便可省去很多烦恼。

　　俗话说"雁过留声，人过留名"。谁也不想默默无闻地活一辈子，所谓人各有志，就是这个意思。自古以来胸怀大志者多把求名、求官、求利当作终生奋斗的三大目标。然而我们应该明白，什么事都不能过于追求，只要过分追求，又不能一时获取，求名心太切，有时就容易产生邪念，走歪门。结果名誉没求来，反倒臭名远扬，遗臭万年。

　　君子求善名，走善道，行善事。小人求虚名，弃君子之道，做小人勾当。古今中外，为求虚名不择手段，最终身败名裂的例子很多，确实发人深思。有的人已小有名气，还想名声大震，于是邪念膨胀，连原有的名气也遭人怀疑，更是可悲。

　　唐朝诗人宋之问，有一外甥叫刘希夷，很有才华，是一年轻有为的诗人。一日，希夷写了一首诗，叫做《代白头吟》，到宋之问家中请舅舅指点。当希夷诵到"古人无复洛阳东，今人还对落花风。年年岁岁花相似，岁岁年年人不同"时，宋之问情不自禁连连称好，忙问此诗可曾给他人看过，希夷告诉他刚刚写完，还不曾给别人看。宋之问便说道："你这诗中'年年岁岁花相似，岁岁年年人不同'二句，

着实令人喜爱，若他人不曾看过，让与我吧。"希夷言道："此二句乃我诗中之眼，若去之，全诗无味，万万不可。"晚上，宋之问睡不着觉，翻来覆去只是念这两句诗。心想，此诗一面世，便是千古绝唱，名扬天下，一定要想法据为己有。于是起了歹意，命手下人将希夷活活害死。后来，宋之问获罪，先被流放到钦州，又被皇上勒令自杀，天下文人闻之无不称快！刘禹锡说："宋之问该死，这是天之报应。"

在中世纪的意大利，有一个叫塔尔达利亚的数学家，在国内的数学擂台赛上享有"不可战胜者"的盛誉，他经过自己的苦心钻研，找到了三次方程式的新解法。这时，有个叫卡尔丹诺的找到了他，声称自己有千万项发明，只有三次方程式对他是不解之谜，并为此而痛苦不堪。善良的塔尔达利亚被哄骗了，把自己的新发现毫无保留地告诉了他。谁知，几天后，卡尔丹诺以自己的名义发表了一篇论文，阐述了三次方程式的新解法，将成果攫为己有。他的做法在相当一个时期里欺瞒住了人们，但真相终究还是大白于天下了。现在，卡尔丹诺的名字在数学史上已经成了科学骗子的代名词。

宋之问、卡尔丹诺等也并非无能之辈，在他们各自的领域里都是很有建树的人。就宋之问来说，纵不夺刘希夷之诗，也已然名扬天下。糟的是，人心不足，欲无止境！俗话说，钱迷心窍，岂不知他却"名"迷心窍。一旦被迷，就会使原来还有一些才华的"聪明人"变得糊里糊涂，使原来还很清高的文化人变得既不"清"也不"高"，做起连老百姓都不齿的肮脏事情，以致弄巧成拙，美名变成恶名。

莫为名利遮望眼。还是让我们来看看庄子的为人态度吧。有一回，庄子在濮河上钓鱼，楚威王派两个大夫前来，带着楚威王的亲笔信，要请庄子去当楚国的宰相。两个大夫客气地转达楚威王的问候："大王想拿我们国家的事麻烦您，请不要推却！"

庄子只管自己钓鱼，手里拿着钓竿，眼睛盯着水面，对两位大夫的恭敬与楚王的盛情，一点不动容。庄子说：

"我听说楚国有一只神龟，死了已经三千年了。楚王把它的遗体，用竹箱子装着，用手巾盖着，珍藏在庙堂里。您二位说说，这只龟，是愿意死了以后，留下骨头让人珍惜呢，还是宁愿活着，在沼泽中摇头摆尾呢？"

二位楚大夫："那当然是愿活着，在泥泽里摇头摆尾了。"

庄子便笑了："那好，你们回去吧，我愿意活着，在沼泽里摇头摆尾，自由自在。"

苏轼说："苟非吾之所有，虽一毫而莫取。"美名美则美矣！但不可以过分看重，否则名利便会如一座沉重的大山，一条捆缚自己的锁链，自己早晚会被压垮！做人应该有点淡泊之心，如此，便可少很多烦恼。

8. 今日事，今日毕——克服拖延的习惯

俗话说：今日事，今日毕。如果我们时时想到"现在"
着手行动，就会完成许多事情；如果常念叨"将来有一天"
或"将来什么时候"再去做，那就将一事无成。

生活中许多人有拖延时间的坏习惯，无论做什么事情都今天推明
天、明天推后天，以此类推，事情不但办不成，不仅耽误了自己也妨
碍了他人。要有好的明天，请从今天开始。人们要摒除拖延时间的坏
习惯，养成今天事今天做的好习惯，以此来丰富人生，创造机遇。

康纳勒普说："今天事，今天做。太阳决不会为你而再升。"

有一个古老的故事：在森林里，阳光明媚，鸟儿一边欢快地歌唱
一边辛勤地劳动着。其中有一只寒号鸟，凭着自己有一身漂亮的羽毛
和嘹亮的歌喉到处卖弄。它看到别人辛勤地劳动，反而嘲笑不已。好
心的百灵鸟提醒它说："寒号鸟，快垒个窝吧！不然冬天来了，你怎
么过呢？"

寒号鸟轻蔑地说："冬天还早呢，着什么急呀！趁着现在的大好
时光，快快乐乐地玩吧！"

就这样，日复一日，冬天眨眼就来了。晚上鸟儿们都在暖和的窝
里安然休息，而寒号鸟却被寒风冻得瑟瑟发抖，用嘶哑的歌喉悔恨过
去，哀叫未来。

第二天太阳出来了，万物苏醒了。沐浴在阳光中，寒号鸟非常惬

意，完全忘记了昨天夜里被冻的痛苦，又快乐地歌唱起来。

有鸟儿劝它："快垒窝吧！不然晚上又要发抖了。"

寒号鸟嘲笑说："不会享受的家伙。"

寒冷的夜晚又来临了，寒号鸟又重复着昨天晚上的经历，就这样重复了几个晚上，大雪突然降临，鸟儿们奇怪寒号鸟怎么不发出叫声了呢？太阳一出来，大家才发现，寒号鸟早已被冻死了。

今天你把事情推到明天，明天又把事情推到后天，一而再，再而三，事情永远没个完。只有那些善待今日的人，才会在"今天"奠定成功的基石，孕育"明天"的希望。

不要以为自己还年轻，还有许多时间。要知道时间是有脚的，会走，也会跑，不善待时间的人最终会受到时间的惩罚。

爱默生说："我们应当记住，一年中每一天都是珍贵的时光。"

文嘉不但写过《今日歌》，还写过《明日歌》。

"明日复明日！明日何其多！我生待明日，万事成蹉跎。世人若被明日累，春去秋来老将至。朝看水东流，暮看日西坠，百年明日有几时？请君听我《明日歌》。"这无疑是诗人对有拖延时间习惯者的最好忠告。

陶渊明诗曰："盛年不重来，一日难再晨，及时当勉励，岁月不待人。"

做人要有计划，制定每天的工作时间进度表。每天都有目标、有结果，日清日新。今日不清，必然积累，积累多了就会拖延，久而久之就会养成拖延时间的坏习惯，而这种习惯导致的结果便是堕落、颓废。

一个人在一生中，总有各种各样的憧憬，有各自的理想，也有不同的计划。假使能够抓住一切憧憬，将一切理想都实现，把所有计划都执行，那么在事业上的成就，就可用不可估量来形容了。然而许多人往往是有憧憬不能抓住，有理想不能实现，有计划不去执行，最终会坐视种种憧憬、理想、计划在眼前消逝。人们总喜欢把今天该做的事情积攒到明天做，把明天的事情留到后天去完成，要知道这是一种不良习惯，会影响你的一生。

一个生动而强烈的意象忽然闯入一位著作家的脑海，使他生出一种不可阻遏的冲动，便想提起笔来，将那美丽生动的意象移向白纸。但那时他由于某种原因，没有立刻就写。那个意象还是不断地在他脑海中活跃，然而他还是拖延。后来，那个意象便逐渐地模糊、褪色，终于完全消失了。

为什么这些印象，是这样的来去无踪？其来也，是这样的强烈而生动；其去也，是这样的迅速而飘忽？原因在于人们对某一新鲜事物产生的某种灵感，来得快去得也快，这就需要立刻把握住它们。如果被拖延时间的坏习惯束缚了手脚，势必会浪费这份美好，等到灵感消失殆尽后再后悔已为时晚矣。

现实生活中有许多被动的人平庸一辈子，是因为他们一定要等到每一件事情都有百分之百的把握、万无一失时才去做。当然，我们可以追求完美，但是人世间的事情没有一件是绝对完美或接近完美的。等到所有的条件都完美以后才去做，那就只能永远等下去了，事情还是当办则马上去办。可见，做人一定要克服拖拉的习惯，今天的事今天做，不要留到明天，否则终将碌碌一生。

9. 做人不能墨守成规，
创新也应成为一种习惯

> 创新在于创"心"，做人要不断开拓进取，只有不断摒
> 弃旧的东西和确立新的内容，才能不断获得恒久的成功，我
> 们做人，也应将创新当成一种良好的习惯。

唯有创新才会发展。创新是永无止境的，人生之路就是一个不断
发展、不断创造的过程。当一个人通过创新达成了他事业上的追求
时，新的追求、新的理想、新的目标就会产生，于是他就会为获得新
的成功去创造、去奋斗。因此做人一定要有创新思想和创新精神，把
创新当成一种习惯。

要想使你的产品能牢牢地吸引顾客，就要不断地开拓市场，就要
有永不停息的创新精神。纵观阿迪达斯的发展历程，我们可以发现，
永不停息的创新精神正是阿迪公司成功的关键所在。

在众多的体育用品之中，足球鞋可能是最主要的产品之一。据统
计，阿迪达斯公司仅此一项，每年就生产 500 多个品种，28 万余双球
鞋，在 150 多个国家的体育用品销售中占据着首位。

阿迪常说："现代的体育运动迅速发展，体育用品的生产，必须
时刻注意改进产品，以适应顾客的需求，否则就有被挤跨的危险。"

一次，阿迪达斯公司发现足球鞋的重量与运动员的体力消耗关系
极大：在每场一个半小时的比赛中，平均每个运动员在球场上往返跑

一万步。如果每只鞋减轻100克，那么，就可大大减少运动员的体力消耗，提高他们的拼搏能力。

阿迪经过观察，发现半个世纪以来，足球鞋的重量很少减轻，而主要原因是保留了足球鞋上的金属鞋尖。而在每场比赛中，就算是最能拼杀的前锋，可能踢触到足球的时间，也只有4分钟左右。

怎么样才能把鞋的重量再减轻一些，这成了阿迪整天琢磨的事。据说阿迪为此整天吃不好饭、睡不好觉，直到晚上还是迷迷糊糊，想着跑鞋减轻重量的事，不知不觉进入到梦中。在梦中，他梦到与足球运动员对话。

运动员告诉他："鞋钉太重，可否取掉？"

"那你们的鞋不是太软了吗？"

"可以搞得硬一些。"

这句话惊醒了阿迪，他连忙爬起来，拧亮台灯，在记事本上记下这段对话。

经过反复的研究，他们果断地去掉了鞋上的金属鞋尖，设计出了比原来轻一半的新式足球鞋。这种鞋一投放市场就立即受到好评，足球运动员和足球爱好者们争相购买。

阿迪达斯公司还十分注重西方青年服装的潮流，在花样及色彩上不断更新，使人们目不暇接，难怪人们说，很难看到同一样式的阿迪达斯运动衣。后来，他们又进一步研究出150多种新产品。在1986年的欧洲运动服装博览会上推出，为主办者增色不少。

30多年来，阿迪达斯公司开发了一种又一种受人欢迎的产品。橡皮凸轮底球鞋：适合冰雪地、草地、硬地比赛的各类球鞋；20世纪60年代研制出来的以塑料代替皮革的球鞋；70年代投产的用三种不同硬质材料混合制成鞋底的球鞋；80年代初生产的新式田径运动鞋，这种鞋的鞋钉螺丝可以根据比赛场地和运动员的体重、技术特点、用力部位而自行调节。

早在1978年，仅足球鞋一类，阿迪达斯公司在世界各地所获得的专利就达700多项。时光整整过去了30多个年头，经过几十年的苦心经营，阿迪达斯公司从一个仅有几十名职工的小厂发展成为一家跨国公司。

80 年代初，我国的饮料业升起了两颗耀眼的新星，一个是健力宝，另一个称之为 V 饮料。1984 年它们同时被指定为 23 届奥运会中国代表团专用饮料，被海外新闻界誉之为"魔水"。九年过去，两者地位的变化叫人刮目相看，起初在健力宝之上的 V 饮料，其总产量利润、知名度都远远被健力宝甩在后面。1987 年，健力宝的利税达到 2400 万元，而 V 饮料的利税仅为 90 万元，不到前者的二十分之一，在知名度上，前者是誉满全国、家喻户晓，并且冲出亚洲，走向世界，后者则鲜为人知，两者为何在几年内落差这么大？最根本的是创新能力。

前者为赢得一流商品的地位和声誉，大量集资引进易拉罐、无毒塑料瓶、软包装、复合纸盒等先进生产线，甩掉了落后的生产经营方式，不断对饮料的口味、品种进行创新，跨入了现代化大生产的领域。同时，把握市场信息，对国内外市场积极开展宣传攻势，使产品知名度空前提高，在 1988 年产品定货会仅开了两天，可供产品即被抢购一空。

后者在生产和经营上进攻性永远不如前者，始终不能摆脱陈旧工艺，虽然也不断引进，但引进的却是老式汽水瓶罐，采取的是落后的三片式铁皮结构。每年的宣传广告费用，仅有十万元，不及前者的三十分之一。在合作经营上失去了许多机会，逐渐被消费者遗忘。

唯有创新才有希望。教育家陶行知对此有独特的认识："创造主未完成之工作，让我们接过来，继续创造。"可见，做人要有自己的一套，不但要有心计，还要敢于打破常规，勇于创新，特别是应该让创新成为一种良好的习惯，唯有如此，做人做事才能获得恒久的成功。

10. 做人何不幽默一些

> 幽默是一种人生态度，是做人的一种智慧，一种生存的
> 技巧。幽默更是调节人际关系的润滑剂。我们在现实生活中
> 何不多点幽默乐观，少点颓唐消极呢。

我们常有这样的体会，在会场或课堂上，一席趣语可使笑语满堂，气氛和谐而轻松，增强了接受效果；在朋友之间的笑谈中，一则笑话，常令人捧腹不止，在笑声中交流和深化了感情；在旅游登山时，一句幽默，引出一阵嘻嘻哈哈，顿使人倦意全消，鼓劲前行。可见，幽默与笑是情同手足的姐妹。上乘的幽默是鼓劲的维生素，是交际的润滑剂，是智慧的推进器。

幽默在生活中有着十分重要的作用，它不仅能调节情绪，而且能摆脱窘境。例如在一次记者招待会上，一名记者问美国总统罗斯福一个保密的问题，总统听了之后问记者："能不能给我保密？""能。"记者当即回答道。总统幽默地说："那我也能保密。"有一次，英国幽默大师萧伯纳在街头散步，因躲闪不及，被直冲过来的一辆自行车撞倒在地，骑车人非常不安，很不自在。这时萧伯纳说："先生，您要是多加点劲，就可以成为撞死萧伯纳的好汉而名垂青史了！"一句幽默话，使对方顿时没有了不自在。

人生需要幽默，生活需要幽默。

一位正值当年的排球运动员，患上了骨癌。万幸的是发现的早，

癌细胞没有扩散，锯掉了右腿，他活了下来。教练和队友出于同情和友爱，前去医院看望只剩下一条腿的他。一见面，他就对教练和队友说："看来，以后我只能打副攻了。"

教练和队友们一听，都笑了，尽管笑得有些苦涩。教练和队友们之所以笑，是因为他的幽默。在排球技术中，副攻位置进攻时一般采用单腿跳。尽管他绝不可能再上排球场了，但其乐观、幽默的精神却感染了大家。

这位只剩下一条腿的"副攻手"，没有被病魔所吓倒，经过努力，他成为一位排球理论权威，在另一块"球场"上，继续着自己辉煌的排球生涯。

确实，人生有许多地方不如意，尽管那并不是你的错，但这就是生活。既然我们活着，就会遇到许许多多的不如意。面对着这么多的不如意，你只要以幽默的心态去对待它，你依然可以快乐地生活着。

幽默是一种人生态度，是人类的一种智慧，一种生存的技巧。幽默能产生一种神奇的力量，专门对付你生活中一些不如意的事情，它能够使你的心情放松，减轻你生活、工作的压力，化解你心中的郁结。同时，幽默也使你更讨人喜欢，生活中凡是幽默感强的人总会成为人群的中心。还有，专家告诉我们，凡是具有幽默感的人，在个人生活的满意度、工作效率、创造力方面都胜过缺乏幽默感的人一筹。

幽默的语言再辅之以幽默的行动，更是相得益彰，它让人从中得到审美的满足，给人以联想、回味的余地，使人们在笑声中明白事理。有一次，林肯作为被告的辩护律师出庭。原告律师将一个简单的论据翻来覆去地陈述了两个多小时，听众都不耐烦了，好容易才轮到林肯辩护。只见他走上讲台，先把外衣脱下放在桌上然后拿起玻璃杯喝了口水，接着重新穿上外衣，然后又喝水，这样的动作重复了五六次，逗得听众笑得前俯后仰。林肯一言不发，在笑声中开始了他的辩护演说。他的幽默表演，实在是对原告律师的嘲弄，这也为他辩护的成功奠定了基础。

幽默，说到底，是一个人的智慧的表现，是修养、学识、品格等方面才识的结晶。切莫小看有的人随机发挥的三两句简短的幽默的话，它蕴含着言者平时勤奋好学、博览多识、日积月累的心血。一个人只有平时善于学习、善于观察、善于积累，不断充实和丰富自己，才能真正学会幽默的艺术。

做人要有自己的一套，在人际关系中，出现矛盾和冲突是不可避免的。当同志、朋友、上下级之间出现一些不愉快的事情时，何不利用高超的幽默艺术将这些矛盾化解，让人际关系的齿轮正常运转起来呢。

11. 做人要勤奋塌实，懒惰思想要不得

　　　　勤奋的努力如同一杯浓茶，比成功的美酒更于人有益。
生命不息，奋斗不止，应该是每个人生存的原则。战胜了惰
性，便是战胜了自己，而后，便会拥有成功与幸福。

　　无论是对个人还是对一个民族而言，懒惰都是一种堕落的、具有
毁灭性的东西。

　　懒惰、懈怠从来没有在世界历史上留下好名声，也永远不会留下
好名声。

　　懒惰是一种精神腐蚀剂，因为懒惰，人们不愿意爬过一个小山
岗；因为懒惰，人们不愿意去战胜那些完全可以战胜的困难。

　　人们一旦背上了懒惰这个包袱，就只会整天怨天尤人、精神沮
丧、无所事事，这种人完全是一种对社会无用的卑劣之人。

　　有位年轻人曾经说："我要写出一篇可以轰动社会的小说来"，当
时他的确有一股火热的激情，于是沉醉其中，一气便写了 5 万多字，
颇为自信地拿给朋友看。朋友觉得他的文字语言技巧很好，但是故事
构架平平淡淡，情节也有些不伦不类，不但不能产生轰动效应，甚至
一般的杂志都难以接受。但是，朋友仍怀着极大的热情鼓励他，希望
他打乱现有的框架，重新设计故事中的某些细节。而他却好似泄了气
的皮球似的瘪了，不想重新构思。他把这篇小说投了两家杂志均被退
回。从此，他对写小说不再有强烈的兴趣，自信心也消失了。自那以

后虽然也有过几次冲动，开过几篇小说的头，但至今没有结果，后来便放弃了文学之路。

这位年轻人以他的文学基础及他的创造条件而论，他完全有才能在文学创作上取得成就，但可悲之处在于缺乏耐性，缺乏坚韧的意志，松懈情绪窒息了他的创造才能。

可见，懒惰是一种恶劣而卑鄙的精神重负。那些生性懒惰的人不可能在社会生活中取得成功，他们永远是失败者。而成功只会光顾那些勤奋的人。

勤奋是懒惰的克星，是取得成就的秘密武器，也是每个人都应养成的好习惯。

从前有一位老农，临死的时候，他把三个儿子召集到床前，对他们说："我老了，很快就要离开你们了。我不知道你们能否在我去世之后比现在过得更好。我担心将来你们会受苦，因此，我在咱们家的那块地里，埋下了一坛金子，这是我一辈子积攒得来的。我死后，你们就把它挖出来分了吧。"

老人去世后，他的儿子们便在老人所说的地方挖金子，然而，令他们感到奇怪的是，他们翻遍了每一寸土地，却始终没有找到那坛金子。儿子们失望了。当时，正逢播种季节，带着失望的心情，儿子们将那块地种上了庄稼。

几个月过去了，收获的季节来临了。

由于他们深翻了土地，地里的庄稼获得了前所未有的大丰收。此时他们才明白老人的用意。

勤奋的价值不能用金钱来衡量，金子虽然珍贵，但毕竟是身外之物。纵然有黄金万两，但坐吃山空，总会有穷困的一天。

唯有勤劳才是永不枯竭的财源。这一点，人们应该牢牢记住。对于聪明的人勤能使人走向成功，勤就能成就大事业；而比较愚笨的人，如果能以勤为本，笨鸟先飞，同样是获得成功的赢家。

记得《圣经》中有这样一句话：上帝给你打开了一扇门，同时就要给你关上一扇窗。你应该记住，勤奋实际上只是弥补你某一方面缺陷的良药。

爱因斯坦小的时候，有一次上制作课，老师要求每个人做一件小工艺品。

课堂上，老师让学生们把自己的作品拿出来，一件一件地检查。当老师走到爱因斯坦面前时，停住了，他拿起爱因斯坦制作的小板凳（那可不是一件成功的作品）问爱因斯坦："世上难道还有比这更坏的小板凳吗？"

爱因斯坦以响亮的嗓音回答老师说："有！"

然后，他又从自己的小桌里拿出了另一只板凳，对老师说："这是我做的第一只。"

一个并不手巧的人最后仍然可以成为一个伟大的科学家。不巧的手因勤奋而显得非凡超群。另一个小故事，也能说明这一道理。

古希腊有位演讲家，他的口才很好，每次演讲都能吸引众多的听众。但他年青的时候却有口吃的毛病，经常受到大家的嘲笑。

为了改正这一缺点，他坚持天天练习说话。有的时候就跑到山顶上，嘴里含着小石子，训练口型，摸索发音的规律。

正是因勤奋不懈的努力使他改掉了口吃的毛病，同时还练出了一副好口才，实现了做演讲家的梦想。

自身的缺点并不可怕，可怕的是不能摆正心态，正确对待勤奋与懒惰。许多人都听过"愚公移山"这个故事，它告诉人们一个道理：勤奋面前，再艰巨的任务都可以完成，再坚定的山也都会被"移走"。凡事只有踏实勤劳，才能获得真正的成功。其实勤奋与懒惰之间只不过一线之隔。我们做人要想有所成，就要勤奋塌实，不要有懒惰和懈怠的思想。应该时常警戒自己，以积极的心态做好每件事。

12. 做人要有韧性，破罐子破摔不可取

> 做人要坚强有韧性，经得起人生道路上的考验，才能磨炼出不一般的心性。如果受到一点打击，便思想萎靡，甚至破罐子破摔，必定一事无成。

人生处处都可能碰到逆境。逆境是把双刃剑，它既能使人坚强，也会使人脆弱，从来没有人能在经历磨难后而毫无改变。

生活中，许多人遇到一些打击便自轻自贱，破罐子破摔，完全丧失了自己固有的强大优势，变得平平常常默默无闻。这是一种不理智的做人态度。坎坷的人生之旅中，没有一个人是顺风顺水的，弱者在逆境面前只看到困难和威胁，只看到所遭受的损失，后悔自己的行为或怨天尤人，因而整天处于焦虑不安、悲观失望、精神沮丧等消极情绪之中。

有这样一个例子。有一个外企女职员，在北京外国语大学学习的时候，是一个十分自信、从容的女孩。学习成绩在班级里是出类拔萃的，相貌也是出众的，追她的男孩子也特别多。

毕业以后，她成了一名外企职员。在那儿干了一个月之后，旁人惊讶地发现，原先十分活泼开朗的她，竟然像换了一个人似的，不但说话变得羞羞答答了，连做事也变得畏头缩尾。而且说起一些事情来，总是显得特别胆怯，和大学时候的她形成了鲜明的对比。

每天上班前，为了穿衣打扮她常常要比别人早起两个小时，她之

所以这么做，是怕自己打扮不好，而遭同事或上司耻笑。

在工作中，她更是战战兢兢、小心翼翼，以至到了谨小慎微的地步。是什么使她有如此突然的变化？为什么原来活泼自信的她，参加工作以后就变得自卑了呢？

其实，原因十分简单，是因为她不能承受工作中的打击。有一次，经理要她将一份文件送到经理室，由于行动匆忙，她将文件搞混了。当时，经理用严肃的态度告诉她做事要细心，女孩敏感地把经理的提醒当成了批评，从而做起事来畏首畏尾，生怕做错事。

还有一次，经理要女孩陪同见一位很重要的客户，女孩因为穿着不当遭到了经理的指责，这就是女孩比别人早起两小时用在穿着打扮上的主要原因。

女孩的这种表现，在心理学上属于后天的认识性自卑，也就是说，主要原因在于她的认识——她对周围环境的认识、对工作的认识、对同事与上司的认识，更主要的是对打击的认识。

受到经理批评后，女孩不敢正视别人的目光，生怕看到别人鄙视的神情。听到经理的传唤，也显得神经兮兮，每次向经理汇报工作时都非常谨慎。就这样，她的精神时刻处于极度紧张的状态中。

终于有一天，女孩无法承受这种精神折磨了，她开始消极怠工，对待工作也显得漫不经心了，以往的闯劲也不知去向了。时过不久，女孩收到了公司的解聘书，无奈之下离开了这家公司。

女孩在打击面前就变成了弱者，她的做法是欠思考的，无论是在工作中还是生活中，遇到一些挫折、打击在所难免，任何人都不是圣人，不可能每件事都做得十全十美。即使遇到打击也决不能破罐子破摔，要养成坚强的好习惯。

许多年前在美国曾流传着这样一个故事：有一位 16 岁的小伙子，在一家著名的五金公司当收银员，每个月领着极其微薄的薪水，但仍然心满意足地卖力工作，因为他希望能通过脚踏实地的工作，使自己步步高升，实现自己成大事的理想。

所以他做起事来，永远抱着学习的态度，处处小心留意，想把工作做得更完美。他希望能够获得经理的赏识，提升他为推销员。谁知经理对他的印象却恰好相反。

有一天，他被唤进经理室，经理对他说："老实说，你这种人根本不配做生意。但你的臂力健硕无比，我劝你还是到铁厂里当一名工人吧！我这里用不着你了。"

一番接近侮辱性的训斥，对于那位年轻的小店员来说，如平地响雷，没想到自以为做得不错的他，会得到这样的结果。大凡年轻气盛的人，踏入社会不久，便遭受这样严重的打击，换了任何人都承受不了。他们一定会被气得暴跳如雷，从此做起任何事情来，都抱着消极的态度，不肯"劳而无功"了。

但那位青年并没有这样做，他虽被辞退，但仍有自己的理想。他要在被击倒的地方重新爬起来，争取更大的成绩。

他对经理说："是的，经理，你有权将我辞退，但你无法摧毁我的意志。你说我无用，当然，这是你的自由，但这丝毫不能减少我的自信。看着吧！迟早我要开一家公司，规模比你的大十倍。"

他并没有吹牛，说的句句是实话，虽然在那家五金公司跌倒了，但他把这次打击当成激励，从此他努力上进，几年后，果然有了惊人的成就。这个人就是美国鼎鼎大名的玉蜀黍大王史坦雷先生。

通过史坦雷先生的工作经历，我们可以看出：当他遇到残酷的打击时，并没有因此而停止不前，也没有像上述那个女孩一样破罐子破摔、垂头丧气，更没有磨灭心中那顽强坚韧的精神，也正是因此，他获得了成功，取得了显著的成就。

由此可见，在人生旅途中，我们每个人都要有不认输的劲头，要培养坚韧向上的精神。面对打击时要以平常心态对待，还要把打击当成是对自己的警醒，时刻不忘提高自己，而绝对不能破罐子破摔。做人有自己的一套，就应该养成坚忍不拔的品格。

第十一章

你这一套一定要有点心计，为人灵活才有出路

现代社会，人际关系复杂，人心也难测。要想更好的生存和发展，必须有点"心计"，有点小手段，才会让你比别人更胜一筹。有"心计"就要头脑灵活，不呆板。兵法的三十六计中很多计谋，例如将计就计、见好就收等完全可以用到我们做人上来，运动得当，可以帮我们更好的"圆滑"处世。

1. 功成身退，见好就收

俗话说，"人无千日好，花无百日红"。贪婪只会迫使人们走上绝路，而见好就收往往能给人们带来更大的利益，这是做人最基本的常识。

俗话说，"人无千日好，花无百日红"，意思是人不会一生顺畅，花不能永远绽放。命运让人无法捉摸，在人生的道路上无论取得多么大的成绩都不要得意、炫耀，因为见好就收，才是大智慧者对待人生的基本态度。做人就应该有点这样的心计，否则会因得寸进尺而吃不少苦头。

众所周知，廉颇曾经因为蔑视蔺相如而在相如府前负荆请罪，如果现在我们来追究其原因，也许正是因为廉颇的得意忘形，所以才使自己吃了苦头。常言道："凡事留余地，日后好相逢。"不管做什么事，都不能走极端，堵自己的退路。事到难处须忍让，抽身退出要趁早。尤其是在权衡得失时，切莫得意忘形，务必做到见好就收。

社会上总是有这样的一些人为了"收获名利"而忽略了见好就收的道理，最终招致祸害。

越王勾践手下有一名重臣——文种，他为勾践复国破吴立下了汗马功劳。战争结束后，他自然是加官晋爵，但是他仍然谦虚谨慎地侍奉越王。所以范蠡曾给他写了这样一封信："飞鸟尽，良弓藏；狡兔死，猎狗烹。越王的长相是：颈项细长如鹤，嘴唇尖突像乌鸦。这种人只可以与他共患难，却不能同安乐，你现在不离去，更待何时？"

文种读了信后，聪明的他当然明白信中的含义，于是在不久后便称病返乡，但是由于他还贪恋自己的名望，没有像范蠡一样彻底隐退，返乡后他的名字仍然威慑朝野，如此一来便让佞臣钻了空子，诬称文种欲起兵作乱。越王早有"猎狗烹"之意，故而趁着这个机会以谋反罪将文种处死。

很显然，文种"只进不退、见好不收"的做法引来了杀身之祸。在我国古代历史上像文种这样久居高位，最后惨遭杀戮的人并不少见，因为他们都像文种一样心中始终有贪念，放不下名利，由此可见，见好就收有多么的重要。

秦国宰相范雎，虽然是说客出身，但是也深谙用兵之道，他曾以"远交近攻"的策略壮大秦国军事实力，为秦作出了巨大的贡献，他的名声在当时自然也是家喻户晓。

范雎晚年，他力荐的一名将军带领他手下的三万士兵投降了敌人。当时投降乃是"株连九族"之罪，并且推荐者也会连带处以死刑。范雎虽得秦王信赖被免除死刑，但他知道此事之后，秦王对他的信任度会大大的降低，于是心中整日忐忑不安，正在这个时候，他收到蔡泽的劝慰信：

"逸书里有'成功之下必不久处'之说，如果你趁此时辞去宰相的职位，既可保伯夷般清廉的名声，又可享赤松子（传说中的仙人）般的长寿！何乐而不为呢？"

范雎读过信后心情豁然开朗，决定辞去宰相之职。于是三日后他上了一份请辞的奏章，并且举荐蔡泽为相……

见好就收，凡事留余地，不光可以运用到利与弊的权衡上，还可以用做阐述退却与逃跑的道理。当别人的势力强过自己，而自己尚且没有因此受到太大损失时，适时地逃跑、退却是保全自己最好的方法，留得青山在，不怕没柴烧。《三十六计》最后一计是"走为上"，曰："全师避敌，左次元咎，未失常也。"译为：全军退却，避开敌人，以退为进，待机破敌。

这一计说得通俗一点就是退却和逃跑。当面临对方强大的压力，自己却无力回天时，只有三条道可选择，投降、和谈、退却。如果选择投降，那代表已经完全、彻底的失败了；选择和谈则是失败了一半的象征，可是逃跑、退却并不是人们眼中的懦夫所为，也不是失败的表现，而可能是转败为胜的关键。表面看来逃跑、退却不是光明磊落的作为，而实际却是最高的战法，它具有切实的可用性，可使人受益无穷。退却一步，海阔天空，留有余地，冷静思考，重整旗鼓，补充实力，以待他日卷土重来，重新再战。

　　其实，《三十六计》中的"走为上计"阐述一条做人的大道理，那就是"随退随进"。所谓随退随进，并不是懦弱的象征，而是生存的一种大智慧。做人要有自己的一套，不妨有点小势利和小心计，看到好处，千万不要得意忘形，见好就收，功成身退，往往可以带来更大的利益。

2. 好汉也吃眼前亏

> 好汉也要吃得眼前亏，会吃亏的人，亏吃在明处，便宜
> 占在暗处，让人被占了便宜还感激不尽，这也是做人的智慧
> 和艺术。所谓放长线才能钓到大鱼。

人们常说："舍得舍得，不舍怎有得。"有时适当的吃点儿亏，却能带来较大的更长远的利益。

韩信可谓舍得吃眼前亏的楷模。胯下之辱的典故世人皆知，如果他当时不受胯下之辱的话，恐怕即使不死也会丢掉半条命，如此，哪还有日后的统帅全军，叱咤风云！虽然当时他的反应让所有人都认为他是个懦夫，是个没有用的家伙，但是他才是真正的好汉，因为他心里清楚他想要的是什么，他做人吃眼前亏为的就是保住有用之躯，留得青山在，不怕没柴烧！

能吃眼前亏，让小利，往往还能得大收益。

日本绳索大王岛村芳雄当年到东京一家包装材料店当店员时，薪金只有1.8万日元，还要养活母亲和三个弟妹。因此他时常囊空如洗。有一天，他在街上漫无目的地散步时，注意到女性们，无论是花枝招展的小姐，还是徐娘半老的妇人，除了带着自己的皮包之外，还提着一个纸袋，这是买东西时商店送给她们装东西用的。他自言自语："嗯！这样提纸袋的人最近越来越多了。"岛村芳雄这样一想，整个的心就被纸袋和绳索占住了。

两天后，他到一家跟商店有来往的纸袋工厂参观。果然，正如他所料，工厂忙得不可开交。参观之后，他怦然心动，毅然决定无论如何非大干一番不可，将来纸袋一定会风行全国，做纸袋绳索的生意错不了的。岛村芳雄虽然雄心勃勃，但苦于身无分文，无从下手，资金问题一直困扰着他，最后他决定到各银行试一试。一到银行，他就对纸袋的使用前景、纸袋绳索制作上的技巧及这项事业的展望等说得头头是道，但每一家银行听了他的打算之后，都冷冷淡淡地不愿理睬他，甚至有的银行以对待疯子的态度来对待他。岛村芳雄决定把三井银行作为目标，连续几次前去展开攻击。然而他的热心在三井银行也没有得到同情，起初态度冷淡得连他的话都不愿听的职员们，过了几天，对他的蔑视的态度就逐渐表面化，终于耐不住厌烦地大发脾气，一看到他就怒目而视。有时他一来，大家就发出一阵哄笑来取笑他，有时干脆把他赶了出去。皇天不负苦心人，前后经过三个月，到了第69次时，对方竟被他那煞费苦心、百折不挠的精神所感动，答应贷给他100万日元。当朋友和熟人知道他获得银行贷款100万日元后，纷纷借给他资金，就这样他很快就筹集了200万日元的资金。

于是岛村芳雄辞去了店员的工作，设立凡芳商会，开始绳索贩卖业务。他深信，虽然他的条件比别人差，但用自己新创的"原价推销法"干下去，一定能在竞争激烈的商业界站稳脚跟。首先，他前往产麻地冈山的麻绳厂，将该厂生产的每条45厘米长的麻绳以5角钱大量买进，然后按原价转卖给东京一带的纸袋工厂。这种完全无利润反赔本的生意做了一年之后，"岛村芳雄的绳索确实便宜"的名声远扬，成百上千的订货单就从各地源源而来。接着，岛村芳雄按部就班地采取他的行动。他拿着购物品收据前去订货客户处诉说："到现在为止，我是没赚你们一分钱，如果这样让我继续为你们服务的话，我便只有破产这条路可走了。"客户为他的诚实所感动，心甘情愿地把交货价格提高为5角5分钱。同时，岛村芳雄又到冈山找麻绳厂的厂商商洽："您卖给我每条5角钱，我是一直照原价卖给别人的，因此才得到现在这么多的订货。如果这样无利而赔本的生意让我继续下去的话，我只有等关门倒闭了。"冈山的厂商一看他开给客户的收据存根，大吃一惊，像这样自愿不赚钱做生意的人，他们生平头一次遇到，于是就不加考虑，一口答应供给他的麻绳每条只收 4 角 5 分钱。如此每条赚 1 角钱，每天的利润就有 100 万日元。创业两年后，他就名满天下，同时把凡芳商会改为公司组织，创业 13 年后，他每天的交货量至少有 5000 万条，其利润实在难以计算。现在的袋子绳索更是讲究，有塑胶带、缎带、绢带等，每条卖价 5 日元左右。有些高级品的利润更为可观。

从岛村芳雄的成功中我们可以发现：第一，要有先见之明，要善于捕捉时机，为了获得成功，敢于采取冒险行动。岛村芳雄早就预料到纸袋流行的时代一定会到来。第二，"吃亏就是占便宜。"岛村芳雄的原价推销法只赔不赚，亏了自己，"肥"了他的客户，使客户从他那儿尝到了"甜头"。于是，岛村芳雄获得了成百上千的订单。而吃亏经营感动了为岛村芳雄供货的厂商，使他们主动压低供价，也感动了客户，使他们主动抬高购买价格。

岛村芳雄的原价推销法使他得到了商界的信任，顾客自动替他宣传，使他无往而不利，在几年间就从一个穷光蛋成为日本绳索大王。

有句话说得好：吃亏人常在世，贪小便宜寿命短。所以，做人应有自己的一套，当你碰到对你不利的环境时，千万别逞血气之勇。粗做人，吃点眼前亏，学会一时低头，很有可能为你后来东山再起留下转机的余地，而不是为了装好汉，而成为永远无法翻身的懦夫。

3. 做人也要"喜新厌旧"

　　喜新厌旧也是能够成功做人的一门技巧，人们常说旧的不去，新的不来，做人也要敢于追求新鲜事物，只有这样才能有所进步。

　　现实生活中，诸如喜新厌旧和见异思迁的行为往往是被人所不齿的行为。特别是在感情上，喜新厌旧的人会被看成花心、不真诚。然而，我们做人，特别是想在人生的道路上有所成就，有时候就要有点小"势利"，需要"喜新厌旧"一回，特别是若你身为企业管理者，喜新厌旧往往代表着你对更好事物的追求，对更美好的理想的憧憬。有人甚至说，一个企业要想不断保持进步，就要不断产生喜新厌旧的想法。这话说的有一定道理，因为不断追求质量进步，企业才能在市场经济的浪潮中，乘风破浪，一直前行。

　　2001 年年底，当史玉柱向外界宣布他已经基本还清巨人集团债务后，曾向媒体表示："明年我们就要推出一个新产品，产品将介于药品和保健品之间。而生物制药将成为我们未来的主营。"

　　近年来"今年过节不收礼，收礼就收脑白金"的广告几乎挤爆了电视荧屏。脑白金这一产品也热销大江南北。凭借着脑白金成功复出，并赚得亿万身家的史玉柱对"一手带大的孩子"为何如此绝情呢？业内人士的分析如下：首先，一种保健品热销的周期一般为 5 年左右，脑白金已经达到了临界点。脑白金的国内市场已经饱和，上海健特在全国建立了 200 多处办事处，有的甚至铺到了乡镇一级。其次，史玉柱也承认"新增消费的速度在减慢"。所以，上海健特如果没有新的突破，按照史玉柱的性格，结果可想而知——脑白金只会成为他事业上的一张草图。还有，脑白金的广告需求近来遭到媒体质疑："凭什么收礼只收脑白金？"接着是其铺天盖地呼啸而来的阵势，让许多人感到讨厌。

对于史玉柱来讲，把脑白金再做大的可能性已经不大，花费巨大精力的广告效应正显出衰减的势头，而在这样一个时机把它卖给一个更大的公司，重创一份家业，为自己赢得更大发展的机会无疑是一个明智的选择。而且，史玉柱深谙知名度的市场号召力，利用自身的传奇效应，还可趁机发掘自己给新产品带来的无形资产，对史玉柱而言，可能是一种"更划算的选择"。

据健特生物内部人士介绍，健特公司已经研制完成的药有治疗胃病的奥美拉唑、胃药泮托拉唑呐以及抗感冒药双达芬胶囊，然而制药界人士都知道，这些药都是在药店里常见药品，它们在激烈的市场竞争中不可能赚取高额利润，远不能和脑白金相比。史玉柱恐怕自己也明白，自己研制药品是远水解不了近渴，真正的希望还在"黄金搭档"这样的保健品上。

无论如何，史玉柱卖脑白金实是放开眼界的明智之举，这已是各家公认的结论。

有这样一位农民企业家，他的成功不仅因为他的勤劳致富，还源于他是一个敢于"喜新厌旧"的人。

这位老板因为懂得祖传的培育技术，所以一开始专门培育果苗，因为他身怀绝技，又懂得辛勤劳作，所以靠种植梨、桃、杏等幼苗起家。乡邻们都以为他会靠自己这门手艺养活自己一辈子，因为对于他来说，这毕竟是个很稳妥的行当。

可是谁也没有想到，有一天，他却毅然抛弃了培育果苗的行当，把果园变成了花圃，仔细雕刻、修剪那些被人们遗弃的树根、花草，做成各种精品，然后把它们种在花盆里，放在由果圃改成的花圃里，细心照料。

老板将果圃改成花圃的消息不胫而走，有的村民纳闷，有的村民嘲笑，这位老板却依然我行我素，一心扑在他的花卉上。

事实胜于雄辩，"果圃户"变成"花卉户"后，不但没有使高老板倒霉，反而让他大发其财，在短短的几年内，竟使他一跃成为当地小有名气的富翁之一。一批先富起来的人为了装饰家园，不惜高价购买他的奇花异卉。

老板的发迹使乡邻们心动不已，许多人竞相效法，一时专营花卉的个体户如雨后春笋般地出现。很快，整个村庄差不多成了"花园"。外来购买花卉的人很多，当地老百姓的生活有了较大的改善。

但是，正当乡邻们沉浸在这巨大的欢乐中时，高老板却停止了经营正热得发烫的花卉业，悄悄把经营花卉赚来的钱投资到建筑材料业上，办起了一个砖瓦厂。虽然刚投产时砖瓦厂的经济效益并不理想，但高老板却冒着风险，进一步扩大经营规模，加强科学管理，生产出了大批高质量砖瓦。后来，随着经济的发展，该地掀起一股建筑热潮，在相当长的一段时间内，建筑材料奇缺，厂家订单不断，生产供不应求，结果产品价格暴涨，又使高老板大发其财，一时荣登当地首富。

可见，"喜新厌旧"在成功的企业家那里不仅不是让人生厌的贬义词，还是用来发家致富的法宝。我们所说的做人要有点喜新厌旧的思想，原因也就在于此。当然，喜新厌旧也需要魄力、勇气和心计，需要斟酌再振作，盲目的喜新厌旧往往得不偿失。

4. 舍不得面子套不住"狼"

过分看重面子其实是一个人个性怯懦的表现，做人太爱面子，很多时候便有可能成为人生的绊脚石，勇敢放下面子，放弃自以为是的尊严，舍不得面子便套不住"狼"。

人们很多时候不愿丢自己的面子，一是因为人都有自尊心，放下面子是在挑战自尊；二是因为丢面子可能会让周围的人以异样的眼光看待自己，自己有可能被孤立。正是因为如此，面子的观念便会把自己牢牢的保护起来。这样一来好比"作茧自缚"，虽然安全了，却永远只能躲在里面经营自己的一方小天地，一生难有作为。

而若想打开自身的束缚，勇敢地放下面子，放弃自以为是的尊严，才能破茧而出，有所作为。正所谓舍不得面子套不住狼。曾经以"疯狂英语"而著称于世的李阳，便是这样一位从"作茧自缚"到"破茧而出"，舍得面子却套住了"狼"的人。

李阳少年时代是一个很内向的人，用最常见的话说"怕生"。

他已经十几岁了，亲戚朋友还不知道李家有这样一个孩子，用"丑小鸭"来形容他是最恰当的。比如：只要听到电话一响，他就会躲起来；他看电影之后，父亲总是要他复述电影的内容，为了不干这种他不愿意做的事情，他宁愿多年不看自己喜欢的电影。

有这样一个典型的故事：有一次他患了鼻炎，父母送他到医院去治疗，在进行电疗的时候，医生不小心漏电烧伤了他的脸，由于害羞，他忍住痛苦，一直没有告诉别人，至今脸上还有一块小伤疤。

他说，小的时候最害怕的事情就是自己完成不了作业，因此，经常被老师罚站，每次都只好低声认错，可是第二天又重蹈覆辙……

值得庆幸的是，李阳多次向父母提出退学，可是父母在他心目中是最有权威的，所以没有退成，勉强熬到了高中毕业，居然还考上了兰州大学力学系——看来他并不蠢。可是就是在大学里，李阳还是浑浑噩噩的，没有改变自己的形象。按照学校规定，旷课70节就要被勒令退学，可是他很快就超过了100节，他因此差点被兰州大学清出校门。

那么，李阳的英语是不是特别好呢？

不是！谁能相信今天的英语教师当年曾经是连"60分万岁"都办不到，常常都要补考才能过关的人。

大学二年级的时候，他必须参加全国英语四级考试，否则学位证书就危险了。读大学为什么？不就弄一张文凭吗？可是过不了四级，便学位都拿不到了。

这次他被逼上了梁山，不得不打起精神，每天早上都去学习英语。他本来是一个懒散惯了的人，如今要集中精力，那可不是一件容易的事情。为了集中精力，他干脆跑到兰州大学校园里最偏僻的角落放开歌喉大声背诵起英语来。这一声大喊不要紧，喊出了李阳的灵感来了，这样不仅不容易思想开小差，效果还不错！

他就这样"吼"了几个星期，居然还"吼"出了信心！胆子出来了，他就去了学校的英语角，说出来的英语还居然像模像样的。知道他底细的同学都感到惊奇，急忙向他"请教"怪招！李阳此时已经隐隐约约地感到了这可能是一种奇妙的办法，虽然说不出什么，但是他决心这样干下去。

从此以后，只要有时间，李阳就像疯子那样在兰大烈士亭等地方大喊大叫，不管是刮风还是下雨，不管是晴天还是沙尘暴。有时候，为了增加自己的胆量，他居然穿着46号的特大美国劳工鞋、肥大的裤子、戴着耳环，在全国重点大学兰州大学声嘶力竭地喊叫。

不管别人怎么看他，他就是我行我素。他就这样复述了 10 本左右英文原著，在四级考试中得了个第二。

最令他恐惧的英语给他带来了成功的喜悦，他的疯狂故事就这样走出兰州大学、走出甘肃、走向全国……

李阳有句"格言"："I enjoy losing face!"（我喜欢丢脸!）李阳的经历就是一个放下面子的经历。

李阳本来是天生的内向，是一种封闭的性格。为了挑战自我，他以英语为媒介，走向了成功的一步。他把自己学习英语的心得体会写成了四十多页演讲稿，准备拿到演讲场里去。美国社会学家曾经进行过这样的调查，世界上人们最怕的就是当众讲话。他很想突破自我，所以他决心去演讲，面对全校的人，他请同学帮自己把海报贴出去，说是有一个叫做李阳的人要搞一个英语讲座……

那天晚上，李阳简直"紧张得要吐"（李阳语），可是他还是上台了。他虽然气喘吁吁的，但是终于坚持下来了，演讲获得了意想不到的成功! 李阳就这样讲出去了，一讲就是几十场，他因此成了校园名人……

李阳的成功，正应验了中国的那句古话："舍不得孩子套不住狼"。面子不等同于尊严，而且很多时候，过分看重面子只不过是自己内心怯懦的表现。做人应该勇敢一些，想做就去做，不要被一张面皮束缚住，只有这样，才能逐步获得成功。

5. 佯顺其意，将计就计

做人要灵活，与别人竞争，不见得扯破脸皮，可以表面上装作全不知情，暗中还以颜色。能够将计就计，以其人之道还治其人之身，是精明做人的手段之一。

现代社会，竞争是很正常的，我们无论是做人还是做事，都要多长个心眼，多动动脑子。其中借力打力，将计就计是一种常用的方式。

佯顺其意，将计就计，指的是先利用对方的计策来麻痹对方，再使用对方的方法消灭对方。将计就计不是简单的利用，而是计高一筹，在对方计策的基础上再加以发挥来消灭对方。做人若能如此，则是心机极强的表现。

自上世纪 60 年代到 70 年代，美国国际商用机器公司即 IBM 公司，一直控制着商用电子计算机的国际市场。面对这种局势，日本商人曾大声疾呼，要求日本在半导体电子计算机领域赶上和超过美国。但是，日本电子计算机厂家觉得，与美国一些公司竞争并不是轻而易举的事。

经过一番苦思后，日本的一些企业家动开了歪脑筋，他们觉得，如果能够事先通过某种手段弄到美国国际商用机器公司的新机种资料的话，这样，就可以大大缩短赶上和超过美国的时间。于是，日本的一些商业间谍开始了紧张的活动。

1980年，日立公司通过商业间谍，从美国国际商用机器公司一个职员那里弄到了该公司新一代计算机绝密设计资料。这是一套具有重要价值的资料，一共27册。然而，这一次日立公司只弄到了10册。为了搞到另外的17册，日立公司继续采取行动，由日立公司高级工程师林贤治出面，向与日立公司有业务往来的马克斯维尔·佩利发去一份电报，请佩利设法搞到其余的17册资料。

佩利曾经在IBM公司工作了23年，辞职前曾担任公司先进电子计算机系统实验室主任。他深知新机种资料的价值，同时也明确自己与公司的关系。因此，当他接到日立公司的电报后，立即将此事告诉了IBM公司。负责公司安全保卫工作的查理·卡拉汉普在美国联邦调查局任过职，他听了佩利的叙说后，决定将计就计，以间谍来反间谍。他让佩利充当双重间谍的角色，主动接近日立公司的林贤治，摸清情况，掌握日立公司的证据。同时，在联邦调查局的参与下，还采取了诱捕的方法：IBM公司故意宣布有两名接触绝密硬件、软件、手册等方面东西的高级职员即将退休，诱使日立公司向这两名职员索要资料。

果然，日立公司上了钩。1982年6月，联邦调查局逮捕了日立公司前去拿情报资料的职员。由于日立公司窃取IBM公司情报的证据被抓到，遭到了起诉。1983年3月，旧金山法院判处日立公司林贤治1万美元罚款，缓刑5年，参与此案的大西勇夫被罚款4000美元，缓刑2年。并追回了日立窃取的全部资料。

日立公司以间谍计窃取机要，而IBM公司却用反间计，以其人之道还治其人之身，结果使日立公司以惨败告终，足见得IBM公司计高一筹。以其人之道还治其人之身的谋略，就是在对对手的谋略有了充分的认识和了解的基础上，然后佯顺其意，在对手的计上用计，使对手坠入圈套，这是此谋略的核心。

我们可以看到，佯顺其意，将计就计，往往是在对方使用某种手段攻击自己，对自己造成威胁时而被迫采取的一种应付措施。我们常说，人不犯我，我不犯人。但是如果我们在现实生活中被人逼急了，也要考虑妥善应对，不能一味妥协退让。当然，改变自己处处受攻的处境，方法并不简单的局限于和对方撕破脸皮，公开对抗。而且很多时候，自己可能正处于不利的局面，公开与对方"叫板"不占优势，那么何不表面上示弱，或者干脆装做毫不知情，而是在暗中积蓄力量，借力用力，悄悄地营造自己的反攻。等到对方醒悟的那一刻，也许你早就已经取得了对抗中的胜利。

可见，做人如何成功，也是一门高深的学术。要想在社会中更好的生存与生活，必须有自己的一套，要灵活有策略，不能呆板，才能不断开阔自己的生存空间。

6. 人情投资不可少，学会"送礼"很重要

礼物是一种友情的表示，在现代人际交往中是必不可少的人情投资。然而如何送礼也是一门学问：礼不在多，达意则灵；礼不在重，传情则行。

送礼，本身是一种礼貌、尊重、感谢的表示。中国人送礼，最讲究面子，似乎只有礼物值钱，才能体现主人情意重。事实上，送礼只不过是一种表达心意的形式。礼不在多，达意则灵；礼不在重，传情则行。双方都不要着重礼物本身的物质价值，而应收到的是一份浓浓的情、厚厚的意。

有人经过调查研究指出，日本产品之所以能成功地打入美国市场，其中最秘密的武器之一就是日本人的小礼物。换句话说，小礼物在商务交际中起到了不可估量的作用。

当然，这句话也许有点言过其实。但是日本人做生意，确实是想得最周到的，特别是在商务交际中，小礼品是必备的，而且会根据不同人的喜好，设计得非常精巧，可谓人见人爱，很容易让人爱礼及人。

小礼物起到了非同小可的作用，而精明的日本人此举之所以成功，还在于他们精明的摸透了外国商人的心理，同时又运用了自己的策略。一是他们了解了外国人的喜好而投其所好，以取得别人的好感；二是他们采取了令人可以接受的礼品，因为他们深知欧美商业法

规严格，送大礼物反而容易惹火烧身，而小礼物绝没有受贿行贿之嫌。

另外，因为人对事物的看法，往往因状况不同而有很大的差异，因此，"雪中送炭"往往更能打动人。

日本首相田中角荣在担任自民党干事长时，一面忙着主持自民党选举事务，然而，他却不忘记派人将慰问金送到落选的议员家中，并且勉励他们不要气馁，下次重新再来。

对落选的议员来说，田中角荣的勉励已经使他们深受感动，而送慰问金，更加深了他们的感激之情。在此之后，拥戴田中的人越来越多，竟形成了一个"田中派"。

如果田中在此时将相同的金额或礼品送至当选的议员家中，情况就不同了，那些礼品、礼金成了锦上添花，一点也不特殊，更不能取得效果。只有在别人困顿时伸出援手，才能得到真正的友谊。田中角荣毕竟是真正吃过苦头的人，才能了解人类微妙的心理。

不论如何，要赠送他人礼物时，最好先考虑别人的情形，千篇一律或是委托别人赠送的方式，最显得没有诚意，既然要送，就该送对方喜爱的礼物才是。我们生活在现实社会，免不了求人办事，如果想要送礼，也应早作打算，同时应掌握送礼的技巧和方法，送的礼既实惠又使人觉得有面子，这样，求人就会成功，而且这也体现了方圆办事的原则。以下是一些送礼的小技巧，想要灵活做人，不妨作为参考。

（1）借花献佛

假如你给对方送的是一些土特产，你可以说是老家来人捎来的，分一些给对方尝尝鲜，东西不多，又没花钱，不是特意地给他买，请他收下，一般来说，受礼者那种因盛情无法回报的拒礼心态可望缓和，会收下你的礼物的。

（2）暗度陈仓

如果你给对方送的是酒一类的东西的话，千万不要谈到"送"字，可以说是别人送你两瓶酒，来和对方对饮共酌，请他准备点菜。

这样喝一瓶送一瓶，关系也近了，礼也送了，还不露痕迹，岂不妙乎。

（3）借马引路

有这样的情况，你想送礼给人，而你与对方却又八竿子打不着，拉不上一点关系，不好直接去送，你不妨选受礼者的生日、婚庆，邀上几位熟人一同去送礼祝贺，那样一般受礼者便不好拒绝了，当事后知道这个好意是你出的时，可能会改变对你的看法。借助大家的力量达到送礼联情的目的，实为上策。

（4）移花接木

老张有求于小刘，想送点礼物疏通一下，可是又怕小刘当面拒绝。正巧老张的爱人与小刘的对象很熟，老张马上想到了夫人外交，让爱人带着礼物去拜访，事办成了。看来，有时直接出击不如迂回运动。

（5）醉翁之意

如果送礼的对象是家庭困难者，但是有时候，他们的自尊心很强，不肯轻易接受帮助。若送的是物，不妨说，这东西在家搁着也是搁着，让他拿去先用着，日后买了再还，如果送的是钱，可以说拿些先花，以后有了再还。受礼者会觉得你不是在施舍，而且日后又还，便会乐于接受的。这样，你送礼的目的就达到了。

（6）异曲同工

有的时候送礼不一定非要自己掏钱去买，然后再大包小包地把它们送过去，其实有很多时候，人情也是一种很好的礼物。例如，你通过一些关系买到出口转内销、出厂价、批发价或者优惠价的东西，当你为朋友、同事买上这些东西以后，他们也会在拿到这份东西的同时，把你送他的那份"人情"当成礼物收下了。在这种情况下，你没有花分文，只不过搭上点人情和工夫，但所收到的效果和送礼是不一样的。受礼者因花了钱，收东西时便心安理得，毫无顾虑，送"情"者无奉多利，在帮助他人的同时也增进了与他人的情感。

7. 坐山观虎斗，可得渔翁利

鹬蚌相争，渔翁得利。做人最不费力气又能达到自己目的的手段就是采用离间术，使两个强者产生矛盾而争斗。这样，既可以使他们两败俱伤，自己又能捡现成的便宜。

很多读者都知道"鹬蚌相争，渔翁得利"的成语典故："蚌在河边晒太阳。鹬趁机啄蚌的肉，蚌把两扇介壳一闭就夹住了鹬的喙。鹬说：'今天不下雨，明天不下雨，就有死蚌。'蚌也针锋相对地说：'今天不出，明天不出（夹住不放），就有死鹬。'两者谁也不肯罢休，这时过来一个渔父把两者一起拎走了。"这个故事小孩也能明白：挑起对手之间的矛盾，就等于帮助自己打击了对手。

这种事在历史上也屡见不鲜。建安八年，曹操攻下了袁谭、袁尚坚守的黎阳城。曹操占据黎阳后，乘胜对袁谭、袁尚进行追击。四月间追到邺城，见郊外麦子已熟，便下令抢收，充作军粮。同时，派兵攻下了阴安等县城。诸将想要乘胜把邺城拿下来，郭嘉不同意，说：

"袁绍很喜欢他这两个儿子，不知道让谁嗣位好。这两人各有党羽，互相争斗，不用多久就会分道扬镳的。如果我们逼得紧了，他们就会联合起来，共同对付我们；反之，他们之间就会发生火拼。我们不如南向荆州，做出要去攻打刘表的样子，以等待两人的关系发生变化。到时再来收拾他们，平定河北就很容易了。"

这是一个充分利用敌人内部矛盾以坐收渔人之利的建议。曹军自上年九月进兵黎阳以来，大半年的时间过去了，士卒大都感到疲劳，进行适当调整也是必要的。刘表这时已经稳定了长沙、零陵和桂阳三郡的局势，解除了后顾之忧，正虎视眈眈地注视着中原局势的变化，如果这时挥师南下，也可对刘表产生一定的威慑作用，使他不敢贸然对北用兵。曹操经过权衡，爽快地接受了郭嘉的建议，留下贾信驻守黎阳，自己于五月间回到了许都。接着，于八月间动身南征，进抵西平。

果然不出郭嘉所料，曹军刚一南撤，袁谭、袁尚就发生了摩擦。袁谭借口自己部队的铠甲不好，要求袁尚给更换，袁尚不予理睬，袁谭大怒，在辛评、郭图的唆使下，立刻领兵攻打袁尚。双方在邺城外激战，袁谭不敌，退守南皮（今河北南皮县）。袁尚率兵赶来，袁谭又不敌，只好又退到平原（今山东平原县）。袁尚穷追不舍，率军赶到平原，将城池团团围住。

袁尚组织兵力日夜攻打城池，袁谭感到越来越难以招架，郭图建议把曹操请来对付袁尚，待曹操消灭了袁尚后，再对付曹操，这是一个典型的引狼入室的荒唐主意，可袁谭竟接受了，派人去向曹操求救。他宁可冒冀州让曹操抢去的危险，也不肯让自己的亲兄弟得到好处。

袁谭的使者来到曹操军中，说明来意，曹操立即召集部属商议此事。不少人认为刘表力量强盛，应当首先平定荆州解决刘表，而袁氏兄弟并不值得忧虑。荀攸不赞同这种意见，说："刘表坐保江汉之间，我们攻打吕布和袁绍时，他都没做出任何反应，可见其并无四方之志，不妨慢慢设法对付他。袁氏拥有四州之地，实力不能算小，如果兄弟和睦以守成业，天下是很难平定的，天幸现在兄弟交恶，势不两立，我们应当乘乱而取之，到时天下就不难平定了。这个机会是千万不能失去的。"

曹操认为可行，于是就答应了。

袁尚得知曹操将率军攻邺城，急忙撤了平原之围，回师保卫邺城。曹操清楚袁谭向他求救，是想从中谋利，所以他并不急于同袁尚硬拼，而且也不同袁谭闹翻，还要和他联姻。这一切都做完后，曹操引军回河南。

曹军一撤，袁尚马上又来攻平原。曹操趁此机会，于建安九年（公元204年）率军直趋邺城。经过数月苦战，击溃了袁尚的援军，攻下邺城，擒杀审配。

曹操围攻邺城期间，袁谭趁机攻占一些郡县，袁尚战败后，袁谭吞并了他的队伍，袁尚投奔二哥袁熙去了。袁氏兄弟直到这时还自相残杀，焉得不败？

收拾了袁尚，曹操又来收拾袁谭。袁谭不敌，退往南皮，曹军又追至南皮，激战数日，南皮被曹军攻克，袁谭被杀。曹操的"坐山观虎斗"的确高明。

我们在现实生活中也经常见到这样的事情：一个单位某主任高升，出现一个空缺时，本来被看好的两个人都未晋升，反倒是平时看来能力相对较差的一个得到这个难得的晋升机会。表面上似乎不可思义，但如果你明了其中的奥妙，也就没什么奇怪的了。原来背后捣鬼之人，恰好是能力较差的那一个。他左右煽风，挑动两个强者争得不可开交，令主管上司无法摆平，最后只好起用虽然能力一般，但却老实听话，而且没什么争议的差者。

当然，我们说做人要有将水搅浑的本事，善于得渔翁之利，并不是让你去做违法犯罪的事，而是说，做人一定要有点心计。当对手较多，而又普遍强于自己的时候，可以采取作壁上观的姿态，等对方争个两败俱伤时，你便可捡现成的好处了。

8. 对待恶人就要"软硬兼施"

> 恶人之所为恶，就在于一般人缺少与其斗争的勇气和手段。因此，我们若与恶人相争，绝不能手下留情，当然还要有点小手段，软硬兼施，红脸和白脸都要唱。

虽然天底下还是好人多，但坏人也是存在的。我们在现实中生活，遇到坏人的情况时有发生。很多人抱着多一事不如少一事的念头，往往采取顺从的态度，其实这本也没什么值得非议，因为危险情况下，生命是第一位的，能够安全的抽身而退，也是做人应该注意的一个原则。

当然，要具体问题具体分析。形势不同，则要采取不同的应对措施。很多时候，恶人的恶其实只是表面上的文章，内心也是有所顾虑的，如同纸老虎一般。如果我们面对蛮不讲理的恶人，一味的妥协退让，他会更嚣张，这时，我们就要分析形势，与其斗争，一方面要抓住其弱处，强硬压他；另一方面当他服软时，也要乘胜追击。该进则进，该退则退，红脸白脸，都要会唱，这样达到的效果自然最好。

有一位大学生在旅途中就遭遇过恶人，他在和恶人的斗争中，就采取了"软硬兼施"的手段，并战胜了对手，真是可圈可点，下面让我们来看看这个例子：

一次，小兵与同学去北京游玩，晚上住宿，他俩被一中巴客车强行拉到 A 旅店，本以为这次花的钱最多，条件当是很好的，然而事实却让人大失所望。大方面说，黑白电视没一台；小方面说，换鞋用的拖鞋也无处可觅。所谓的双人间里只有两张可怜的硬板床，真是比学校里的宿舍还要糟糕十倍。躺在硬板床上，心里总觉着不是滋味，于是小兵就想退房。"想退房？没门儿。"老板一开口就显得凶巴巴的。

小兵见这个驾势刚开始还真有点害怕，想退缩以息事宁人，但心里又不服，于是狠了狠心，决定豁出去了。小兵学着老板的腔调吼道："你凶什么，你想怎的？这北京城，不说来过十次，至少也有七八次了，我一点也不生。你，别瞎叫，我，想退房，要退房，坚决退房！"听小兵威胁要给监督局打电话，老板有些松动了，拨弄了一下算盘说："退房可以，但要交十元钱的手续费。"小兵一听可退房自然高兴，但平白无故地要扣十元所谓的手续费又不甘心，便说："如果不是你那接客员把我骗来，又怎么会这样？要怪只能怪你的接客员骗错人了。还有，我受你们的骗，这笔账还没算呢！"但老板咬定了那十元钱怎么也不肯松口。这么一来两个人又僵住了。

时间在慢慢地流逝，小兵有点焦躁不安，本来想就此罢休。可是正在这时，外面来了几位旅客要住宿，小兵及时递给店老板一根软骨嚼，说："老板，我看还是全退了吧，想你也是明白人，如果我一嚷，那几位还没登记的旅客必会自行告退，孰轻孰重，聪明的你不会不明白吧！"最后老板在无可奈何中把钱全部退还给他们。

小兵这次反欺诈之所以取胜，主要在于采取了如下策略：

（1）以硬制硬。老板大嗓门，小兵也大嗓门；老板说，退房没先例，小兵说退房有先例；老板让小兵站一边去，小兵则以给监督局打电话威胁之，给他一个此人不好对付的印象，这样就逼得老板不得不改变策略。

（2）以软对软。老板软下来了，答应退房，但坚持要手续费，小兵来了个以利诱之的策略：如果吵嚷开来，尚未登记的旅客，肯定会纷纷离开。收了小兵一个人的手续费，丢了几个旅客的生意，这就太不合算了。老板权衡利弊，为了留住更多的新旅客，只好把钱全部退给小兵。

（3）软硬兼施。对待这样的人，如果一开始就软，他必然认为你好欺负，而对你更加强硬，如果你硬到底，他下不来台，来个"死猪不怕热水烫"，你也没办法。有效的办法是：软硬兼施。关于先硬还是先软，则要因事、因时、因人而异。

现实中，很多恶人都是"软的欺，硬的怕"，对待这种人就是要软硬兼施。如果能用硬压住对方的嚣张气焰，用软博得"同情"，予人面子，便会让对方有顺水推舟的心理，让他明白和你敌对，他绝没什么好果子吃，而你这"硬汉"又给他留足了余地，他又何乐而不为的答应你的要求呢？

9. 好马也吃回头"草"

> 做人不能盲目的考虑面子和气节问题，不能因为"回头草"成为过去而不予重视和理睬，相反，"回头草"往往更有营养，更有优势。做人要灵活，"回头草"也要照吃。

"好马不吃回头草"的典故是说良马走出马厩奔向宽阔无垠的草原，一眼便能瞥见鲜美可口的嫩草，于是就沿着一条选定的线路吃下去，而绝不会东啃一嘴，西吃一口，丢三拉四地再回头去补吃遗漏的嫩草。换句话说并不是所有身后的草都不好，也并不是所有眼前的草都是好草，只是良马会很仔细吃掉眼前的草，就没有"回头草"而言了。

当然，这个典故可以给我们很多启示，那就是做人要经常向前看，不要三心二意。不过，生活远比马在草原上吃食复杂的多，有时人生的"回头草"比眼前的还要"营养丰富"，那么一直在追求美好生活的我们，吃"回头草"又何妨呢。

事实上是，"好马不吃回头草"这句话不知使人丧失了多少机遇。绝大多数人在面临该不该回头时，往往意气用事，忍不得闲言碎语，抛不开面子，明知"回头草"又鲜又嫩，却怎么也不肯回头去吃，以为这样才是有"志气"。其实，在面临回不回头的关卡时，你要考虑的不是面子问题和志气问题，而是把握机遇的问题。

A君因故被炒鱿鱼，一个星期后，老板要他回去，他愤然拒绝：

"好马不吃回头草!"

B君被女朋友甩了,过了一段时间,女朋友回头向他认错,要求重归于好,B君无情地说:"好马不吃回头草!"

以上两种情况在我们的日常生活中是很常见的。因此,对于具体情况我们应该做具体分析,这"回头草"本身的"草色"如何?值不值得去吃?如果值得,就放心去吃。

当然,吃"回头草"时,你可能会碰到周围人对你的议论,让你"消化不良"!但只要你自己愿意去吃,养肥自己就可以了,何必在意别人无聊的议论!何况时间一久,别人也会忘记你是一匹吃回头草的马,当你回头草吃得有成就时,别人甚至还会佩服你:果然是一匹"好马"!

曾经有这样一位朋友,年轻时经人介绍,认识了一位女友,两人一见钟情,很快坠入爱河。谁知,他这位女友这山望着那山高,不久又结识一位高干子弟,由于对方甜言蜜语很会讨好女人,再加上人才家境均超过她当时的男友,于是,她便同这位朋友提出分手。

这位朋友正沉醉在爱情的甜蜜与幸福之中,听到这一消息后顿时如雷轰顶,陷入失恋的痛苦之中。在很长一段时间里,他整天异常苦闷,彻夜失眠,失恋的滋味恐怕大多数人都品尝过。真可谓剪不断,理还乱。为了使自己尽快从痛苦中解脱出来,这位朋友把全部精力倾注在事业上。功夫不负有心人,不久即小有成就。

在这时,他以前那位女友突然又找到他,痛哭流涕地要求恢复关系。原来,在她与男友分手后,与那位高干子弟相处了一段时间,很快发现此人金玉其外,败絮其中,是位品行不端的花花公子,于是断然与他断绝了往来。想起与过去的男友相处的那些幸福时光,这位少女追悔莫及。经再三考虑之后,决定向旧友说明一切,并恳求对方的谅解。

当时,这位朋友颇感犹豫。正所谓旧情难舍,但考虑到周围人的闲言碎语,该不该吃"回头草"呢?令人颇费踌躇。有不少人也劝他快刀斩乱麻,与女友彻底断绝往来,说什么"好马不吃回头草"、"天下有的是靓女子，三条腿的蛤蟆不好找，两条腿的活人有的是"、"天涯何处无芳草，大丈夫又何患无妻呢?"但是，这位朋友是位讲义气重感情的人，他想起过去自己与女友相处的那段时光，女友身上的诸多优点，女友在自己面前流下的悔过眼泪……最后，他毅然决定与女友重续旧缘。

后来，两人终于喜结连理，婚后家庭美满幸福，这位朋友得了位贤内助，事业又令人羡慕。

"好马也吃回头草"，同样的道理，一个人面对机会，头脑要灵活，要能把握住，该回头时也要回头。做人要有自己的一套，就要明白如上道理。"好马不吃回头草"虽然强调的是一种"气节"，但有时候也应考虑到利益和结果。同样是一种做人做事的原则，出发点不同，结论也就不同。我们所要注意的就是，做人千万不能一根筋，应该灵活一点，"势利"一点，不要太在乎别人的看法，该回头时就回头看看。

10. 背靠大树好乘凉

> 好风凭借力，送你上青云。做人要有头脑，在现实生活
> 中要学会找自己的靠山，只有背靠大树，做人才有安全感，
> 办起事来才稳妥。

人生路上，仅凭个人努力，单打独斗往往不易获得成功。一个人
若想有所成就，眼界一定要开阔，看向自己的周围，能发现你身边的
贵人，善于借助他人的智慧和助力铺就自己的成功之路。

这就需要我们有头脑，能找到可供我们依靠的"大树"，贵人给
予的一次扶助、一次机会，往往是我们用努力和金钱换不来的。

特别是当自己力量弱小时，就更要善于借助他人的力量，寻找靠
山。在"大树"的荫庇下小心经营，开辟一片新天地，这不仅仅是谋
略，也是一种很多人做人做事成功后的经验总结。

公元 617 年 5 月，一直处在韬光养晦中的隋朝太原留守李渊，见
时机成熟，毅然起兵反隋。

当时东、西突厥再度强盛，太原又地处突厥骑兵经常出没袭扰的
地方，为解除后顾之忧，李渊亲自用十分卑躬的口气给突厥写信求
和，又以厚礼相赠，希望得到援助。突厥始毕可汗却回答说，李渊必
须自立为天子，突厥才会派兵援助。

眼看强大的突厥希望李渊成为天子，李渊属下将士包括文臣谋
士，无不欢呼雀跃，纷纷劝谏李渊赶快做把龙椅，登上皇位。李渊当

然也想做称帝的美梦。但此时，他却异常冷静，考虑得深远。

根据当时的局势来看，全国农民起义风起云涌，他们大多打着明确的推翻隋王朝的政治旗帜，使饱受隋炀帝横征暴敛的穷困百姓趋之若鹜，农民军声势迅速壮大。李渊当然也想取代隋炀帝，但他考虑自己还不是农民起义军，因为他所要依靠的对象主要是新兴的贵族、官僚和豪强势力。这股势力中的人与农民不一样，他们具有浓厚的"忠君"意识，他们反对某一个皇帝，只想用一个"明主贤君"去代替当朝的"暴君昏君"而已，绝不容许有人推翻整个政治制度。当时隋王朝行将没落，中央集权名存实亡，而地方贵族、官吏则拥兵自重，具有很大的实力，他们为确保自己割据一方的地位而控制着武装力量，无论在武器装备还是在战斗力方面，并不亚于朝廷的正规部队，手持锄头、竹竿而又分散的农民力量是无论如何也无法与其相比的。

再者，从隋炀帝前不久镇压杨玄感反兵之迅速、果断和残忍来看，杨广对于贵族阶层的叛乱更为深恶痛绝。隋朝虽行将就木，但它毕竟是一国之政权所在，如果隋炀帝集中力量来剿灭李渊，那么此时此刻恐怕有十个李渊也是难逃灭顶之灾……

经过深思熟虑之后，李渊否决了部下的建议，不仅没有自立，反而打出了"尊隋"的旗号，尊隋炀帝为太上皇，立留守关中的杨广之孙代王杨侑为新皇帝，并移檄郡县，改变旗帜。这样，在突厥方面看来，李渊声势浩大，马上便要自立，自己的建议已被采纳，也就不再随意侵扰，并有条件地给予支持。而隋朝当权者，当然怀疑李渊身藏野心，但他毕竟打着尊隋的旗号。现在明目张胆地推翻隋朝政权的农民军比比皆是，这些都无力对付，哪还能专力去攻李渊？因此，除了做一些少量的防御布置外，一时从未对李渊发起过主动的攻击围剿，李渊便乘机有计划、有步骤地发展壮大起来。

更重要的是，李渊的尊隋旗帜迎合了"忠君"思想浓厚的贵族士大夫阶层。而且李渊新立代王杨侑为帝，在这批人看来，朝廷官僚便有一次大换班的过程，对他们来说，则是一次难得的升官发财的机会。谁先加入李渊部队，谁便会抢到更好更多的先机。于是，众多手握精兵的贵族士大夫们纷纷投入李渊部下。李渊的实力急剧强大起来。

当然，李渊"尊隋"毕竟是个权宜之计，他只把隋朝当做一棵正在快速腐朽的大树。当自己刚刚破土、尚为幼苗之时，机敏地把苗根一下扎在这棵大树之上，饱吸树中水分养料，又借大树遮挡雨，甚至让大树误认为这棵小苗乃是自己身体的一部分而加以悉心保护，李渊从而获得迅速壮大的有利条件。而等到时机成熟，李渊便一脚蹬开隋朝这截烂木头，建立唐王朝，自己去赢得更为广大的民众之心。

借棵大树暂寄身。唐军借此办法迅速地从幼小变成了强大，李渊的计策之妙不得不让人佩服。

丁峰是青岛一家机械加工企业的负责人，他的企业创立于2000年，专门为松下电子进行流水线制作安装。"我很庆幸我们选择了一条正确的道路，站在巨人的'脚下'，才能顺利地发展到今天。"丁峰告诉《中外管理》，企业创建初期，也曾经尝试过寻找新项目，打造自己的品牌产品，结果铩羽而归。

"任何企业创立的时候都会是很困难的，我们也不例外。2000年的时候，全国上下都在喊造品牌，我们也在很多方面尝试过。例如：防盗门、电器开关，结果都不理想。"回忆起创业道路上的挫折，丁峰感触颇多，"没有资金，没有技术优势，造品牌对我们这样的小企业而言，简直就是天方夜谭！"

2001年的时候，丁峰的企业依旧是惨淡经营。生存的压力使他不得不思考企业的未来。恰在此时，《青岛晚报》一则"世界500强美国爱默生电子落户青岛，配套海尔家电"的新闻进入了他的视线。"当时我就想，世界500强的企业都来为海尔服务，总该有原因吧？"他随即查阅了大量配套企业的相关资料，并最终确定了企业的发展方向。

青岛作为一个港口城市，有许多企业发展得天独厚的条件，除了土生土长的海尔、海信、澳柯玛等大企业，日本的三菱、松下，韩国的三美，美国威博客等许多大企业也都落户这里。丁峰为企业发展制定的第一步战略就是"找棵大树先乘凉"。

"依附于大企业生存，不是什么丢人的事情，一方面可以通过跟它们的交流，学到它们先进的技术和管理经验，另一方面也可以保证自身稳定的业务，维持企业发展。"他对《中外管理》如是说。

功夫不负有心人，到2003年年底，丁峰的企业已经与青岛松下、澳柯玛、中海油等几家大企业建立了稳定的合作关系，企业的生存得以保障。

身处现代社会的人们，接触的人也会更多，若想有所为，一方面要肯努力，另一方面要多动脑筋，善假于物，找个靠山，因其荫庇，形势会相对安全。很多时候，我们做人不需费太多力气，便能轻松达到我们期望的目标。

11. 朝秦暮楚并不为过

> 朝秦暮楚虽稍显厚黑，但并不为过。做人必须考虑自我
> 的发展，这是做人不言而喻的"心机"。如果做人不懂得选
> 择，往往在一棵树上吊死。

常言道，"良禽择木而栖，良臣择主而事。"倘若遇到一个丝毫也不赏识你的上司，整天度日如年处于水深火热之中，尽管你使尽浑身的解数也永无出头之日。在这种情况下，弃暗投明改换门庭也并不是什么难堪的事。或者你所遇到的上司，根本就是那扶不起来的阿斗一个，那又何必跟着他活受罪呢？

"男怕入错行，女怕嫁错郎"，《厚黑学》却认为，"入错行"与"嫁错郎"都不可怕，最可怕的是知错不改。天下之大，为什么非要在一棵树上吊死呢？"入错行"跳槽重新选择就是了，"嫁错郎"赶紧离婚另寻如意郎君。

中国古代最著名的谋略家姜子牙，既是一位善于出谋划策的谋略大师，又是一个"朝秦暮楚"之徒，在当时那种以当"忠臣"为荣的时代，姜子牙才不管什么"忠"与"不忠"，在他眼里根本就没有什么能不能"事二主"，而是巧用计策，果断地投入"二主"的怀抱，并且鼓动和帮着"二主"毫不手软地夺了"先主"的江山社稷。

姜子牙，本名吕尚，是我国上古时期最为著名的政治家和军事家。姜子牙生活在商朝末年，当时纣王无道，荒淫无度，社会矛盾急

剧激化。与此同时，商王朝周围各诸侯国迅速崛起，特别是西伯姬昌（后为周文王）励精图志，大有代殷商之势。

姜子牙生逢乱世，虽有经天纬地之才，无奈报国无门，潦倒半生。他曾在商王宫中做过多年小吏，虽然职低位卑，但却处处留心。他看到商纣王整天沉湎酒色，荒废国政，几次想冒死进谏。一则想救民于水火，二则可以因此受到商纣王的赏识，求得高官厚禄。然而姜子牙后来见到大臣比干等人皆因直谏而送了命，商朝气数已尽，商纣王已不可救药，自己不愿糊里糊涂地陪无道的商纣王殉葬。于是，便决定另攀高枝，改换门庭。

当时，姬昌立志复兴周国，除掉纣王，求贤若渴，正是用人之时。姜子牙为了引起姬昌的注意，一开始便能获得姬昌的器重，就采取欲擒故纵的策略，在渭水之滨的兹泉垂钩钓鱼。这个地方风景秀丽，人迹罕至，是个隐居的好地方。当然，姜子牙并非是要在这里老死林下，而是在此静观世变，待机而行。

这一天，姜子牙听说姬昌要来附近行围打猎，便假装在兹泉垂钓。这时候，姜子牙还是个无名之辈，身为西伯的姬昌当然不会认得他，但姜子牙却见过姬昌。为了引起姬昌的注意，他故意把鱼钩提离水面三尺以上，而且钩上也不放鱼饵。这种荒诞的举动，果然让姬昌觉得奇怪，便走上前充满好奇地问道："别人垂钓均以诱饵，钩系水中。先生这般钓法，能使鱼上钩吗？"

姜子牙见姬昌对人态度谦和，对自己这个年迈的老者，没有一点"伯爵"的架子，果然是个非凡人物，便进一步试探道："体道钩离奇，自有负命者。世人皆知纣王无道，可是西伯长子就甘愿上钩。纣王自以为智足以拒谏，言足以饰非，却放跑了有取而代之之心的西伯姬昌。"

姬昌闻听此言，大吃一惊。心想：这位老人身居深山，何以能知天下大事？更为不解的是，他怎能把我姬昌的心迹看得如此透彻？肯定不是凡人！便赶紧躬身施礼，态度诚恳地说道："愿闻贤士大名？"

"在下并非贤士，乃老朽吕尚是也。"

"刚才偶听先生所言，真知灼见，字字珠玑，不瞒先生，足下就是你说到的姬昌。"

姜子牙此时才装出一副吃惊的样子，诚惶诚恐地说："老朽不知，痴言妄语，请西伯恕罪。"

姬昌连忙诚恳地说道："先生何出此言！今纣王无道，天下纷乱，如先生不弃，请您随我出山，兴周灭商，拯救黎民百姓。"

姜子牙假意客套了一番，即随同姬昌一起乘车回宫，一路上纵论天下大势，口若悬河。姬昌如鱼得水，相见恨晚，回宫之后，立即拜姜子牙为太师，视为心腹。从此以后，姜子牙官运亨通，飞黄腾达，并且为灭商兴周出了大力。

俗话说，姜太公钓鱼愿者上钩。在商纣王这棵大树即将倒下，无法再行依靠的时候，姜子牙略施小计便攀上了姬昌这棵长势茂盛的大树。果断地弃暗投明，"事二主"做了周朝的太师。倘若他愚顽地抱定"忠臣不事二主"的陈腐观念，恐怕到老死也不过是商纣王宫中一个叫不上名字的小官吏，永无出头之日。

姜子牙的"心机"并不为过，事实证明他的举动无论是对于自己、对于武王，还是对于商周子民都是有利的。做人要有点心机，如果不懂得变通，在一棵树上吊死，就未免太过迂腐了。

12. 不鸣则已，一鸣惊人，
适当的时候要能表现自己

"酒香也怕巷子深"，一个人要想能被别人赏识，就要看准时机，善于推销自己，才能脱颖而出。

现实社会中，谁也不原意去扶助一个永远也扶不起的阿斗。因此，一个人若自己确有真本事的话，不妨看准时机，主动表现一下自己，让自己脱颖而出，赢得别人赏识。"酒香也怕巷子深"，假如一味地窝在角落里等着被人去发现，等着别人来主动帮你，那要到何时才会有出头之日？

千里马常有，而伯乐不常有，很多有才华的人就是因为不善于推销自己而被埋没了。当然善于自我推销的人，虽然可能面临着失败和被人嘲讽的风险，但这正是走向成功人生的关键一步。古今中外，很多人都是因为善于推销自己，从而走向了成功，毛遂自荐的故事便是最出名的一个例子。

公元前 258 年，秦军包围了赵国的都城邯郸。赵王派平原君出使楚国，与楚联盟抗秦。平原君准备带领 20 名精明强干、文武兼备的门客跟随。他精心挑选了一番，只选出了 19 名，再也选不出中意的人了。这时门客中有个叫毛遂的走上前来，向平原君自我推荐说："我听说您将要出使楚国，准备带家中门客 20 人，现在还缺 1 人，希望您就把我当成其中的一员吧。"

平原君说："先生到我的门下几年了？"

毛遂说："已经三年了。"平原君说："有才能的人处在世上，就像是一把锥子放在口袋里一样，那锋利的锥尖很快就会透出来。如今先生在我门下住了三年，可左右的人没有称颂你的，我赵胜也没有听说你呀。这似乎说明你没有什么才能，先生还是留在家里吧。"毛遂说："我只是今天才请求你把我装进口袋里去罢了。假如我这只锥子早一点进口袋里，早就脱颖而出了，难道仅仅只是露一点锋芒吗？"

平原君于是答应带毛遂同去楚国。

到了楚国，平原君和楚王在朝廷上谈论合纵抗秦大事，毛遂与其他19人在台阶下等候。他们从早晨一直谈到中午竟毫无结果。其他门客对毛遂说："先生你上去谈一谈吧。"

毛遂于是拿着宝剑，沿着石级，一步步走上去。对平原君说："合纵的利害关系明明白白，两句话就可以说完，可是今天太阳一出来就开始讨论，直到中午还没有结果，这是为什么呢？"

楚庄王问平原君："这人是干什么的？"平原君说："是我的门客。"楚王呵叱道："还不给我退下去，我正在同你的主人说话，你来干什么？"毛遂按剑而上前说："大王竟敢如此呵叱我毛遂，凭借的是楚国人多吗？眼下，在10步之内，大王无法依仗人多势众，大王的性命就悬在我手中。我的主人在眼前，你呵叱我干什么呢？况且，我听说商汤凭方圆七十里的土地就可以在天下争王，周文王凭方圆百里的地盘，而使诸侯归附称臣，哪里是仅因为他们的兵多呢？现在楚国有方圆五千里的土地，拿着兵器的将士亦有百万，这是你称霸的极好资本，天下谁能抵挡呢？然而事实上楚国却连连受辱。白起，只不过是秦国的末将，仅率领几万人马，就敢起兵与楚作战。第一战就拿下了你的城白鄢、郢，第二战就烧毁了你的夷陵，第三战污辱了大王的宗庙，这是世世代代的怨恨，连赵国也为之感到羞耻，但是大王却淡忘了这种刻骨仇恨。合纵之事，主要为的是楚国，而不是赵国啊！你还有什么拿不定主意呢？"楚王被说服了，当场表示："是的，的确像先生说的，为保全我楚国的江山社稷，我们参加抗秦。"毛遂问："大王决定了吗?"楚王说:"决定了。"毛遂对左右的官员说:"请把狗、鸡、马的血拿上来。"毛遂捧着盛血的铜盆跪着献给楚王,说:"那就请大王和我的主人平原君歃血而盟吧。"就这样,楚赵联合抗秦的盟约就确定了。

　　毛遂凭借三寸不烂之舌最终说服了楚王,使赵国暂时避开了强秦的威胁,毛遂这个未放入袋的锥子也最终脱颖而出,成了平原君门下的重要食客。

　　做人就要善于观察形势,瞅准机会,适时表现自己,说不准就会期遇伯乐。当然,要赢得别人首肯,还要下足自身工夫,所谓没有金刚钻不揽瓷器活,说的就是这个道理。